结构动力学

主编　王献忠　喻　敏

哈爾濱工程大學出版社
Harbin Engineering University Press

内 容 简 介

本书分别从单自由度系统振动、多自由度系统振动、弹性体振动、随机振动、振动测试等方面进行讲解，内容主要包括单自由度系统的基本振动理论、多自由度系统的微分方程及其求解方法、杆的纵向振动、梁的横向弯曲与剪切振动、弹性体振动求解（能量法、波动分析方法、传递矩阵法），以及线性单、多自由度系统的随机振动、测试信号采集与分析等。

本书可作为高等院校结构工程、船舶工程等相关专业的教材，也可作为从事结构动力学和船舶振动相关工作人员的参考用书。

图书在版编目(CIP)数据

结构动力学/王献忠，喻敏主编. —哈尔滨：哈尔滨工程大学出版社，2023.11
ISBN 978-7-5661-4162-0

Ⅰ. ①结… Ⅱ. ①王… ②喻… Ⅲ. ①结构动力学
Ⅳ. ①O342

中国国家版本馆 CIP 数据核字(2023)第 224255 号

结构动力学
JIEGOU DONGLIXUE

选题策划 石　岭
责任编辑 关　鑫
封面设计 李海波

出版发行 哈尔滨工程大学出版社
社　　址 哈尔滨市南岗区南通大街 145 号
邮政编码 150001
发行电话 0451-82519328
传　　真 0451-82519699
经　　销 新华书店
印　　刷 哈尔滨午阳印刷有限公司
开　　本 787 mm×1 092 mm　1/16
印　　张 12.75
字　　数 338 千字
版　　次 2023 年 11 月第 1 版
印　　次 2023 年 11 月第 1 次印刷
书　　号 ISBN 978-7-5661-4162-0
定　　价 42.80 元
http://www.hrbeupress.com
E-mail:heupress@hrbeu.edu.cn

前　言

如何分析和预测工程结构物在受到外部载荷作用时的响应(振动和噪声)情况,并确定合理的结构声学设计,从而提高工程结构物的安全性和可靠性,是人们密切关注的问题。结构动力学既可以通过分析工程结构物在外部载荷作用下的响应情况,为工程结构物的低噪声设计提供科学依据,助力优化结构物的工程设计方案,降低工程结构物的建造成本,提高人因工程的舒适性;又可以对工程结构物的损伤和破坏进行分析和评估,为工程结构物的维护和修复提供科学依据,延长工程结构物的使用寿命。

本书紧密结合工程实际,从结构动力学理论基础出发,系统阐释了结构振动的理论。本书在编写上尽量保持简明易懂,难度循序渐进,通过对单自由度系统、多自由度系统的介绍,使读者系统掌握结构动力学的基本原理和分析方法;通过对结构动力学的离散化分析、数值分析连续系统和随机振动的介绍,使读者初步具备分析和解决实际工程问题的能力;通过对振动测试试验的介绍,使读者具有结构动力学理论与实践相结合的能力。此外,本书从简单的例子入手,以典型结构物为研究对象,介绍了结构动力学在工程中的具体应用,同时介绍了工程结构的振动测试等应用案例,以使读者熟悉工程问题,并具备解决工程问题的能力。

本书是在国家自然科学基金和工信部高技术船舶专项等项目的支持下,在融合国内外高校学术机构和科研院所的多年科研及工程实践的基础上编写而成的。本书主要由王献忠、喻敏主编,其中王献忠教授负责本书的整体规划和第 1、2 章的编写工作,喻敏副教授负责第 3~5 章的编写工作。此外,哈尔滨工程大学姚熊亮教授、张阿漫教授、庞福振教授、靳国永教授,华中科技大学李天匀教授、朱翔教授,海军工程大学梅志远教授等为本书的编写提出了宝贵的意见和建议;姜权洲、詹必鑫、庞兆铭、高邦正、张雷、董帅、孙杰、齐文超、居啸天、徐龙龙等研究生参与了本书的编写、校对等工作,也为本书的完成做出了大力贡献。在此一并表示感谢!

囿于作者水平,疏漏之处在所难免,敬请读者批评指正。

作　者

2023 年 3 月

结构动力学

目　　录

第1章 单自由度系统振动

1.1 单自由度系统

1.1.1 自由度

在工程实际中,振动系统的运动形式往往是比较复杂的,受到许多因素的影响,所以在研究振动问题时,需要把握其中的关键影响因素,忽略部分次要影响因素,这样才能简化模型,将复杂模型简化为简单的力学模型,便于探究振动规律和对模型进行计算求解与分析。这种简化需要根据系统本身的属性、实际需要求解的内容、求解结果的误差范围、计算条件和计算方法的不同进行相应的调整。例如,对于部分刚度和密度较大的固体,在其对振动系统的影响非常微小时,即可将其简化为一个无弹性的刚体或集中质点;同样地,对于质量非常小的弹簧,可以将其简化为一个没有质量的弹簧单元。

确定某个系统在空间中的位置所需的独立参数的数目称为自由度数。如果用于确定某个系统在空间中的位置所需的独立参数只有1个,则称该系统为单自由度系统,图1.1.1所示即为常见的4个单自由度系统。单自由度振动系统是最简单的振动系统,但它是研究更复杂的振动系统的基础。

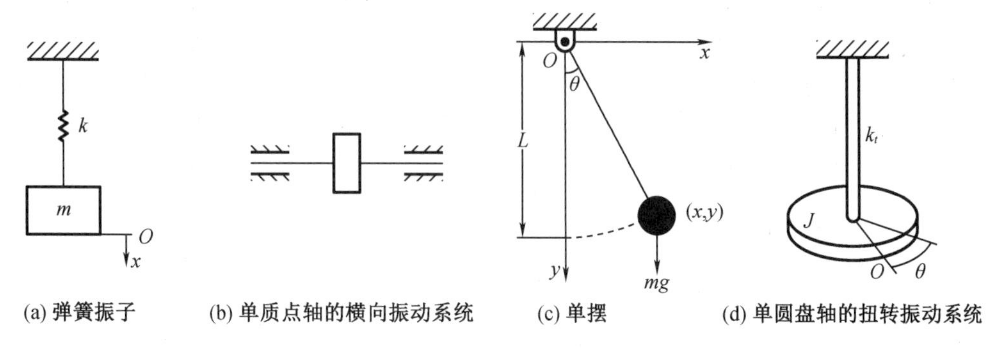

(a) 弹簧振子 (b) 单质点轴的横向振动系统 (c) 单摆 (d) 单圆盘轴的扭转振动系统

图1.1.1 单自由度系统

如果需要用2个或2个以上的独立参数来确定某个系统在空间中的位置,则称该系统为两个自由度系统或多自由度系统,或统称为多自由度系统。例如,由多个物体和多个弹簧组成的振动系统、有多个旋转轴的振动系统等。对于连续弹性体,可以将其看成由无穷多个质点组成的系统,需要用无穷多个参数或是1个连续函数来确定系统的空间位置,因此该系统是无穷多自由度系统。在实际工程中,很多振动问题都可简化为单自由度系统的问题。

如图1.1.2所示,有一安装在船底弹性基座平台上的发动机,可将该发动机简化为一上下直线运动的质量块 M。船底基座平台有一定的弹性，所以可将基座对发动机的作用简化为一弹簧。因此，船底基座平台与发动机组成的基座-发动机系统可看成一个单自由度的弹簧-质量系统。发动机工作时内部会产生激振力，相当于作用在发动机机体上的外力。船底基座平台也会对发动机的运动起阻尼作用，相当于作用在发动机上的阻尼力。不过上述简化过程仅仅是初步的、基础的，在实际的振动系统中，发动机不仅受到垂直方向的作用力，还受到其他方向上的作用力，如水平方向的激振力。

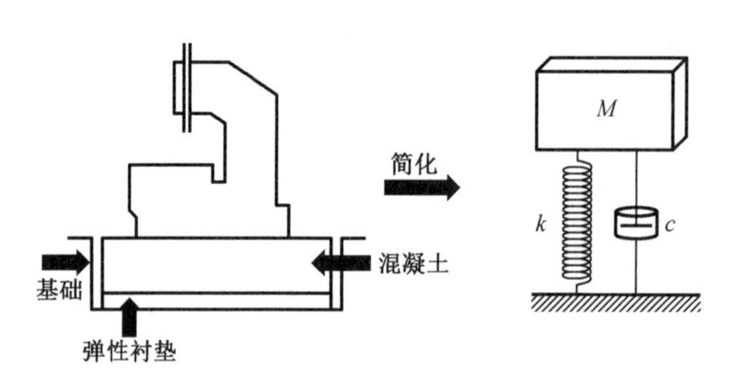

k—弹簧的刚度；c—系统的阻尼系数。

图 1.1.2　基座-发动机系统

当考虑其他方向的作用力和振动时，简化模型就需要是多自由度系统模型。所以就实际工程结构而言，简化模型并不是绝对的，根据振动系统的结构形式和实际需求的不同，简化模型也是不同的。另外，在振动系统中，系统的材料参数往往与系统的运动状态呈现非线性的关系，这给我们研究振动系统的规律性造成了极大的不便，但是由于在实际工程结构中，系统的振动往往都是非常微小的，因此在一定范围内，可以将一些非线性的关系近似成线性的关系进行处理，便于我们探究振动规律和进行具体的数值求解。比如，在弹簧弹性范围内，可以认为弹性力与弹簧位移成正比。在这种情况下，系统的振动问题可以通过线性微分方程来求解，这类问题可称为线性振动问题。当然，在实际工程结构中，有许多振动系统是无法将其属性与运动状态看成线性相关的，这类相关问题就是非线性振动问题。

本书主要讨论线性振动问题，并且本章所探讨的问题满足如下基本假设：在弹性范围内；满足胡克定律；小位移假设。

1.1.2　单自由度系统

单自由度系统虽然较为简单，但非常重要。在实际工程结构中，对很多振动问题的研究都可简化为对单自由度系统问题的研究，并且对单自由度系统的振动分析也是研究多自由度系统振动及船体振动的基础，所以我们需要先学习单自由度系统的振动问题，这样才能顺利地学习后续内容。如图 1.1.3 所示，质量-弹簧振子是一种典型的单自由度系统。令质量块的质量为 m，弹簧的刚度为 k，系统的阻尼系数为 c，作用在质量块上的激振力为 $f(t)$。设在任一时刻 t，质量块离开平衡位置的位移为 x，那么作用在质量块上的弹性力为 $-kx$，称为线性恢复力；阻尼力为 $-c\dot{x}$，称为黏性阻尼力。根据牛顿第二定律，可以建立振动微分方程：

$$m\ddot{x}=-kx-c\dot{x}+f(t) \tag{1.1.1}$$

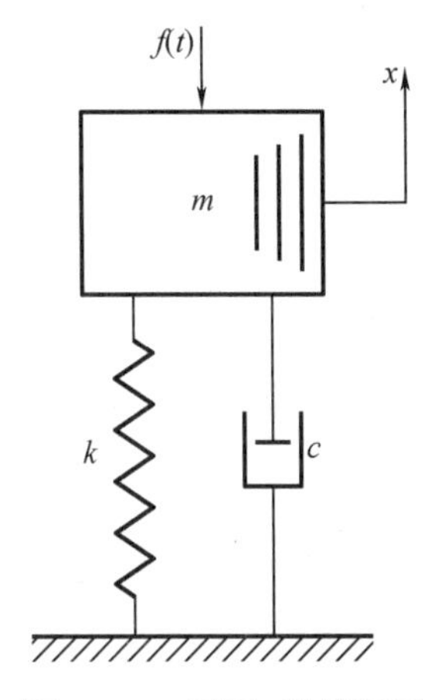

图 1.1.3 质量-弹簧振子

把式(1.1.1)等号右边的负系数项移至左边,可得

$$m\ddot{x}+c\dot{x}+kx=f(t) \tag{1.1.2}$$

当激励力为简谐力时,即$f(t)=F_0\sin(\omega t)$或$f(t)=F_0\cos(\omega t)$时,式(1.1.2)就可以改写为

$$m\ddot{x}+c\dot{x}+kx=F_0\sin(\omega t) \tag{1.1.3}$$

或

$$m\ddot{x}+kx+c\dot{x}=F_0\cos(\omega t) \tag{1.1.4}$$

式(1.1.2)等号左边是关于位移、速度和加速度这些变量的线性微分方程,由线性微分方程描述的振动称为线性振动。

1.2 无阻尼自由振动

1.2.1 无阻尼自由振动

当系统没有受到动载荷作用,即振动的系统在受到初始扰动后,没有受到其他外力的作用,并且受到的阻尼力也可以忽略不计时,系统仅在受到初始扰动后的振动被称为无阻尼自由振动。

所以无阻尼自由振动的振动微分方程为

$$m\ddot{x}+kx=0 \tag{1.2.1}$$

若令$\omega_n^2=k/m$,则式(1.2.1)可写为

$$\ddot{x}+\omega_n^2x=0 \tag{1.2.2}$$

式中,ω_n只与系统本身的参数m、k有关,而与初始条件无关,故称为固有角频率,简称为固有频率或自然频率,单位为 rad/s。式(1.2.2)中的二阶齐次线性微分方程就是单自由度系统无阻尼自由振动的标准微分方程。

设$x=\mathrm{e}^{rt}$为该方程的一个解,代入式(1.2.2)中得

$$(r^2+\omega_n^2)\mathrm{e}^{rt}=0 \tag{1.2.3}$$

由于e^{rt}恒不为0,所以其特征方程为

$$r^2+\omega_n^2=0 \tag{1.2.4}$$

则特征根为

$$r=\pm \mathrm{i}\omega_n \tag{1.2.5}$$

方程的通解为

$$x=\mathrm{e}^{rt}=C_1\mathrm{e}^{\mathrm{i}\omega_n t}+C_2\mathrm{e}^{-\mathrm{i}\omega_n t} \tag{1.2.6}$$

式中，C_1、C_2 为常数。

由欧拉公式

$$\mathrm{e}^{\mathrm{i}\omega_n t}=\cos(\omega_n t)+\mathrm{i}\sin(\omega_n t) \tag{1.2.7}$$

可将通解改写为

$$x=A_1\cos(\omega_n t)+A_2\sin(\omega_n t) \tag{1.2.8}$$

式中，$A_1=C_1+C_2$，$A_2=\mathrm{i}(C_1+C_2)$，均由振动初始条件确定。

由式(1.2.8)可知，单自由度系统的自由振动包含两个同频率的简谐振动，合成后仍为一个同频率的简谐振动，即

$$x=A\sin(\omega_n t+\varphi)=A\cos(\omega_n t+\varphi_1) \tag{1.2.9}$$

式中，

$$\begin{cases} A=\sqrt{A_1^2+A_2^2} \\ \varphi=\arctan\dfrac{A_1}{A_2} \\ \varphi_1=\varphi-\dfrac{\pi}{2} \end{cases} \tag{1.2.10}$$

现在根据振动的初始条件来确定 A_1 和 A_2。

设在 $t=0$ 时，质量块 m 的初始位移和初始速度分别为

$$\begin{cases} x\big|_{t=0}=x_0 \\ \dot{x}\big|_{t=0}=\dfrac{\mathrm{d}x}{\mathrm{d}t}\bigg|_{t=0}=\dot{x}_0 \end{cases} \tag{1.2.11}$$

将式(1.2.11)代入式(1.2.8)中，可得

$$\begin{cases} A_1=x_0 \\ A_2=\dfrac{\dot{x}_0}{\omega_n} \end{cases} \tag{1.2.12}$$

于是得式(1.2.2)的特解为

$$x=x_0\cos(\omega_n t)+\frac{\dot{x}_0}{\omega_n}\sin(\omega_n t) \tag{1.2.13}$$

式(1.2.13)为单自由度系统无阻尼自由振动的位移响应函数，它是以初始位移 x_0 为幅值的余弦运动和以$\dfrac{\dot{x}_0}{\omega_n}$为幅值的正弦运动的叠加。这种随时间按正弦函数或余弦函数变化的运动称为简谐振动。叠加运动的幅值和初相角分别为

$$\begin{cases} A=\sqrt{x_0^2+\left(\dfrac{\dot{x}_0}{\omega_n}\right)^2} \\ \varphi=\arctan\dfrac{x_0\omega_n}{\dot{x}_0} \end{cases} \tag{1.2.14}$$

简谐振动还可以用旋转矢量来表示。如图 1.2.1 所示,引入一个半径为 A 的参考圆,令一质点 M 在圆上以恒定角速度 ω_n 沿逆时针方向做匀速圆周运动。

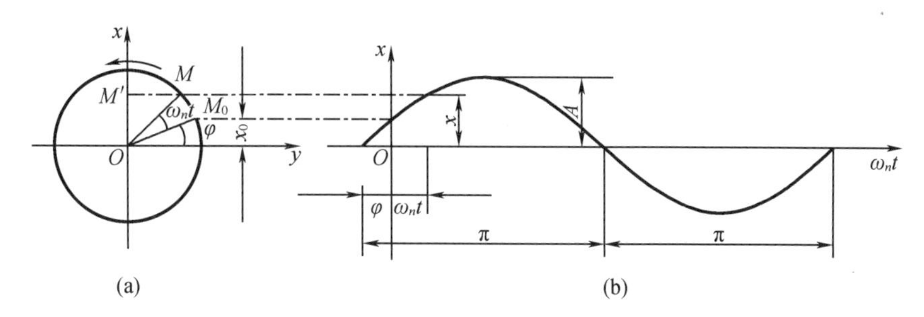

图 1.2.1 匀速圆周运动

M 点在运动时,其在 x 轴上的投影点 M' 以圆心 O 为平衡位置做往复运动。若初始($t=0$)时,质点 M 的位置位于 M_0 处,$\overline{OM_0}$ 与 y 轴的夹角为 φ。经过时间 t 后,$\overline{OM_0}$ 转过角度 $\omega_n t$,则 M 点在 x 轴上的投影点 M' 离平衡位置的距离(即位移 x)为

$$x=\overline{OM}\sin(\omega_n t+\varphi)=A\sin(\omega_n t+\varphi) \tag{1.2.15}$$

得到与式(1.2.9)同样的结果。

若以 x 轴为纵坐标,以 $\omega_n t$ 为横坐标,就可得投影点 M' 的振动曲线(图 1.2.1)。所得的结果表明:质点的无阻尼自由振动为简谐振动。其中,旋转矢量的模 A 为振幅;$\omega_n t+\varphi$ 为振动的相位角,φ 为初相位角;旋转角速度 ω_n 为圆频率,它仅取决于系统的固有性质(如质量 m、弹簧刚度 k),而与运动的初始条件无关,故也称为系统的固有频率,是表征振动系统固有性质的一个重要的特征值。

1.2.2 固有频率的求解方法

1. 静变形法

根据公式 $\omega_n=\sqrt{k/m}$,只需要计算出系统的质量和弹簧的刚度即可求解系统的固有频率。但实际的振动系统往往是很复杂的,在系统的质量或弹簧的刚度难以直接求出时,系统的固有频率也会变得难以求解。这时可采用静变形法计算系统的固有频率,即只要能测量出弹簧的静变形 δ,根据 $mg=k\delta$ 可得

$$k=\frac{mg}{\delta} \tag{1.2.16}$$

则固有频率为

$$\omega_n=\sqrt{\frac{k}{m}}=\sqrt{\frac{mg}{m\delta}}=\sqrt{\frac{g}{\delta}} \tag{1.2.17}$$

由式(1.2.17)可知,得到弹簧静变形量后即可求得系统振动的固有频率,则系统振动一次所需的时间为

$$T=\frac{2\pi}{\omega_n}=2\pi\sqrt{\frac{m}{k}}=2\pi\sqrt{\frac{\delta}{g}} \tag{1.2.18}$$

称为振动的周期,单位为秒(s)。

同时,可用每秒或每分钟振动的次数来表示振动的频率,即

$$f=\frac{1}{T}=\frac{\omega_n}{2\pi}=\frac{1}{2\pi}\sqrt{\frac{k}{m}}\ \ (\mathrm{Hz}) \tag{1.2.19}$$

$$f_n=60f=\frac{60}{2\pi}\omega_n\ \ (\mathrm{min}^{-1}) \tag{1.2.20}$$

2. 能量法

任一机械振动系统在自由振动时,如果忽略阻尼的影响,可以认为其在振动过程中没有能量损失,即在振动的任一时刻,系统的总能量保持不变,势能 V 和动能 T 之和恒为常数,即 $V+T=$ 常数,或写成

$$\frac{\mathrm{d}}{\mathrm{d}t}(V+T)=0 \tag{1.2.21}$$

由于机械振动系统没有能量损失,因此由能量守恒定律可知,该系统能够一直进行等振幅的振动。设在系统自由振动的任一时刻,质点离开平衡位置的位移为 x,速度为 $\dot{x}$,则其势能为 $V=\frac{1}{2}kx^2$,动能为 $T=\frac{1}{2}m\dot{x}^2$,可得系统的总能量为 $V+T$。任意选择两个振动位置,它们的振动的总能量都相等,可以得到 $V_1+T_1=V_2+T_2$。

现在对系统的两个特殊位置进行讨论。当质点经过平衡位置时,位移 $x=0$,故势能为0,而速度达到最大值 $\dot{x}_{\max}$,此时动能达到最大值 $T_{\max}$;当质点离开平衡位置并运动到最大位移时,速度 $\dot{x}=0$,故动能为0,而弹簧变形达到最大值 $x_{\max}$,此时势能达到最大值 $V_{\max}$。

因为能量守恒,所以有

$$V_{\max}=T_{\max} \tag{1.2.22}$$

当已知系统的最大位移 $x_{\max}$ 和最大速度 $\dot{x}_{\max}$ 时,用式(1.2.22)可直接求得系统的固有频率 ω_n($\omega_n=\dot{x}_{\max}/x_{\max}$),这种利用能量守恒求得系统固有频率的方法称为能量法。

若系统自由振动的位移响应表示为

$$x=A\sin(\omega_n t+\varphi) \tag{1.2.23}$$

可知

$$x_{\max}=A \tag{1.2.24}$$

$$\dot{x}_{\max}=\omega_n A \tag{1.2.25}$$

则系统的最大动能为

$$T_{\max}=\frac{1}{2}m\dot{x}_{\max}^2=\frac{1}{2}m\omega_n^2A^2 \tag{1.2.26}$$

系统的最大势能为

$$V=\frac{1}{2}kx_{\max}^2=\frac{1}{2}kA^2 \tag{1.2.27}$$

代入式(1.2.22)中,即有

$$\frac{1}{2}m\omega_n^2A^2=\frac{1}{2}kA^2 \tag{1.2.28}$$

可得无阻尼自由振动的圆频率(即系统的固有频率)为

$$\omega_n=\sqrt{\frac{k}{m}} \tag{1.2.29}$$

可得频率为

$$f=\frac{\omega_n}{2\pi}=\frac{1}{2\pi}\sqrt{\frac{k}{m}} \tag{1.2.30}$$

3. 等效系统法

由前文可知,我们可以运用能量法将一个比较复杂的系统简化为一个等效的弹簧-质量系统。等效系统与真实系统的位移与刚度是相等的,同时它们的动能与势能也是相等的,所以两个系统的固有频率也相等。

通常,一个系统的等效弹簧-质量系统可以通过以下几个步骤确定:先将系统中某一质点的位移作为等效系统中质点的位移(即等效位移),再根据“真实系统的动能和势能分别与等效系统的动能和势能相等”的条件求出等效系统的质量及弹簧刚度(即由动能等效求出等效质量 m_e,由势能等效求出等效刚度 k_e),因此真实系统的固有频率 ω_n 即可根据等效系统求解,即

$$\omega_n=\sqrt{\frac{k_e}{m_e}} \tag{1.2.31}$$

这种求解系统的固有频率的方法即为等效系统法。

1.3 无阻尼强迫振动

1.3.1 无阻尼简谐激振

1. 基本概念

前文我们讨论分析了无阻尼自由振动系统的响应问题。系统在受到外界初始干扰后,没有其他外界激振力的作用,仅依靠系统本身的恢复力维持的振动称为自由振动。当阻尼力也可以忽略不计时,系统的动能与势能之和保持不变并相互转化,这种自由振动即为无阻尼自由振动。然而在实际的机械系统中,阻尼力是一直存在的,因此振动系统在没有外界激振力作用的情况下,最终都会静止下来。只有当外界激振力持续作用在振动系统上时,振动系统才能一直保持振动。这种由于外界激振力的持续作用而产生的振动称为强迫振动。船体中常见的振动如船体外壳在波浪激振力的作用下发生的振动就是强迫振动。

根据外界激振力形式的不同,可以将强迫振动分为简谐激振、周期激振、脉冲激振和任意激振等。当系统受到外界激振力的持续作用,并且系统受到的阻尼力可以忽略不计时,这种振动就称为无阻尼强迫振动。特别地,当这种外界激振力的作用形式为简谐激振时,这种振动就被称为无阻尼简谐激振。外界激振力对系统产生作用的方式可以分为两种:一种是持续的激振力 $P(t)$,可能是直接作用于质量块 M 上的系统外部激振力(图 1.3.1(a)),也可能是由系统内部运动构件的不平衡离心惯性力形成的持续的激振力;另一种是系统支座的运动 $f(t)$ 形成的系统激振力(图 1.3.1(b))。外界激振力使系统产生的振动状

态称为系统的响应。响应可以用位移、速度、加速度的形式表达。我们把外界激振力称为对系统的“输入”,而把响应称为系统的“输出”。研究强迫振动的目的就在于分析并了解系统在外界激振力作用下的动力响应,并研究这些响应参数与外界激振力的关系,从而得出系统响应的规律性。对于船体来说,其振动时所受的激振大部分是持续的、周期性的,如主机的不平衡惯性力、螺旋桨的脉动压力等,因此了解强迫振动对研究船舶振动具有重要意义。

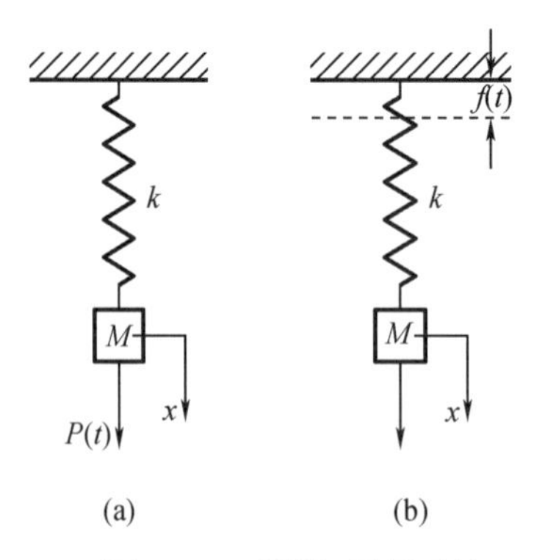

图 1.3.1　弹簧-质量系统

2. 方程及其求解

下面对在简谐激振力作用下的无阻尼振动系统进行分析。如图 1.3.1(a)中的弹簧-质量系统,取静平衡位置为坐标原点,假定质量块上受到的简谐激振力为

$$P(t)=P_0\sin(\omega t) \tag{1.3.1}$$

式中,P_0 为激振力的幅值;ω 为激振力的频率。

由牛顿运动定律可得,质量块在任一时刻的运动方程为

$$M\ddot{x}+kx=P_0\sin(\omega t) \tag{1.3.2}$$

式(1.3.2)两边同时除以 M,可得

$$\ddot{x}+\omega_n^2x=\frac{P_0}{M}\sin(\omega t) \tag{1.3.3}$$

式(1.3.3)即为单自由度系统在简谐激振力的作用下的无阻尼强迫振动微分方程。这是一个非齐次方程,它的全解包括两部分:一是对应的齐次方程的通解;二是非齐次方程的特解。齐次方程的通解即为无阻尼自由振动的解,即

$$x_1=A_1\cos(\omega_n t)+A_2\sin(\omega_n t) \tag{1.3.4}$$

设非齐次方程的特解为

$$x_2=B\sin(\omega t) \tag{1.3.5}$$

将其代入式(1.3.3)中,可得

$$B=\frac{\dfrac{P_0}{k}}{1-\left(\dfrac{\omega}{\omega_n}\right)^2}=\frac{x_{st}}{1-\left(\dfrac{\omega}{\omega_n}\right)^2} \tag{1.3.6}$$

式中,

$$x_{st}=\frac{P_0}{k} \tag{1.3.7}$$

为弹簧在静力 P_0 作用下的静位移。

故式(1.3.3)的通解为

$$x=A_1\cos(\omega_n t)+A_2\sin(\omega_n t)+\frac{x_{st}}{1-\left(\frac{\omega}{\omega_n}\right)^2}\sin(\omega t) \tag{1.3.8}$$

待定系数 A_1、A_2 由系统的初始条件确定。设初始条件在 $t=0$ 时为

$$\begin{cases} x\big|_{t=0}=x_0 \\ \dot{x}\big|_{t=0}=\left.\frac{\mathrm{d}x}{\mathrm{d}t}\right|_{t=0}=\dot{x}_0 \end{cases} \tag{1.3.9}$$

代入式(1.3.8)中,可以求得

$$\begin{cases} A_1=x_0 \\ A_2=\frac{\dot{x}_0}{\omega_n}-\frac{x_{st}}{1-\left(\frac{\omega}{\omega_n}\right)^2}\frac{\omega}{\omega_n} \end{cases} \tag{1.3.10}$$

再将式(1.3.10)代入式(1.3.8)中,则式(1.3.3)的通解可写成

$$x=x_0\cos(\omega_n t)+\frac{\dot{x}_0}{\omega_n}\sin(\omega_n t)-\frac{x_{st}}{1-\left(\frac{\omega}{\omega_n}\right)^2}\frac{\omega}{\omega_n}\sin(\omega_n t)+\frac{x_{st}}{1-\left(\frac{\omega}{\omega_n}\right)^2}\sin(\omega t) \tag{1.3.11}$$

式(1.3.11)等号右边的前两项是按照固有频率振动的自由振动项,只与系统的固有属性和初始条件有关,与外界激振力无关。当初始条件 $x_0=\dot{x}_0=0$ 时,前两项为0,这些振动将不会发生。第三项也是固有频率振动的振动项,但与初始条件无关,而与外界激振力有关,所以它是伴随强迫振动出现的,故称为伴随的自由振动。由于在实际的振动过程中都存在阻尼,因此这三项只在振动刚开始时产生作用,随着时间的增长而逐渐趋近于0。第四项是式(1.3.11)的特解,它是在简谐激振力的作用下产生的纯粹的强迫振动,是持续的等振幅振动,称为稳态振动或稳态强迫振动。在振动一段时间后,式(1.3.11)只剩下第四项,即

$$x(t)=\frac{x_{st}}{1-\left(\frac{\omega}{\omega_n}\right)^2}\sin(\omega t)=\alpha x_{st}\sin(\omega t)=A\sin(\omega t) \tag{1.3.12}$$

3. 动力放大系数

由式(1.3.11)可知,稳态强迫振动的振幅 A 与外界激振力的频率和固有频率之比 $\frac{\omega}{\omega_n}$ 有关,而与系统的初始条件无关,振幅的值等于静力作用下弹簧产生的静位移 x_{st} 的 α 倍,该静力的大小与激振力的幅值相等。

由此可得

$$A=x_{max}=\alpha x_{st} \tag{1.3.13}$$

式中,

$$\alpha=\left|\frac{1}{1-\left(\frac{\omega}{\omega_n}\right)^2}\right|=\frac{A}{x_{st}} \tag{1.3.14}$$

α 称为系统的动力系数或动力放大系数(图 1.3.2),其值为弹簧在激振力作用下所产生的最大位移(即振幅)与在静力 P_0 作用(P_0 的大小等于激振力的幅值)下产生的位移(静位移)之比。由式(1.3.14)可以看出:α 也与激振力的频率和固有频率的比值有关。由图 1.3.2 可知,如果比值$\dfrac{\omega}{\omega_n}$相当小,即激振力的变化周期远比系统的自由振动周期大,则动力系数趋近于 1,此时的振幅趋近于静伸长,激振力可看作是静力作用;如果比值$\dfrac{\omega}{\omega_n}$很大,即激振力的频率比系统的自由振动频率大很多,则动力系数趋近于 0,质量块 M 趋于静止;如果$\dfrac{\omega}{\omega_n}$趋近于 1,即激振力的频率趋近于自由振动频率,动力系数及强迫振动的振幅会迅速增加;如果 $\omega=\omega_n$,动力系数及强迫振动的振幅都会变为无穷大,这就是共振现象。

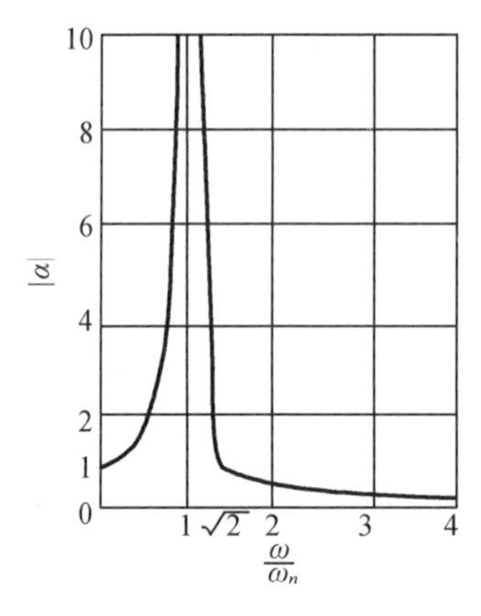

图 1.3.2　系统的动力放大系数

4. 共振现象

由前文分析可知,当激振力的频率与系统的固有频率相等或接近时,系统的振幅会迅速增加。由式(1.3.12)可以看出:

当 $\omega<\omega_n$ 时,稳态强迫振动与外界激振力同相位;

当 $\omega>\omega_n$ 时,稳态强迫振动与外界激振力反相位,相位相差 π。

由式(1.3.12)可知,当 $\omega\to\omega_n$ 时,$\alpha\to\infty$。通解(1.3.11)中的伴随振动项与稳态强迫振动项(即非齐次方程的特解)将趋于无穷大。现在只研究这两项,即

$$-\frac{x_{st}}{1-\left(\dfrac{\omega}{\omega_n}\right)^2}\frac{\omega}{\omega_n}\sin(\omega_n t)+\frac{x_{st}}{1-\left(\dfrac{\omega}{\omega_n}\right)^2}\sin(\omega t)=x_{st}\left[\frac{\sin(\omega t)-\dfrac{\omega}{\omega_n}\sin(\omega_n t)}{1-\left(\dfrac{\omega}{\omega_n}\right)^2}\right]$$

$$=\frac{-x_{st}\dfrac{\omega}{\omega_n}\sin(\omega_n t)+x_{st}\sin(\omega t)}{1-\left(\dfrac{\omega}{\omega_n}\right)^2}\qquad(1.3.15)$$

由式(1.3.15)可知,当 $\omega\to\omega_n$ 时,式(1.3.15)变为不定式$\dfrac{0}{0}$,可以运用洛必达法则,分

别对$\frac{\omega}{\omega_n}$求导一次，并求出其在$\omega \to \omega_n$时的极限值。因ω_n为常数，则其极限值为

$$\lim_{\omega \to \omega_n}\left[\frac{\omega_n t\cos\left(\frac{\omega}{\omega_n}\omega_n t\right)-\sin(\omega_n t)}{-2\frac{\omega}{\omega_n}}\right]x_{st}=\frac{x_{st}}{2}[\sin(\omega_n t)-\omega_n t\cos(\omega_n t)]$$

$$=\frac{x_{st}}{2}\sin(\omega_n t)-\frac{x_{st}}{2}\omega_n t\cos(\omega_n t) \quad (1.3.16)$$

将上述变换代入式(1.3.11)中，可得

$$x=x_0\cos(\omega_n t)+\frac{\dot{x}_0}{\omega_n}\sin(\omega_n t)+\frac{x_{st}}{2}\sin(\omega_n t)-\frac{x_{st}}{2}\omega_n t\cos(\omega_n t) \quad (1.3.17)$$

式(1.3.17)仍然由自由振动项、伴随自由振动项和稳态强迫振动项三部分组成，但强迫振动项$\left(\text{即式中最后一项}-\frac{x_{st}}{2}\omega_n t\cos(\omega_n t)\right)$不再是周期性的等振幅振动，其振幅会随着时间$t$的增加而无限增大。图1.3.3为$\omega=\omega_n$时的强迫振动现象，这种振幅不断增大且趋于无穷大的现象称为共振。由此可见，共振不是刚发生就具有很大的能量，而是随着时间的累积而持续不断地增加能量，从而会造成巨大的破坏。

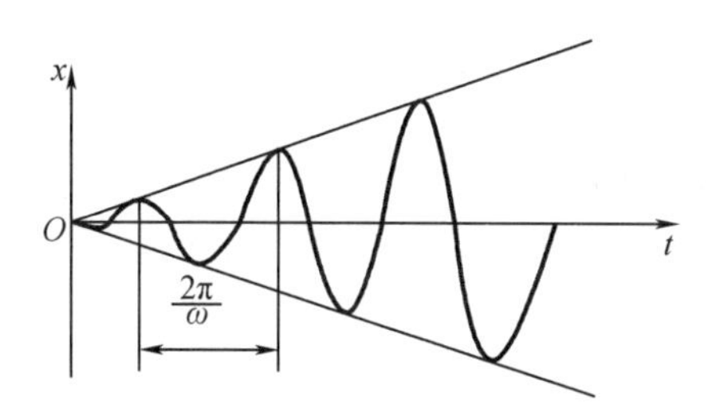

图 1.3.3 $\omega=\omega_n$ 时的强迫振动现象

5. 拍振现象

当激振力的频率ω与系统的固有频率ω_n相当接近$\left(\text{即}\frac{\omega}{\omega_n}\text{趋近于}1\right)$且并不相等时，又会发生另一种现象，即系统的振幅周期性地增大或减小。该现象称为拍振现象，如图1.3.4所示。

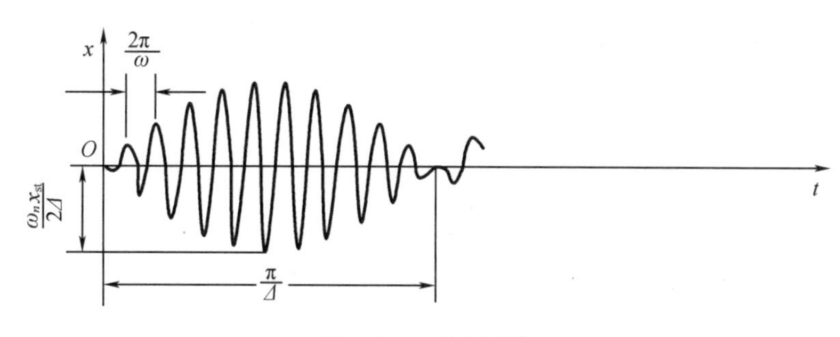

图 1.3.4 拍振现象

假设

$$\omega_n-\omega=2\Delta \tag{1.3.18}$$

此处 Δ 为微小值。假定系统的初始条件均为 0,即 $x_0=0$、$\dot{x}_0=0$,则由式(1.3.11)可得

$$x=\frac{x_{st}}{1-\left(\dfrac{\omega}{\omega_n}\right)^2}\left[\sin(\omega t)-\frac{\omega}{\omega_n}\sin(\omega_n t)\right] \tag{1.3.19}$$

可变换为

$$x=\frac{x_{st}}{\left(1+\dfrac{\omega}{\omega_n}\right)\left(1-\dfrac{\omega}{\omega_n}\right)}\left[\sin(\omega t)-\frac{\omega}{\omega_n}\sin(\omega_n t)\right] \tag{1.3.20}$$

因为$\dfrac{\omega}{\omega_n}\longrightarrow 1$,所以 $1+\dfrac{\omega}{\omega_n}\approx 2$,并且 $1-\dfrac{\omega}{\omega_n}=\dfrac{2\Delta}{\omega_n}$,故式(1.3.20)可写为

$$x=\frac{2x_{st}}{4\dfrac{\Delta}{\omega_n}}\cos\frac{(\omega+\omega_n)t}{2}\sin\frac{(\omega-\omega_n)t}{2}=-\frac{\omega_n x_{st}}{2\Delta}\sin(\Delta t)\cos(\omega t) \tag{1.3.21}$$

这是一个振幅随 $\sin(\Delta t)$ 变化且频率为 ω 的振动。由于振幅变化的频率 Δ 是一个微小值,因此振幅变化的周期$\dfrac{2\pi}{\Delta}$是一个大值,这种振动称为拍振,简称为拍。

在船体结构上,拍振现象十分常见:一种是激振力的频率接近于船体某个局部结构如船底发动机基座平台的固有频率,此时,这一局部结构即出现拍振;另一种是两个激振力的频率相差一个微小量,如双桨船两台主机转速有偏差,就会形成两个频率相差很小的简谐振动的复合(图 1.3.5),这时整个机舱区甚至全船都会感受到拍振。

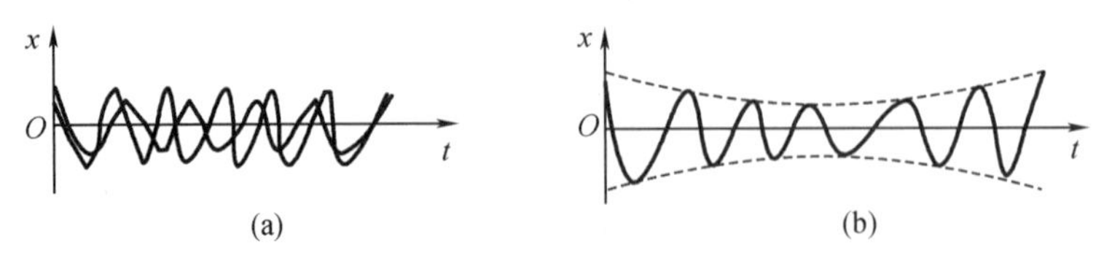

图 1.3.5　简谐激振的复合响应

由于拍振的周期等于$\dfrac{2\pi}{\Delta}$,因此 ω 越接近于 ω_n,即趋近于共振时,拍振的周期越大。在极限情况下,ω 无限接近于 ω_n 时,$\sin(\Delta t)\rightarrow\Delta t$,可得到

$$x=-\frac{x_{st}\omega_n t}{2}\cos(\omega t) \tag{1.3.22}$$

这是频率为 ω 的强迫振动,其振幅$\dfrac{x_{st}\omega_n t}{2}$随时间的增长而无限增大,也就是共振现象。由此可见,前面讲的共振现象可以理解为是拍振现象的一种极限情况。

在不考虑阻尼时,共振的幅值将随着时间的增长而不断增大,最终将趋于无穷大,但是在实际的机械结构中,随着共振幅值的增大,结构的位移与恢复力之间将逐渐无法保持线性关系,所以共振幅值无法趋近于无穷大。另外,实际的系统中总是有阻尼力的作用,这同

样会减小共振时的振动幅值。

1.3.2 非简谐周期激振

前面对无阻尼系统在简谐激振力的作用下的系统响应进行了充分的分析，而船舶振动所受的激振力大多是非简谐周期激振力。对于非简谐周期激振力，可将其展开成傅里叶级数，化成频率为 ω、2ω、3ω……$n\omega$……的无穷多个简谐激振力之和，即

$$P(t)=P(t+T_1)=a_0+\sum_{n=1}^{\infty}[a_n\cos(n\omega t)+b_n\sin(n\omega t)] \tag{1.3.23}$$

式中，T_1 为激振力的周期；$\omega=\dfrac{2\pi}{T_1}$，为激振力的角频率；a_0、a_n、b_n 为系数。

$$\begin{cases}a_0=\dfrac{1}{T_1}\displaystyle\int_0^{T_1}P(t)\,\mathrm{d}t\\ a_n=\dfrac{2}{T_1}\displaystyle\int_0^{T_1}P(t)\cos(n\omega t)\,\mathrm{d}t\\ b_n=\dfrac{2}{T_1}\displaystyle\int_0^{T_1}P(t)\sin(n\omega t)\,\mathrm{d}t\end{cases} \tag{1.3.24}$$

这种把一个周期函数展开成傅里叶级数，即展开成一系列简谐函数之和的过程，称为谐波分析。

周期激振就是系统在周期激振力的作用下发生的振动，它的无阻尼强迫振动微分方程可写成

$$M\ddot{x}+kx=a_0+\sum_{n=1}^{\infty}[a_n\cos(n\omega t)+b_n\sin(n\omega t)] \tag{1.3.25}$$

其位移响应解为

$$x=A_1\cos(\omega_n t)+A_2\sin(\omega_n t)+\frac{a_0}{k}+\frac{1}{k}\sum_{n=1}^{\infty}\frac{a_n\cos(n\omega t)+b_n\sin(n\omega t)}{1-\left(\dfrac{n\omega}{\omega_n}\right)^2} \tag{1.3.26}$$

式中，第一、二项为自由振动解，常系数 A_1、A_2 由初始条件决定。若将 A_1、A_2 的值求解出来，则可以得到伴随自由振动项。因为实际的振动系统总存在阻尼力，所以随时间的增长，自由振动项将趋向于0。a_0 为常值力，故第三项$\dfrac{a_0}{k}$相当于弹簧在常值力 a_0 的作用下的静位移。如将位移 x 的坐标原点移至静位移处，则此项也将消失。所以周期激振力作用下所产生的稳态强迫振动是无穷多个简谐振动之和。其中，对应于基本频率的谐和分量称为基波，其他对应的谐和分量依次称为二次、三次谐波。当系统的固有频率 ω_n 与 ω、2ω、3ω……$n\omega$……无穷多次谐波中的任一次谐波的频率相等时，均会引起共振。

需要注意，周期振动可展开成无数个简谐振动的叠加，但若干个简谐振动叠加而成的振动不一定是周期振动。若其任意两个简谐振动的频率之比均为有理数，则此振动是周期性的，因为这时可找到一个基频使各简谐振动的频率均成为此基频的整数倍，这个基频的倒数即为此振动的周期。例如

$$x(t)=A_1\sin(\pi t+\varphi_1)+A_2\sin(4\pi t+\varphi_2)+A_3\sin(7\pi t+\varphi_3) \tag{1.3.27}$$

是周期振动，它的基频是 π(0.5 Hz)，周期是 2 s。若各简谐振动的频率之比出现了无理数，

那就找不到一个基频或周期,因此由这些简谐振动组成的振动就不是周期性的。例如

$$x(t)=A_1\sin(3t+\varphi_1)+A_2\sin(\sqrt{5}t+\varphi_2) \tag{1.3.28}$$

这种由若干个简谐振动组成的振动虽然是非周期性的,但它的运动特性基本上与周期振动相接近,故称为准周期振动。例如,船上两台主机所引起的振动,由于主机转速的差异就可能产生这种准周期振动,在工程上常将其近似地作为周期振动来处理。

1.3.3 系统振动的复数表示法

前文中的简谐振动可以用一个旋转矢量来表示,而一个平面矢量又可以用一个复数来表示。将系统的振动在复平面中表示,优点主要有两个:一是便于运算;二是物理意义清晰。如图 1.3.6 所示,在一个复平面中,矢量 $\overrightarrow{OP}$(即旋转矢量 $\boldsymbol{A}$),其模 $|\boldsymbol{A}|=A$,矢量位置可以用复数 Z 表示。

$$Z=\boldsymbol{A}=x+\mathrm{i}y=A[\cos(\omega t)+\mathrm{i}\sin(\omega t)] \tag{1.3.29}$$

式中,$\mathrm{i}=\sqrt{-1}$。

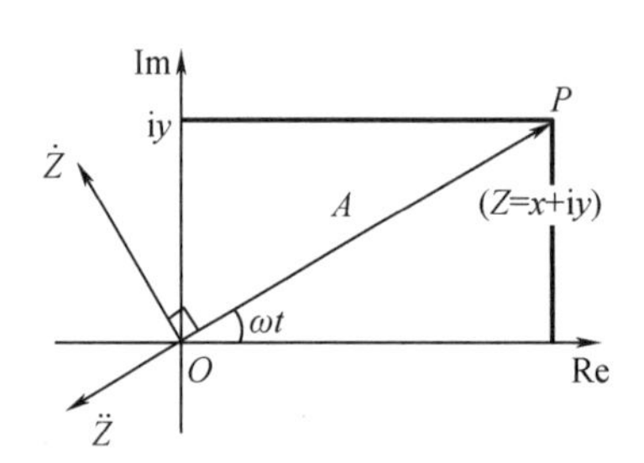

图 1.3.6 复平面

令 $\theta=\omega t$ 为复数的幅角,根据欧拉公式 $\mathrm{e}^{\mathrm{i}\theta}=\cos\theta+\mathrm{i}\sin\theta$,可以得到

$$Z=\boldsymbol{A}=A\mathrm{e}^{\mathrm{i}\omega t} \tag{1.3.30}$$

可以发现复数 Z 在实轴(x 轴)和虚轴(y 轴)上的投影,即复数的实部和虚部均可表示一个简谐振动。

$$\begin{cases} x=\mathrm{Re}\ Z=A\cos(\omega t) \\ y=\mathrm{Im}\ Z=A\sin(\omega t) \end{cases} \tag{1.3.31}$$

因为在实际的振动过程中,各物理量均是实数,所以需将复数运算后得到的复数解化为实数。由于含有复数的方程的实部和虚部同时满足式(1.3.31),因此只要规定用复数的实数部分或虚数部分来表示振动方程,即可用复数形式进行运算或求解。

现在我们规定用实数部分表示简谐振动,也就是

$$x=A\cos(\omega t) \tag{1.3.32}$$

则其复数表示为

$$Z=A\mathrm{e}^{\mathrm{i}\omega t} \tag{1.3.33}$$

由此可得用复数表示的速度和加速度分别为

$$\begin{cases} \dot{Z}=\mathrm{i}\omega A\mathrm{e}^{\mathrm{i}\omega t}=\omega A\mathrm{e}^{\mathrm{i}\left(\omega t+\frac{\pi}{2}\right)} \\ \ddot{Z}=\mathrm{i}^2\omega^2A\mathrm{e}^{\mathrm{i}\omega t}=\omega^2A\mathrm{e}^{\mathrm{i}(\omega t+\pi)} \end{cases} \tag{1.3.34}$$

通过变换,简谐振动 x 的速度 $\dot{x}$ 和加速度 $\ddot{x}$ 就是 $\dot{Z}$ 和 $\ddot{Z}$ 的实部,可以得到

$$\begin{cases}\dot{x}=\mathrm{Re}\ \dot{Z}=-\omega A\sin(\omega t)=\omega A\cos\left(\omega t+\dfrac{\pi}{2}\right)\\ \ddot{x}=\mathrm{Re}\ \ddot{Z}=-\omega^2 A\cos(\omega t)=\omega^2 A\cos(\omega t+\pi)\end{cases}\tag{1.3.35}$$

由式(1.3.35)可知,速度幅值是位移幅值的 ω 倍,相位超前$\dfrac{\pi}{2}$;加速度幅值是位移幅值的 ω^2 倍,相位超前 π。如图 1.3.6 所示,$\dot{Z}$ 和 $\ddot{Z}$ 在复平面上各为一旋转矢量,它们在实轴上的投影分别为 $\dot{x}$ 和 $\ddot{x}$。

对于系统简谐振动的组合问题,令两个同频率但幅值与相角不同的简谐振动为

$$\begin{cases}x_1=A_1\cos(\omega t)=\mathrm{Re}\ A_1\mathrm{e}^{\mathrm{i}\omega t}\\ x_2=A_2\cos(\omega t+\varphi)=\mathrm{Re}\ A_2\mathrm{e}^{\mathrm{i}(\omega t+\varphi)}\end{cases}\tag{1.3.36}$$

则

$$x=x_1+x_2=\mathrm{Re}\ A\mathrm{e}^{\mathrm{i}(\omega t+\beta)}\tag{1.3.37}$$

式中,

$$\begin{cases}A=\sqrt{(A_1A_2\cos\varphi)^2+(A_2\sin\varphi)^2}\\ \beta=\arctan\dfrac{A_2\sin\varphi}{A_1+A_2\cos\varphi}\end{cases}\tag{1.3.38}$$

以上关系用复数旋转矢量表示时,其运算方式如图 1.3.7 所示。

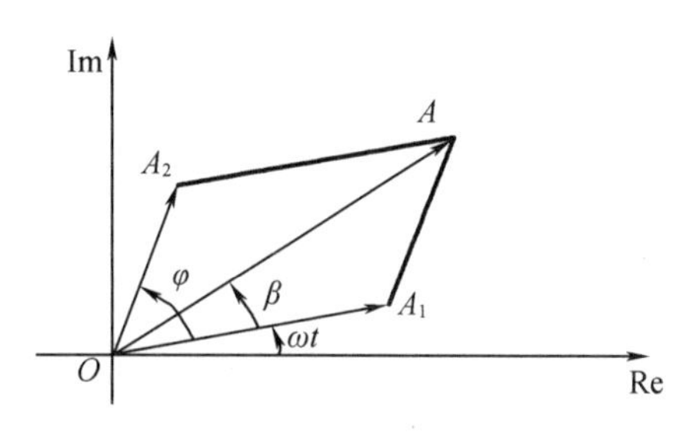

图 1.3.7 运算方式 1

1.4 有阻尼自由振动

1.4.1 阻尼的概念与分类

前文所述的无阻尼自由振动与无阻尼强迫振动都忽略了系统中阻尼力的作用,当考虑阻尼力的作用时,没有外界激振力作用的自由振动会在阻尼力的作用下逐渐停止;而在受到外界激振力的作用并发生共振时,阻尼力的存在也会降低共振的幅值,不会出现共振幅值不断增大的情况。在阻尼力的作用下,系统的机械能将不断被消耗,从而产生其他形式的能量,如内能、声能等。因此,在实际的工程振动系统中,阻尼力的作用往往是不能忽略的。

在不同的振动系统中，由于系统所处的情况不同，因此它们受到的阻尼作用的性质也不同。通常按照阻尼作用性质的不同可以将阻尼力分为外阻尼力和内阻尼力。外阻尼力是由于系统与外界直接接触而产生的阻尼力；内阻尼力则是由于系统自身内部原因而产生的阻尼力。

1. 外阻尼力

按照系统接触外界介质的不同，外阻尼力可分为以下3种：

(1)干摩擦阻尼力

系统接触到外界的固体表面并与之发生相对运动时所产生的摩擦阻尼力(图1.4.1(a))称为干摩擦阻尼力，也称库仑阻尼。干摩擦阻尼力的大小取决于接触面间的正压力 N 和粗糙程度与材料性质，也就是取决于干摩擦系数 μ。干摩擦阻尼力的方向与系统运动方向相反。由此可得

$$F_{\mathrm{d}}=-\mu N\frac{\dot{x}}{|\dot{x}|} \tag{1.4.1}$$

干摩擦系数 μ 可以进一步分为静摩擦系数和动摩擦系数。一般说来，静摩擦系数要大于动摩擦系数，如图1.4.1(b)所示，所以使系统开始运动所需要的力比维持系统运动所需要的力大。在系统运动起来后，只要系统上的作用力(即惯性力和弹簧恢复力)不小于动摩擦力，系统就可以持续振动，同时系统受到的干摩擦阻尼力的方向一直与其运动方向相反且大小保持不变。当作用力小于干摩擦阻尼力时，振动将无法维持而逐渐停止下来，其衰减程度与时间呈线性关系。

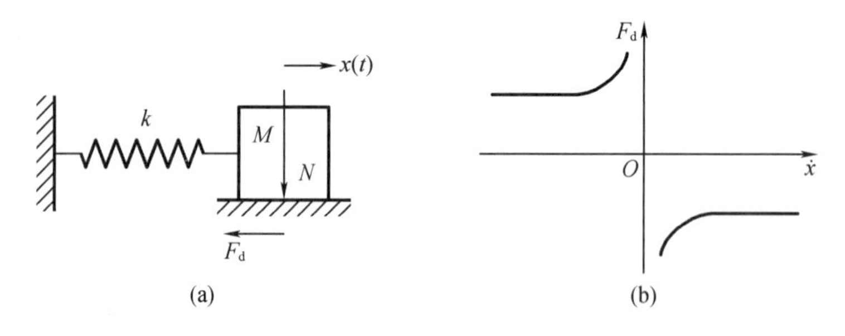

图1.4.1　干摩擦阻尼力和干摩擦系数

(2)黏性阻尼力

外界黏性流体与系统相接触(如两接触面之间有润滑剂)时或系统处在黏性流体中并以较低的速度运动时所产生的阻尼力称为黏性阻尼力。它的大小与系统的材料无关，而与系统的大小、形状以及流体(或润滑剂)的黏性有关，即其大小与系统运动速度成正比，方向与系统运动速度方向相反，如图1.4.2所示，即

$$F_{\mathrm{d}}=-c\dot{x} \tag{1.4.2}$$

式中，c 为黏性阻尼力系数，取决于系统的大小、形状和流体的黏性。由于黏性阻尼力的大小与系统运动速度成正比，因此这种黏性阻尼力又称为线性黏性阻尼力。

(3)流体动力阻尼力

外界黏性流体与系统相接触时或系统处在黏性流体中并以较高的速度运动(如3 m/s以上)时所产生的阻尼力称为流体动力阻尼力。由于其大小与系统运动速度的平方成正比，故又称为高次阻尼力或非线性黏性阻尼力，其方向也与系统运动速度的方向相反，如图

1.4.2 所示,即

$$F_d = -b\frac{\dot{x}}{|\dot{x}|}\dot{x}^2 \tag{1.4.3}$$

式中,b 为系统在流体中运动的阻尼常数。

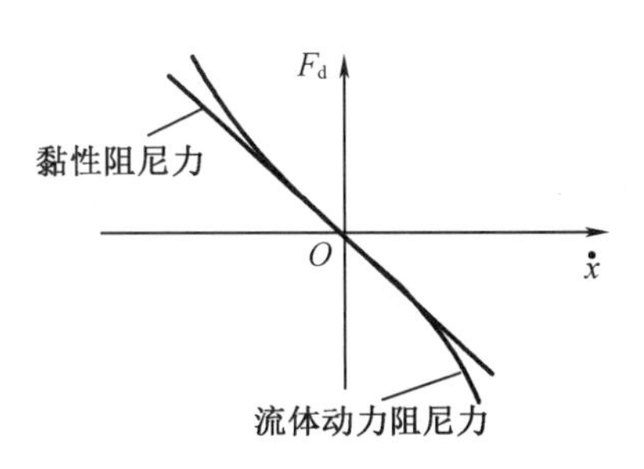

图 1.4.2 黏性阻尼力

在以上 3 种外阻尼力中,工程中较多遇到的是黏性阻尼力。并且,由于黏性阻尼力与系统运动速度成正比,是一种线性阻尼力,便于对问题进行分析和求解,因此在实际工程中遇到一些非线性阻尼力时,也经常将其转化成等效的黏性阻尼力来分析和求解。

2. 内阻尼力

按照产生的原因不同,内阻尼力可分为材料内阻尼力和结构内阻尼力两种。

(1)材料内阻尼力

材料内阻尼力是由组成系统的材料本身不是完全弹性引起的,所以也称为材料的非弹性阻尼力。对于完全弹性材料,由于其服从胡克定律,在加载力和卸载力时,应力与应变呈线性关系(如图 1.4.3 中的 $\overrightarrow{OA}$ 所示),其在反复受力的过程中没有能量损失,加载时储藏在材料中的弹性势能(以 $\triangle OAB$ 表示)在卸载时完全转化为动能。而对于非完全弹性材料来说,其在受力时往往会发生塑性变形,使一部分能量转化为热能而损耗,这种损耗现象就称为能量逸散。能量逸散破坏了应力与应变的线性关系,在应力-应变图上,加载曲线和卸载曲线分别为 $\overset{\frown}{CDA}$ 和 $\overset{\frown}{AEC}$。由图 1.4.3 可以看出:当加载力时,变形增加,$\sigma > E\varepsilon$;当卸载力时,变形减少,$\sigma < E\varepsilon$。这样在一个应力循环中就形成了一个应力-应变的迟滞圈,也称为滞后回线。迟滞圈的面积表示单位体积的材料在一个振动循环中所损耗的能量。这种能量的损耗仅与材料的性质有关,而与系统的结构形式和尺寸无关。

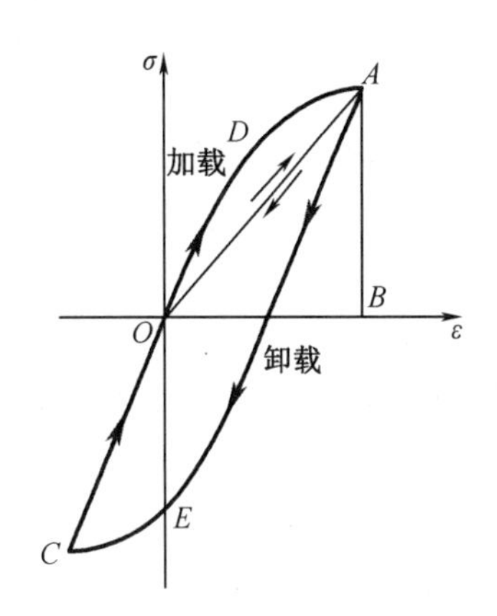

σ—材料的应变;E—材料的弹性模量;
ε—材料受到的应力。

图 1.4.3 应力-应变图

(2)结构内阻尼力

结构内阻尼力是由系统本身结构引起的。在图 1.4.4 所示的结构中,3 个弹簧片被 3 个紧固件紧紧固定在一起,在其自由端施加集中力 P 时,结构会发生弯曲变形。各相邻弹簧片之间、弹簧片和紧固件之间会出现相对位移和摩擦阻力,这就导致集中力 P 和位移 x

之间的关系在加载力和卸载力时完全不同，如图 1.4.5 所示即为加载力和卸载力时力与位移关系的迟滞圈。迟滞圈的面积表示系统每往复振动一次，要克服阻尼力所消耗的能量。这种阻尼力主要就是结构内阻尼力。

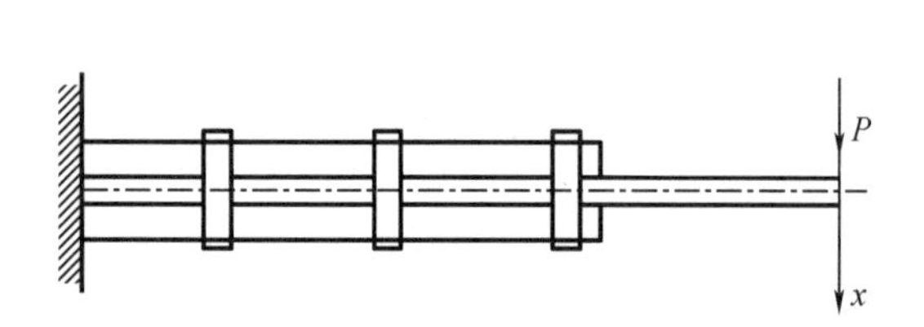

图 1.4.4　3 个弹簧片组成的结构

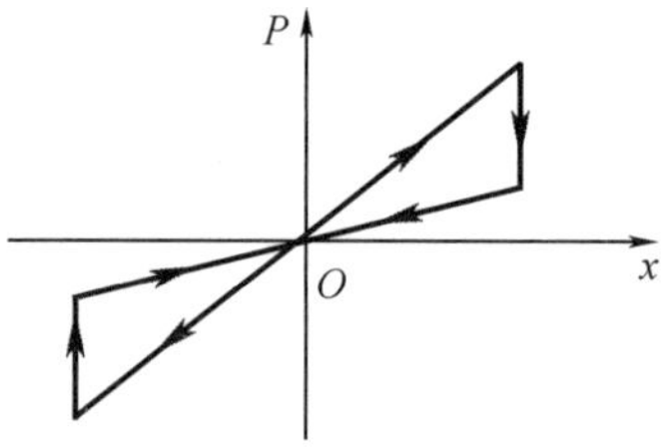

图 1.4.5　集中力 P 和位移 x 之间的关系

因为结构内阻尼力是由系统本身结构引起的，而系统的结构形式往往比较复杂且种类样式繁多，所以结构的非弹性阻尼力难以用数学方法来表达。故对船底板架（板架上装有各种设备、机械及货物等）等复杂结构来说，尽管其结构的非弹性阻尼力通常比材料的非弹性阻尼力大得多，但一般还是将结构的非弹性阻尼力归于材料的非弹性阻尼力中进行分析和求解。

1.4.2　黏性阻尼系统的自由振动

由前文可知，黏性阻尼力与振动物体的运动速度是线性相关的，在振动问题中可以对其进行简化处理，使复杂的问题简单化，便于求解和寻找有阻尼振动的规律，所以下面研究的有阻尼振动系统所采用的阻尼力的形式为黏性阻尼力。当振动系统的阻尼力为非线性阻尼力时，可以通过能量等效的方法，即使非线性阻尼力在一个周期内消耗的能量与一个线性阻尼力在一个周期内消耗的能量相等，则这个线性阻尼力就是非线性阻尼力等效出的黏性阻尼力，这种方式可以简化问题，便于求解与计算。

下面先讨论单自由度阻尼自由振动系统的自由振动情况。图 1.4.6 展示了一质量为 M 的单自由度阻尼自由振动系统的自由振动情况，以静平衡位置为原点，建立 x 坐标轴，令方向向下为正。在自由振动过程中，系统受力如图 1.4.6 所示，依据牛顿定律可得单自由度阻尼自由振动系统自由振动的微分方程为

$$M\ddot{x}+c\dot{x}+kx=0 \tag{1.4.4}$$

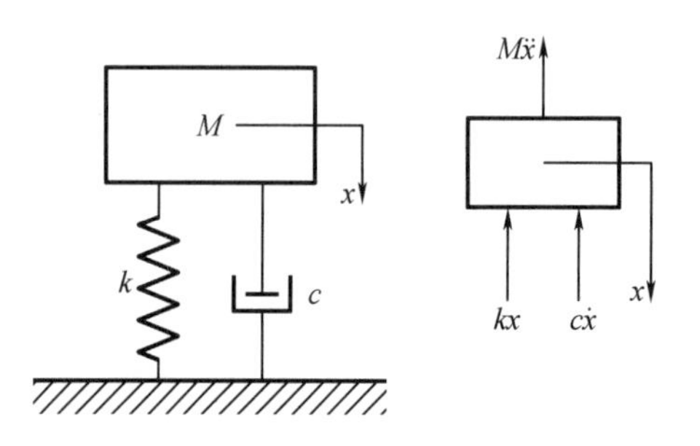

图 1.4.6　质量为 M 的单自由度黏性阻尼系统

将式(1.4.4)等号两边同时除以 M，可得

$$\ddot{x}+\frac{c}{M}\dot{x}+\frac{k}{M}x=0 \tag{1.4.5}$$

令 $2n=\frac{c}{M}$、$\omega_n^2=\frac{k}{M}$,代入式(1.4.5)中,可得

$$\ddot{x}+2n\dot{x}+\omega_n^2 x=0 \tag{1.4.6}$$

式(1.4.6)即为单自由度阻尼自由振动系统自由振动的运动微分方程。它是一个二阶齐次线性常系数微分方程,可设其特解为

$$x(t)=\mathrm{e}^{rt} \tag{1.4.7}$$

将其代入式(1.4.6)中,可得这一微分方程的特征方程为

$$r^2+2nr+\omega_n^2=0 \tag{1.4.8}$$

其解为

$$r_{1,2}=-n\pm\sqrt{n^2-\omega_n^2} \tag{1.4.9}$$

式中,r_1、r_2 称为特征根,由此可得式(1.4.6)的通解为

$$x=A_1\mathrm{e}^{r_1 t}+A_2\mathrm{e}^{r_2 t}=\mathrm{e}^{-nt}\left(A_1\mathrm{e}^{\sqrt{n^2-\omega_n^2}t}+A_2\mathrm{e}^{-\sqrt{n^2-\omega_n^2}t}\right) \tag{1.4.10}$$

$\sqrt{n^2-\omega_n^2}$ 的值可能为正实数、0 或虚数,方程解的性质取决于 $\sqrt{n^2-\omega_n^2}$ 的取值。解的不同表示系统的运动情况也不同。为了便于讨论,现引进一个无量纲的量 ζ,令

$$\zeta=\frac{n}{\omega_n} \tag{1.4.11}$$

称为相对阻尼系数或阻尼比。

下面对 $\sqrt{n^2-\omega_n^2}$ 的不同取值情况进行讨论。

(1)当 $n<\omega_n$,即 $\zeta<1$ 时

此时状态称为弱阻尼状态,也就是小阻尼的情形。这时特征方程的两个根是一对共轭复根。

$$r_{1,2}=-n\pm\mathrm{i}\sqrt{\omega_n^2-n^2} \tag{1.4.12}$$

所以,利用欧拉方程可得微分方程的通解为

$$x(t)=\mathrm{e}^{-nt}(A_1\cos\sqrt{\omega_n^2-n^2}\,t+A_2\sin\sqrt{\omega_n^2-n^2}\,t)=A\mathrm{e}^{-nt}\sin(\sqrt{\omega_n^2-n^2}\,t+\varphi) \tag{1.4.13}$$

令

$$\omega_\mathrm{d}=\sqrt{\omega_n^2-n^2}=\omega_n\sqrt{1-\left(\frac{n}{\omega}\right)^2} \tag{1.4.14}$$

则

$$x(t)=A\mathrm{e}^{-nt}\sin(\omega_\mathrm{d}t+\varphi) \tag{1.4.15}$$

式中,ω_d 为有阻尼自由振动频率或衰减振动的圆频率。

$$\begin{cases}A=\sqrt{A_1^2+A_2^2}\\ \varphi=\arctan\dfrac{A_1}{A_2}\end{cases} \tag{1.4.16}$$

式中,A、φ(或 A_1、A_2)为待定系数,由初始条件决定。

当 $t=0$ 时,$x=x_0$、$\dot{x}=\dot{x}_0$,可求出式(1.4.13)中的常数为

$$\begin{cases} A_1 = x_0 \\ A_2 = \dfrac{\dot{x}_0 + n x_0}{\omega_d} \end{cases} \tag{1.4.17}$$

则

$$\begin{cases} A = \sqrt{x_0^2 + \left(\dfrac{\dot{x}_0 + n x_0}{\omega_d}\right)^2} = \sqrt{\dfrac{\dot{x}_0^2 + 2n\dot{x}_0 x_0 + \omega_n^2 x_0^2}{\omega_n^2 - n^2}} \\ \varphi = \arctan \dfrac{x_0 \omega_d}{\dot{x}_0 + n x_0} = \arctan \dfrac{x_0 \sqrt{\omega_n^2 - n^2}}{\dot{x}_0 + n x_0} \end{cases} \tag{1.4.18}$$

将 A_1、A_2 代入式(1.4.13)中,可得

$$x = e^{-nt}\left[x_0 \cos(\omega_d t) + \frac{\dot{x}_0 + n x_0}{\omega_d}\sin(\omega_d t)\right] \tag{1.4.19}$$

因为式(1.4.13)由两部分组成,一是随时间的增长而减小的指数函数 Ae^{-nt},二是正弦函数 $\sin(\sqrt{\omega_n^2 - n^2}\,t + \varphi)$,所以系统的振幅在曲线 $x = Ae^{-nt}$ 和 $x = -Ae^{-nt}$ 上,并且该振动是振幅随时间的增长而逐渐减小的衰减振动。振动情况如图 1.4.7 所示。

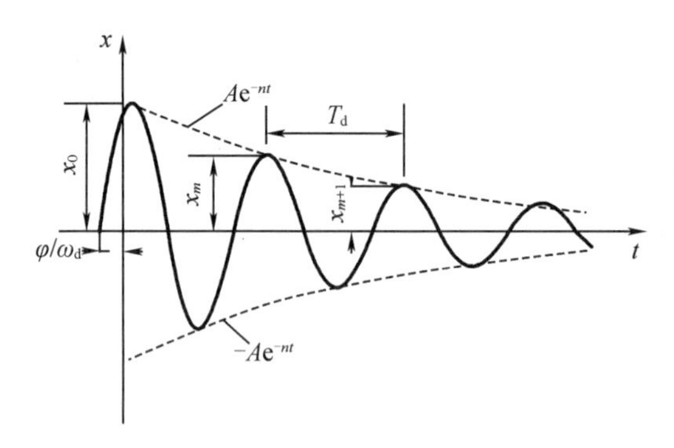

图 1.4.7 振动情况

系统相邻两次从同一方向通过其平衡位置的时间间隔称为有阻尼自由振动的周期 T_d。

$$T_d = \frac{2\pi}{\omega_d} = T\frac{1}{\sqrt{1 - \left(\dfrac{n}{\omega_n}\right)^2}} \tag{1.4.20}$$

式中,T 为无阻尼自由振动的周期。

一般情况下,实际的工程结构的阻尼力较小,通常 $\zeta < 0.2$,因此由式(1.4.14)和式(1.4.20)可知,阻尼力对自由振动的频率和周期的影响较小,在计算时,ω_d 和 T_d 可按二项式定理近似地取为

$$\begin{cases} \omega_d \approx \omega_n \left(1 - \dfrac{1}{2}\zeta^2\right) \\ T_d \approx T\left(1 + \dfrac{1}{2}\zeta^2\right) \end{cases} \tag{1.4.21}$$

阻尼力对振幅的影响很大。振幅衰减的快慢可由任意相邻的两个振幅之比 ψ 来表示。

$$\psi = \frac{x_m}{x_{m+1}} = \frac{Ae^{-nt_m}}{Ae^{-n(t_m + T_d)}} = e^{nT_d} \tag{1.4.22}$$

式中,ψ 为阻尼振动的衰减系数或减幅系数;$x_m = Ae^{-nt_m}$,为第 m 次振动的振幅;$x_{m+1} = Ae^{-n(t_m+T_d)}$,为第 $m+1$ 次振动的振幅。

为简化运算,通常用对数衰减率 δ 代替衰减系数 ψ 来表示振幅衰减的快慢,即

$$\delta = \ln\frac{x_m}{x_{m+1}} = nT_d = 2\pi\frac{\zeta}{\sqrt{1-\zeta^2}} \approx 2\pi\zeta \tag{1.4.23}$$

或

$$\begin{cases} \dfrac{x_m}{x_{m+N}} = e^{NnT_d} = e^{N\delta} \\ \delta = \dfrac{1}{N}\ln\dfrac{x_m}{x_{m+N}} \\ \zeta \approx \dfrac{\delta}{2\pi} = \dfrac{1}{2\pi N}\ln\dfrac{x_m}{x_{m+N}} \end{cases} \tag{1.4.24}$$

(2)当 $n>\omega_n$,即 $\zeta>1$ 时

此时状态称为强阻尼状态,也就是大阻尼情况。这时$\sqrt{n^2-\omega_n^2}>0$,但$\sqrt{n^2-\omega_n^2}<n$,可知特征方程的两个根是负实根。

$$r_{1,2} = -n \pm \sqrt{n^2-\omega_n^2} = -n \pm \omega_b \tag{1.4.25}$$

式中,

$$\omega_b = \sqrt{n^2-\omega_n^2} \tag{1.4.26}$$

由此可得,式(1.4.6)的通解为

$$x(t) = e^{-nt}\left[A_1\mathrm{ch}(\omega_b t) + A_2\mathrm{sh}(\omega_b t)\right] \tag{1.4.27}$$

积分常数 A_1、A_2 由初始条件确定。

设 $t=0$ 时,$x=x_0$、$\dot{x}=\dot{x}_0$,可求出式(1.4.19)的积分常数为

$$\begin{cases} A_1 = x_0 \\ A_2 = \dfrac{\dot{x}_0 + nx_0}{\omega_b} \end{cases} \tag{1.4.28}$$

将式(1.4.28)代入式(1.4.27)中,可得

$$x(t) = e^{-nt}\left[x_0 + \mathrm{ch}(\omega_b t) + \frac{\dot{x}_0 + nx_0}{\omega_b}\mathrm{sh}(\omega_b t)\right] \tag{1.4.29}$$

由于式(1.4.29)的位移响应方程不是周期函数,因此它不再表示振动。当 $t\to\infty$、$x\to 0$ 时,系统随时间 t 的增长而逐渐趋于平衡位置。也就是说,当黏性阻尼很大时,物体受到激振力而离开平衡位置;在撤去激振力后,由于阻尼的作用,物体不产生往复振动而逐渐趋于平衡位置。图1.4.8所示为物体在不同初始条件下的运动情况,由图可以看出:初始条件不同,物体趋于平衡位置的方式也不同。

(3)当 $n=\omega_n$,即 $\zeta=1$ 时

此时状态称为临界阻尼状态。这时特征方程有重根,即

$$r_1 = r_2 = -n \tag{1.4.30}$$

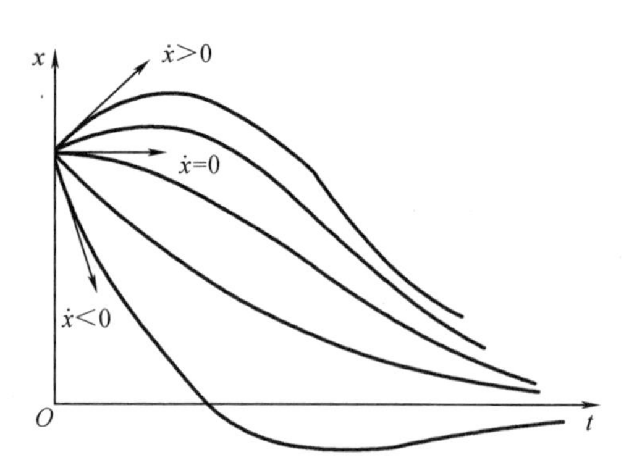

图 1.4.8　物体在不同初始条件下的运动情况

由此可得，式(1.4.6)的一般解为

$$x(t)=\mathrm{e}^{-nt}(A_1+A_2t) \tag{1.4.31}$$

设当 $t=0$ 时，$x=x_0$、$\dot{x}=\dot{x}_0$，代入式(1.4.31)中，可得

$$\begin{cases}A_1=x_0\\A_2=\dot{x}_0+nx_0\end{cases} \tag{1.4.32}$$

将式(1.4.32)代入式(1.4.31)中得

$$x(t)=x_0\mathrm{e}^{-nt}+(\dot{x}_0+nx_0)t\mathrm{e}^{-nt} \tag{1.4.33}$$

当 $t\to\infty$ 时，式(1.4.33)等号右边第一项 $x_0\mathrm{e}^{-nt}$ 趋近于 0，第二项 $(\dot{x}_0+nx_0)t\mathrm{e}^{-nt}$ 可应用麦克劳林级数展开，即

$$(\dot{x}_0+nx_0)t\mathrm{e}^{-nt}=\frac{\dot{x}_0+nx_0}{\frac{\mathrm{e}^{nt}}{t}}=\frac{\dot{x}_0+nx_0}{\frac{1}{t}+n+\frac{n^2t}{2!}+\frac{n^3t^2}{3!}+\cdots+\frac{n^nt^{n-1}}{n!}} \tag{1.4.34}$$

当 $t\to\infty$ 时，$(\dot{x}_0+nx_0)t\mathrm{e}^{-nt}$ 也趋近于 0。由于式(1.4.33)等号右边两项均趋近于 0，所以式(1.4.33)表示的运动也是非周期运动，并且不再表示振动，它是系统从振动过渡到不振动的临界情况。此时系统的黏性阻尼系数称为临界黏性阻尼系数，简称为临界阻尼，用 c_c 表示。

已知 $n=\omega_n$、$2n=\frac{c}{M}$，所以 $\frac{c_\mathrm{c}}{2M}=\sqrt{\frac{k}{M}}$，可以得到 c_c 的表达式为

$$c_\mathrm{c}=2M\sqrt{\frac{k}{M}}=2\sqrt{kM} \tag{1.4.35}$$

由式(1.4.35)可以看出：临界阻尼系数 c_c 只取决于系统本身的物理性质，与初始条件无关。

又因为

$$\zeta=\frac{n}{\omega_n}=\frac{\frac{c}{2M}}{\omega_n}=\frac{c}{c_\mathrm{c}} \tag{1.4.36}$$

所以，相对阻尼系数也是系统实际阻尼系数与临界阻尼系数的比值。

1.5 有阻尼强迫振动

1.5.1 有阻尼简谐激振

有阻尼的自由振动系统的振动会逐渐衰减至静止;而有阻尼的强迫振动的系统依然会产生强迫振动。现在对一个受到简谐激振力作用的有黏性阻尼的系统进行分析。图1.5.1为一有阻尼简谐激振系统。设其平衡位置为坐标原点,x 正方向如图所示。系统中黏性阻尼力为 $c\dot{x}$,简谐激振力为 $P(t)=P_0\sin(\omega t+\varphi)$,根据牛顿运动定律建立有阻尼强迫振动微分方程:

$$M\ddot{x}+c\dot{x}+kx=P_0\sin(\omega t+\varphi) \tag{1.5.1}$$

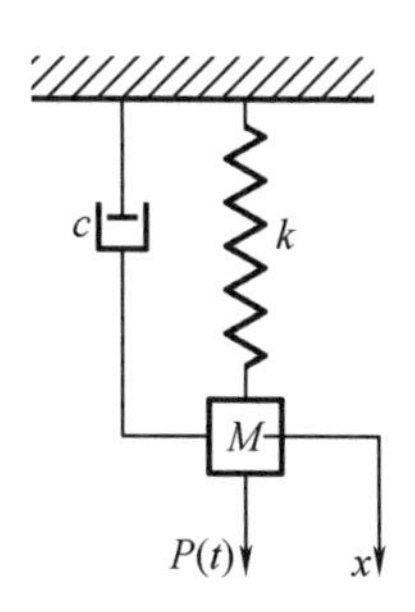

图 1.5.1 有阻尼简谐激振系统

式(1.5.1)等号两边同时除以 M,可得

$$\ddot{x}+2n\dot{x}+\omega_n^2x=\frac{P_0}{M}\sin(\omega t+\varphi) \tag{1.5.2}$$

式中,$2n=\frac{c}{M}$;$\omega_n^2=\frac{k}{M}$。

式(1.5.2)的解由对应的二阶齐次线性常系数微分方程的通解和非齐次方程的特解两部分组成。齐次线性常系数微分方程的通解就是有黏性阻尼的自由振动方程的解。在小阻尼情况下($n<\omega_n$),其通解为

$$x(t)=e^{-nt}[A_1\cos(\omega_d t)+A_2\sin(\omega_d t)] \tag{1.5.3}$$

式中,$\omega_d=\sqrt{\omega_n^2-n^2}$,为有黏性阻尼的自由振动频率。

非齐次方程的特解可写为

$$x=A_3\sin(\omega t+\varphi)+A_4\cos(\omega t+\varphi) \tag{1.5.4}$$

经过三角函数变换,式(1.5.4)可改写为

$$x=A\sin(\omega t+\varphi-\beta) \tag{1.5.5}$$

式中,

$$\begin{cases}A=\sqrt{A_3^2+A_4^2}\\ \tan\beta=-\frac{A_4}{A_3}\end{cases} \tag{1.5.6}$$

将式(1.5.4)代入式(1.5.2)中,由于 $\sin(\omega t+\varphi)$ 和 $\cos(\omega t+\varphi)$ 不会恒等于0,因此分别比较所得方程两边的 $\sin(\omega t+\varphi)$ 及 $\cos(\omega t+\varphi)$ 两项的系数,可得

$$\begin{cases}-A_4\omega^2+2nA_3\omega+\omega_n^2A_4=0\\-A_3\omega^2-2nA_4\omega+\omega_n^2A_3=\dfrac{P_0}{M}\end{cases}\tag{1.5.7}$$

对式(1.5.7)进行求解,可得

$$\begin{cases}A_3=\dfrac{P_0}{M}\dfrac{\omega_n^2-\omega^2}{(\omega_n^2-\omega^2)^2+4n^2\omega^2}\\A_4=-\dfrac{P_0}{M}\dfrac{2n\omega}{(\omega_n^2-\omega^2)^2+4n^2\omega^2}\end{cases}\tag{1.5.8}$$

将式(1.5.8)代入式(1.5.6)中,可得

$$\begin{cases}A=\dfrac{P_0}{M\omega_n^2}\dfrac{1}{\sqrt{\left(1-\dfrac{\omega^2}{\omega_n^2}\right)^2+4\dfrac{\omega^2}{\omega_n^2}\dfrac{n^2}{\omega_n^2}}}\\\tan\beta=-\dfrac{2n\omega}{\omega_n^2-\omega^2}\end{cases}\tag{1.5.9}$$

令 $\gamma=\dfrac{\omega}{\omega_n}$、$\zeta=\dfrac{n}{\omega_n}$,对式(1.5.9)进行变换,可得

$$\begin{cases}A=\dfrac{P_0}{k}\dfrac{1}{\sqrt{(1-\gamma^2)^2+(2\zeta\gamma)^2}}=x_{\mathrm{st}}\alpha\\\beta=\arctan\dfrac{2\zeta\gamma}{1-\gamma^2}\end{cases}\tag{1.5.10}$$

由此可得,式(1.5.2)的全解为

$$x=\mathrm{e}^{-nt}[A_1\cos(\omega_{\mathrm{d}}t)+A_2\sin(\omega_{\mathrm{d}}t)]+A\sin(\omega t+\varphi-\beta)\tag{1.5.11}$$

设初始条件为:当 $t=0$ 时,$x(0)=x_0$、$\dot{x}(0)=\dot{x}_0$,可得

$$\begin{aligned}x(t)=&\,\mathrm{e}^{-\zeta\omega_n t}\left[x_0\cos(\omega_{\mathrm{d}}t)+\frac{\dot{x}_0+nx_0}{\omega_{\mathrm{d}}}\sin(\omega_{\mathrm{d}}t)\right]-\\&\mathrm{e}^{-\zeta\omega_n t}A\left[\sin(\varphi-\beta)\cos(\omega_{\mathrm{d}}t)+\frac{\omega\cos(\varphi-\beta)+n\sin(\varphi-\beta)}{\omega_{\mathrm{d}}}\sin(\omega_{\mathrm{d}}t)\right]+A\sin(\omega t+\varphi-\beta)\end{aligned}\tag{1.5.12}$$

由式(1.5.12)可知,有阻尼简谐激振的位移响应由三部分组成,其中,前两项表示的是有阻尼自由振动响应,振幅的大小会随着时间的增长而减小,并逐渐趋于0。第一项由初始条件决定,称为自由振动项;第二项由激振力引起,但它的振动频率与有阻尼自由振动频率相同,称为伴随自由振动项;第三项表示有阻尼强迫振动,它是由激振力引起的简谐振动,并且是振动频率与激振力频率相同的纯强迫振动。有阻尼自由振动的振幅是随时间的增长而不断衰减的,因此,在振动的一开始,系统运动是自由衰减振动和强迫振动的叠加,形成了振动的暂态过程。一段时间后,自由衰减振动逐渐消失,强迫振动仍维持等振幅振动,就形成了稳态的振动过程,称为稳态振动。图1.5.2所示为有阻尼简谐激振位移响应,表示了系统有阻尼简谐激振的运动情况。

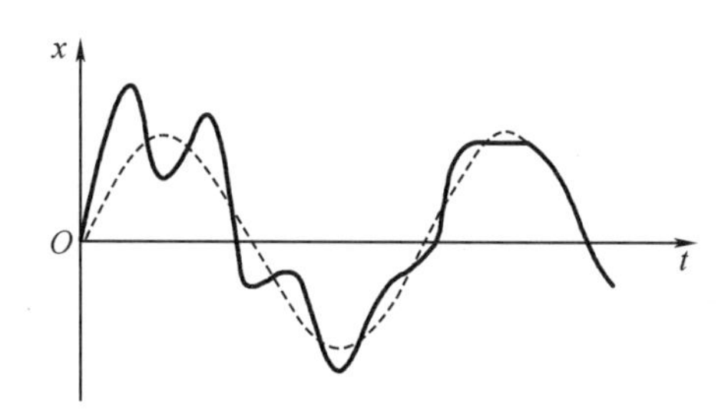

图 1.5.2 有阻尼简谐激振位移响应

由上述分析可知，当作用在系统上的力是简谐激振力时，系统强迫振动的稳态过程就是简谐振动，并且在有阻尼强迫振动中，稳态振动的振动频率与激振力的频率相同，与阻尼力、初始条件和系统的固有属性均无关。由式(1.5.10)可知，有阻尼强迫振动的振幅与时间 t 和初始条件都无关，而是与系统在静力 P_0 作用下的静位移成正比，即有阻尼强迫振动的振幅 A 是系统在静力 P_0 作用下的静位移 x_{st} 的 α 倍，式(1.5.10)中，

$$\alpha=\frac{1}{\sqrt{(1-\gamma^2)^2+(2\zeta\gamma)^2}} \tag{1.5.13}$$

式中，α 为有阻尼强迫振动的动力系数，它与频率比 γ、阻尼比 ζ 有关。所以，有阻尼简谐激振的振幅 A 与激振力幅值 P_0 呈线性关系，P_0 越大，A 也越大。

下面探究频率比 γ 对振幅 A 的影响。现以 γ 为横坐标，以 α 为纵坐标，以阻尼比 ζ 为参变量，将 α 随 γ、ζ 的变化曲线绘于图 1.5.3 中，此曲线称为位移幅值的频率响应曲线，简称为幅频响应曲线，也称共振曲线。从图 1.5.3 中可以看出：当 γ 越小，即激振力频率 ω 与固有频率 ω_n 的比越小时，α 越接近于 1，也就是强迫振动的振幅越接近于静位移，此时激振力的作用可视为静力的作用；当 $\gamma\to1$，即 $\omega\to\omega_n$ 时，振幅 A 将急剧增加并达到最大值，出现共振现象；当 γ 很大，即激振力频率 ω 远大于固有频率 ω_n 时，系统的振幅 A 将趋近于 0。

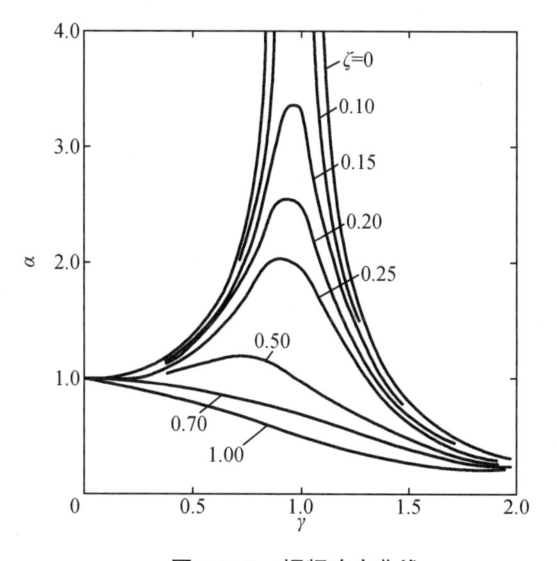

图 1.5.3 幅频响应曲线

同时，从图 1.5.3 中可以看出：不同的阻尼比 ζ 对应不同的共振曲线。增大阻尼比可以

有效地减小共振区的振幅，当 $\zeta=0$ 时，该曲线就是无阻尼激振的共振曲线，这时动力放大系数

$$\alpha=\left|\frac{1}{1-\gamma^2}\right| \quad (\text{无阻尼的情况}) \tag{1.5.14}$$

在无阻尼的情况下，若 $\gamma\to1$，即 $\omega\to\omega_n$，则式(1.5.14)中的 $\alpha\to\infty$，系统产生共振，并且振幅将趋于无穷大；而在有阻尼的情况下，随着阻尼比的增大，ζ 增大，振幅相应减小。在共振区以外，阻尼比对振幅的影响较小。特别是 γ 很大时，图 1.5.3 中不同 ζ 值的曲线都非常接近于无阻尼时的曲线，所以在求解部分有阻尼振动响应时，可以将其近似为无阻尼振动。另外，阻尼比增大不但使共振振幅降低，而且使最大振幅的位置向左偏移，且这个偏移随 ζ 的增大而增大。

$$\alpha=\frac{1}{\sqrt{(1-\gamma^2)^2+(2\zeta\gamma)^2}} \tag{1.5.15}$$

可以先将式(1.5.15)对 γ 求导(求极值)，可得

$$\frac{\mathrm{d}(1-2\gamma^2+\gamma^4+4\gamma^2\zeta^2)}{\mathrm{d}\gamma}=-2(2\gamma)+4\gamma^3+8\gamma\zeta^2=0 \tag{1.5.16}$$

$$4\gamma^2=4-8\zeta^2 \tag{1.5.17}$$

求解得

$$\gamma=\sqrt{1-2\zeta^2} \tag{1.5.18}$$

因此，当 $\gamma=\sqrt{1-2\zeta^2}$ 时，可得 α 的最大值，其值为

$$\alpha_{\max}=\frac{1}{2\zeta\sqrt{1-\zeta^2}} \tag{1.5.19}$$

而当 $\gamma=1$，即 $\omega=\omega_n$ 时

$$\alpha=\frac{1}{2\zeta} \tag{1.5.20}$$

由式(1.5.18)可知，在有阻尼振动情况下，共振不是发生在 $\gamma=1$ 时。但在小阻尼($\zeta<0.2$)情况下，发生共振时的 γ 接近于 1。由于实际的工程结构多数是小阻尼的，因此在一般情况下，仍可认为当 $\omega=\omega_n$ 时系统发生共振。要想避免共振，就需要 ω 与 ω_n 相差 10%或 20%以上。

由式(1.5.10)可知，强迫振动的位移对激振力的相位差 β 与频率比 γ 及阻尼比 ζ 有关。现以 β 为纵坐标，以 γ 为横坐标，以 ζ 为参变量，绘制图 1.5.4 所示的相频特性曲线。从图 1.5.4 中可看出：$\zeta=0$ 时为无阻尼强迫振动，其位移和激振力的相位相同($\gamma<1$ 时)或相差 π($\gamma>1$ 时)；$\zeta\neq0$ 时，β 恒大于 0，所以有阻尼强迫振动时的位移总是落后于激振力一个相角。当 $\gamma<1$ 时，β 在 $0\sim\frac{\pi}{2}$ 之间；当 $\gamma>1$ 时，β 在 $\frac{\pi}{2}\sim\pi$ 之间；当 $\gamma=1$ 时，相位差总是 $\frac{\pi}{2}$，不随 ζ 的改变而改变。可利用这一特性来测定系统的固有频率，称相位共振法。

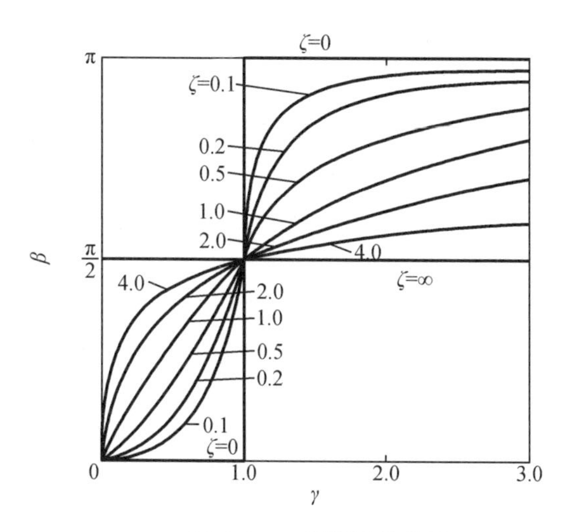

图 1.5.4 相频特性曲线

1.5.2 被动隔振与主动隔振

1. 被动隔振

在实际的工程结构中,有时物体并不直接受到激振力的作用,但系统的支座不是固定不动而是运动的,支座的运动也能激起物体的振动,如船体振动常常激起安装在船上的仪表设备的振动等。在物体与支座之间垫上减振物质以减小支座对物体的作用的措施称为被动隔振。

图 1.5.5 中有一单自由度系统,其中支座做简谐振动,运动方程为 $x_1=B\sin(\omega t)$(振幅为 B)。设质量为 m 的物体的振动位移为 x,则作用在物体上的弹性力为$-k(x-x_1)$,阻尼力为$-c(\dot{x}-\dot{x}_1)$,根据牛顿定律有

$$m\ddot{x}=-k(x-x_1)-c(\dot{x}-\dot{x}_1) \tag{1.5.21}$$

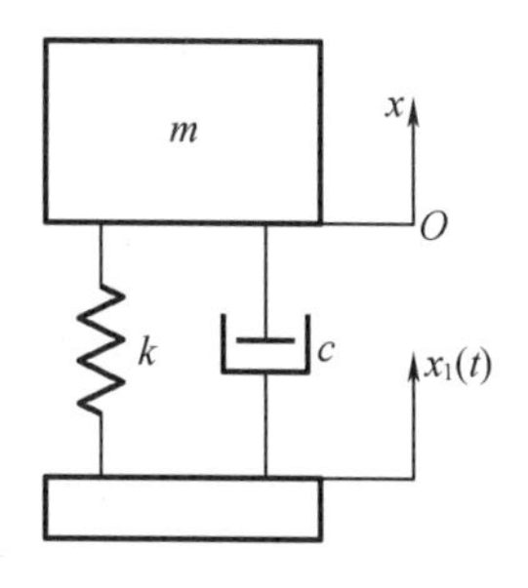

图 1.5.5 位移激振力学模型

设相对位移 $x_r=x-x_1$,则式(1.5.21)可写为

$$m\ddot{x}_r+c\dot{x}_r+kx_r=-m\ddot{x}_1 \tag{1.5.22}$$

或

$$m\ddot{x}_r+c\dot{x}_r+kx_r=mB\omega^2\sin(\omega t) \tag{1.5.23}$$

式(1.5.23)与受迫振动微分方程(1.5.1)形式相同。

直接对式(1.5.21)进行化简,得到

$$m\ddot{x}+c\dot{x}+kx=kx_1+c\dot{x}_1 \tag{1.5.24}$$

将 $x_1=B\sin(\omega t)$ 代入式(1.5.24)中得

$$m\ddot{x}+c\dot{x}+kx=kB\sin(\omega t)+c\omega B\cos(\omega t) \tag{1.5.25}$$

设系统的稳态响应为

$$x=A\sin(\omega t-\alpha) \tag{1.5.26}$$

将式(1.5.26)代入式(1.5.25)中得

$$\frac{A}{B}=\sqrt{\frac{k^2+c^2\omega^2}{(k-m\omega^2)^2+c^2\omega^2}}=\sqrt{\frac{1+4\zeta^2\gamma^2}{(1-\gamma^2)^2+4\zeta^2\gamma^2}} \tag{1.5.27}$$

$$\tan\alpha=\frac{mc\omega^3}{k(k-m\omega^2)+c^2\omega^2}=\frac{2\zeta\gamma^3}{1-\gamma^2+4\zeta^2\gamma^2} \tag{1.5.28}$$

图 1.5.6 表示式(1.5.27)和式(1.5.28)所示的位移激振的幅频曲线与相频曲线,其中振幅比 A/B 表示位移传递率。对于隔振的要求来说,应有 $A/B<1$,从图 1.5.6 中可看出:满足这一要求的频率比 $\gamma=\omega/\omega_n>\sqrt{2}$,说明隔振区为 $\gamma>\sqrt{2}$;当 $\gamma\gg1$ 时,A/B 将很小,即隔振效果很好。但由于 ω 不能人工控制,因此只有控制系统,使 ω_n 很小,而 $\omega_n=\sqrt{\frac{k}{m}}$,所以要么选择较软的弹簧,要么选择较大的质量。在实际应用中也有兼顾这两方面的,例如,全息摄影时采用很重的平台,并在平台下面垫以减振材料,在平台上放置精密仪器;利用汽车运送易破碎物体(鸡蛋、玻璃、电视机等)时,因为不可能选择较大的质量,所以只能选择较软的弹簧,如海绵、橡胶等弹性好的软材料作为支垫。

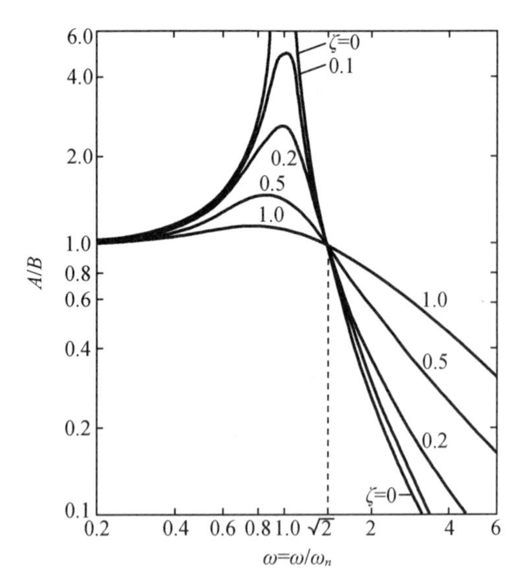

图 1.5.6　位移传递率与力传递率曲线

2. 主动隔振

被动隔振是由于振源无法消除而不得已采取的补救措施,以保护仪器设备。但有的振源是可以被隔离开的,如图 1.5.7 所示的具有偏心质量的电机,若用减振材料将其与地基隔开,则可减小机器传给地基的力,这种措施称为主动隔振(或隔力),其简化模型如图 1.5.8 所示。

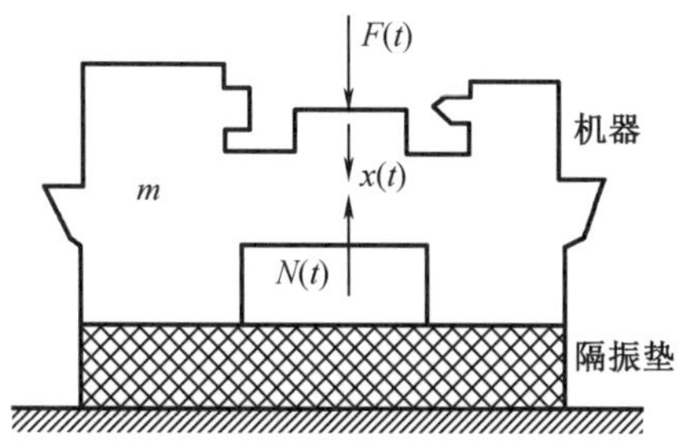

图 1.5.7 具有偏心质量的电机

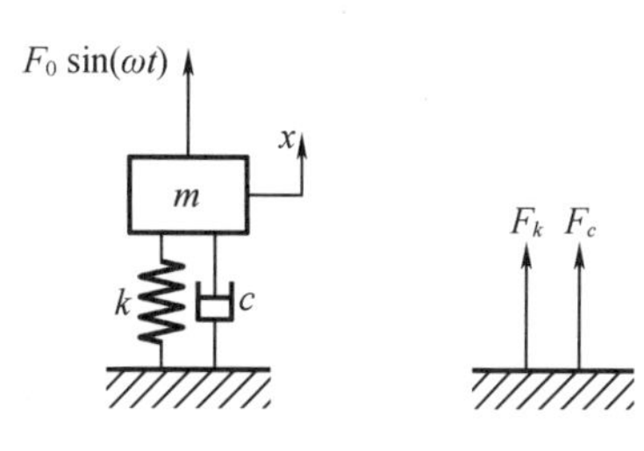

图 1.5.8 电机简化模型

下面求解由弹簧(刚度为 k)和阻尼(阻尼系数为 c)传给地基的力 F_k 和 F_c 的合力。根据有阻尼强迫振动的相关知识,有稳态解

$$x(t)=A\sin(\omega t-\varphi)=\frac{\frac{F_0}{k}}{\sqrt{(1-\gamma^2)^2+4\zeta^2\gamma^2}}\sin(\omega t-\varphi) \tag{1.5.29}$$

振动传给地基的力为

$$F_k=kx(t)=kA\sin(\omega t-\varphi)=\frac{F_0}{\sqrt{(1-\gamma^2)^2+4\zeta^2\gamma^2}}\sin(\omega t-\varphi) \tag{1.5.30}$$

$$F_c=c\dot{x}(t)=c\omega A\cos(\omega t-\varphi)=\frac{\frac{F_0 c\omega}{k}}{\sqrt{(1-\gamma^2)^2+4\zeta^2\gamma^2}}\sin\left(\omega t-\varphi+\frac{\pi}{2}\right) \tag{1.5.31}$$

所以 F_k 与 F_c 的相位角之差为$\frac{\pi}{2}$,地基所受合力为

$$F_{\mathrm{T}}=F_k+F_c=\sqrt{k^2+c^2\omega^2}A\sin(\omega t-\alpha) \tag{1.5.32}$$

其最大值为

$$F_{\mathrm{T}}=\sqrt{k^2+c^2\omega^2}A=kA\sqrt{1+4\zeta^2\gamma^2}=F_0\frac{\sqrt{1+4\zeta^2\gamma^2}}{\sqrt{(1-\gamma^2)^2+4\zeta^2\gamma^2}} \tag{1.5.33}$$

由式(1.5.33)可得,力的传递率为

$$\frac{F_{\mathrm{T}}}{F_0}=\frac{\sqrt{k^2+c^2\omega^2}}{\sqrt{(k-m\omega^2)^2+c^2\omega^2}}=\frac{\sqrt{1+4\zeta^2\gamma^2}}{\sqrt{(1-\gamma^2)^2+4\zeta^2\gamma^2}} \tag{1.5.34}$$

由式(1.5.34)可知,主动隔振的力的传递率与被动隔振的位移的传递率具有相同的形式,因此要想达到隔振效果,就需要 $\gamma=\omega/\omega_n>\sqrt{2}$,并且 γ 越大,隔振效果越好。对阻尼力而言,当 $\gamma>\sqrt{2}$时,阻尼力越大,则传递力的幅值也越大,但若阻尼力太小,则物体通过共振区时会产生很大振动,传递力的幅值也会很大。因此,应选择合适的阻尼器,即在选择弹簧和阻尼时,既要考虑物体的振幅不能太大,又要考虑传给地基的力的幅值不能过大。

主动隔振与被动隔振的区别是:主动隔振是感应器感受到振动压力的信号,然后将其转换成电信号并传输给作动器,由作动器输出相反方向的力以抵消振动。主动隔振可以减少低频和高频振动,特别是对于低频段的隔振效果远好于被动隔振。被动隔振是利用弹性物质如弹簧、充气平台、橡胶等的物理性质减小振动,能减小 20 Hz 以上的高频振动,对低频振动的隔振效果不明显。

1.5.3 振动谱分析

1. 线性叠加原理

由前述内容可知,具有黏性阻尼的单自由度系统在激振力 $P(t)$ 的作用下的运动微分方程为

$$M\ddot{x}(t)+c\dot{x}(t)+kx(t)=P(t) \tag{1.5.35}$$

其微分形式可写为

$$M\frac{\mathrm{d}^2x(t)}{\mathrm{d}t^2}+c\frac{\mathrm{d}x(t)}{\mathrm{d}t}+kx(t)=P(t) \tag{1.5.36}$$

我们通常把 $P(t)$ 称为系统的输入,也称为激励(作用于系统,激起系统出现某种响应的外力或其他输入),而把 $x(t)$ 称为系统的输出或称为响应(系统受外力或其他输入作用时的输出)。为了便于研究激励和响应之间的关系,引进一个线性微分算符 G。

$$G=M\frac{\mathrm{d}^2}{\mathrm{d}t^2}+c\frac{\mathrm{d}}{\mathrm{d}t}+k \tag{1.5.37}$$

则运动方程可写为

$$G[x(t)]=P(t) \tag{1.5.38}$$

由于 $G[x(t)]$ 中只包含 $x(t)$ 及其时间导数的线性项,因此称 G 为线性算符,它包括了系统所有的参数 M、c、k 和这些系数所乘的导数阶数,具有所有的系统特性。在控制理论中常用颜色的深浅来形容信息的多少,比如"黑箱"就表示对系统内部结构、参数、特征等一无所知,只能通过系统外部的表象来研究这类系统,这里的"黑"表示信息缺乏。所以我们可用 G 代表一个二阶系统的"黑箱",那么式(1.5.38)就可用图 1.5.9 表示。也就是说,在进行分析时,可不考虑黑箱内的变化情况,只考虑激励和响应的关系,这种方法在研究复杂结构系统运动时是很有用的。

图 1.5.9 激励-响应黑箱系统

现在运用上述黑箱的概念来说明系统的线性特性和线性叠加原理。设有两个激励 $P_1(t)$ 和 $P_2(t)$,响应分别为 $x_1(t)$ 和 $x_2(t)$,即

$$P_1(t)=G[x_1(t)] \tag{1.5.39}$$

$$P_2(t)=G[x_2(t)] \tag{1.5.40}$$

$$P_3(t)=C_1P_1(t)+C_2P_2(t) \tag{1.5.41}$$

$P_3(t)$ 是 $P_1(t)$ 和 $P_2(t)$ 的线性组合,若 $P_3(t)$ 的响应 $x_3(t)$ 满足 $x_3(t)=C_1x_1(t)+C_2x_2(t)$,则此系统是线性的,即对于线性的黑箱,可得

$$\begin{aligned}G[x_3(t)]&=G[C_1x_1(t)+C_2x_2(t)]\\&=P_3(t)\\&=C_1P_1(t)+C_2P_2(t)\\&=C_1G[x_1(t)]+C_2G[x_2(t)]\end{aligned} \tag{1.5.42}$$

式中,C_1、C_2 均为常数。这就是叠加原理的数学表达式,即总激励的响应等于各激励响应的总和。

前面所讲的简谐激振力作用下的振动等于由初始干扰引起的暂态振动和稳态强迫振动的和,以及周期激振力所产生的振动用傅里叶级数展开求解等,都运用了叠加原理。尽管叠加原理可使问题简化,但由于 G 为线性算符,因此其只适用于线性范围。

现有一个以复数表示的线性振动系统,此系统在复数激励 $\overline{P}(t)$ 下有复数响应 $\overline{x}(t)$,则 $\overline{x}(t)$ 的实部是 $\overline{P}(t)$ 实部的响应,$\overline{x}(t)$ 的虚部是 $\overline{P}(t)$ 虚部的响应,有

$$\begin{cases}\overline{P}(t)=P_{\mathrm{R}}(t)+\mathrm{i}P_{\mathrm{I}}(t)\\ \overline{x}(t)=x_{\mathrm{R}}(t)+\mathrm{i}x_{\mathrm{I}}(t)\end{cases}\tag{1.5.43}$$

则由式(1.5.38)可得

$$G[x_{\mathrm{R}}(t)+\mathrm{i}x_{\mathrm{I}}(t)]=P_{\mathrm{R}}(t)+\mathrm{i}P_{\mathrm{I}}(t)\tag{1.5.44}$$

可改写成

$$G[x_{\mathrm{R}}(t)]+\mathrm{i}G[x_{\mathrm{I}}(t)]=P_{\mathrm{R}}(t)+\mathrm{i}P_{\mathrm{I}}(t)\tag{1.5.45}$$

进一步可得

$$\begin{cases}G[x_{\mathrm{R}}(t)]=P_{\mathrm{R}}(t)\\ G[x_{\mathrm{I}}(t)]=P_{\mathrm{I}}(t)\end{cases}\tag{1.5.46}$$

式(1.5.46)即为用复数方法求解线性振动的方法和依据。

2. 谱分析

下面用复数表示法对周期激振力作用下的强迫振动进行分析。由前述内容可知,周期激振力可展开成傅里叶级数,即

$$P(t)=a_0+\sum_{n-1}^{\infty}[a_n\cos(n\omega t)+b_n\sin(n\omega t)]\tag{1.5.47}$$

用复数形式表示式(1.5.47),可得

$$P(t)=\sum_{n=-\infty}^{\infty}C_n\mathrm{e}^{\mathrm{i}n\omega t}\tag{1.5.48}$$

由式(1.5.48)可知,该周期激振力的表达式是由无数简谐激振力的和构成的。由于任一简谐函数均可由频率、振幅和相位 3 个要素确定,因此只要确定了该周期激振力具有哪些简谐分量,它们的幅值和相位分别是多少,则该周期激振力就确定了。在式(1.5.48)中,C_n 是一个复数,即

$$C_n=|C_n|\mathrm{e}^{-\mathrm{i}\theta_n}\tag{1.5.49}$$

式中,$|C_n|$是 C_n 的绝对值,即幅值;θ_n 是 C_n 的相角,即相位。我们称各简谐分量的幅值的集合为幅值谱,相位的集合为相位谱。因为振幅和相位均依从于频率,所以幅值谱和相位谱又分别称为幅频谱和相频谱,统称为频率谱(也称为傅里叶谱),用图形表示就称为频谱图,如图 1.5.10 所示。

振动是与时间呈周期性变化的一种运动,二者密不可分,故而在前面的讨论中我们均以时间为自变量来描述振动的运动规律,即在时间域内讨论振动的特性,称为时域表示。现在有了频率谱的概念,就可用振动的频率谱来描述振动的规律,即把振动问题以频域来表示和分析,称为频域表示。许多振动问题用频域表示往往比时域表示更方便和清晰。

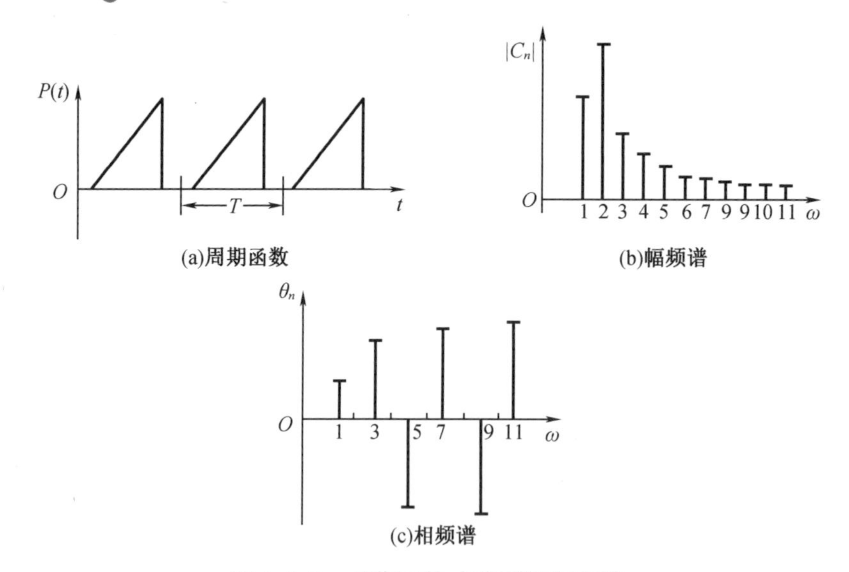

图 1.5.10　周期函数、幅频谱和相频谱

下面我们运用频率谱来求解周期激振力作用下的强迫振动问题。

首先，对单位简谐激振力 $e^{in\omega t}$ 作用下的黏性阻尼系统进行分析，其振动方程为

$$M\ddot{x}+c\dot{x}+kx=e^{in\omega t} \tag{1.5.50}$$

其稳态解可写成

$$x(t)=H(n\omega)e^{in\omega t} \tag{1.5.51}$$

其次，将其一阶与二阶导数一起代入式(1.5.50)中，可得

$$-M(n\omega)^2H(n\omega)e^{in\omega t}+cin\omega H(n\omega)e^{in\omega t}+kH(n\omega)e^{in\omega t}=e^{in\omega t} \tag{1.5.52}$$

化简后可得

$$H(n\omega)=\frac{1}{-M(n\omega)^2+cin\omega+k} \tag{1.5.53}$$

式(1.5.53)称为复数频率响应函数(频率响应函数简称“频响函数”)，表示在单位激振力 $e^{in\omega t}$ 的作用下，系统稳态强迫振动的振幅。用频率比 $\gamma\left(\gamma=\frac{\omega}{\omega_n}\right)$ 和阻尼比 $\zeta\left(\zeta=\frac{n}{\omega_n}=\frac{c}{c_c}\right)$ 表示为

$$H(n\omega)=\frac{1}{k\left(-\frac{M}{k}\omega_n^2n^2\gamma^2+in\gamma\frac{\omega_n}{k}\zeta 2M\omega_n+1\right)}=\frac{1}{k(-n^2\gamma^2+2in\gamma\zeta+1)} \tag{1.5.54}$$

或改写成

$$H(n\omega)=|H(n\omega)|e^{-i\varphi(n\omega)} \tag{1.5.55}$$

式中，绝对值 $|H(n\omega)|$ 为系统的增益因子，相角 $\varphi(n\omega)$ 为系统的相位因子。

由式(1.5.48)可知，周期激振力 $P(t)$ 作用下的黏性阻尼系统的振动微分方程为

$$M\ddot{x}+c\dot{x}+kx=\sum_{n=-\infty}^{\infty}C_ne^{in\omega t} \tag{1.5.56}$$

由式(1.5.51)运用线性叠加原理可得周期激振力 $P(t)$ 作用下的强迫振动的稳态特解为

$$x(t)=\sum_{n=-\infty}^{\infty}H(n\omega)C_n\mathrm{e}^{\mathrm{i}n\omega t} \tag{1.5.57}$$

因 $|H(n\omega)|=|H(-n\omega)|$ 及 $\varphi(n\omega)=\varphi(-n\omega)$，将式(1.5.49)代入式(1.5.57)中得

$$x(t)=\sum_{n=-\infty}^{\infty}|H(n\omega)|\mathrm{e}^{-\mathrm{i}\varphi(n\omega)}|C_n|\mathrm{e}^{-\mathrm{i}\theta_n}\mathrm{e}^{\mathrm{i}n\omega t}=\sum_{n=-\infty}^{\infty}|H(n\omega)||C_n|\mathrm{e}^{\mathrm{i}[n\omega t-\theta_n-\varphi(n\omega)]} \tag{1.5.58}$$

由式(1.5.54)可知，增益因子为

$$|H(n\omega)|=\frac{1}{k}\frac{1}{\sqrt{(1-n^2\gamma^2)^2+(2n\gamma\zeta)^2}} \tag{1.5.59}$$

相位因子为

$$\varphi(n\omega)=\arctan\frac{2n\gamma\zeta}{1-n^2\gamma^2} \tag{1.5.60}$$

将式(1.5.60)代入式(1.5.58)中，可得

$$x(t)=\frac{C_0}{k}+2\sum_{n=1}^{\infty}|H(n\omega)||C_n|\mathrm{e}^{\mathrm{i}[n\omega t-\theta_n-\varphi(n\omega)]} \tag{1.5.61}$$

式中，C_0 是周期激振力 $P(t)$ 的常值分量（即频率等于0时的分量），所以$\frac{C_0}{k}$就是 C_0 作用下系统所产生的静位移。因为 $x(t)$ 是激励 $P(t)$ 的响应，所以 $P(t)$ 的频谱称为激励谱，$x(t)$ 的频谱称为响应谱。图1.5.11说明了某一输入 $P(t)$ 的激励谱、增益因子频谱和输出 $x(t)$ 的响应谱之间的关系。

通过对图1.5.11分析可知，对于一个 $H(n\omega)$ 给定的系统，激励谱中各简谐分量对于输出的影响不同，频率越接近于系统的固有频率的分量，其对输出的影响越大。当某简谐分量的频率与固有频率之比 $n\omega/\omega_n\approx1$ 时，系统发生共振。此时，此简谐分量起主导作用，其他简谐分量对输出的贡献往往较小，有时甚至可以忽略。

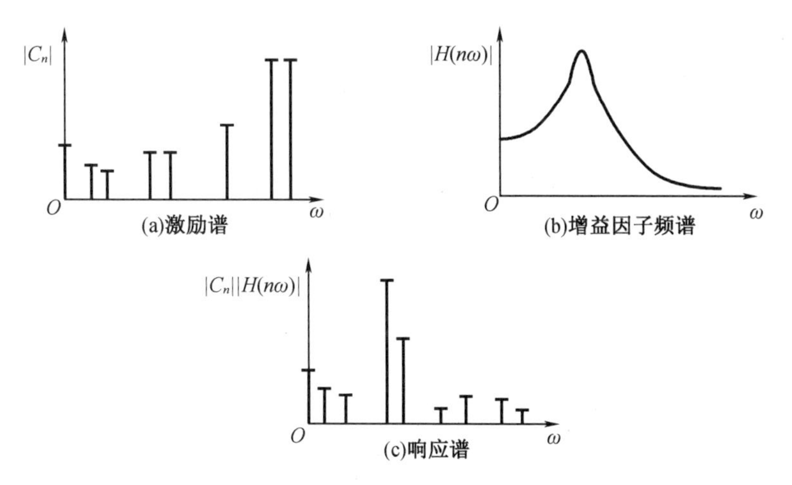

图1.5.11 激励谱、增益因子频谱和响应谱

1.5.4 有阻尼任意激振

前文对有阻尼周期激振系统的响应进行了分析，但是在实际的工程结构问题中，很多激振力并不周期性出现，而是任意的时间函数。系统在任意激振力作用下的响应就不再具有周期性，而呈现复杂的随机性。因此，对系统在任意激振力作用下的振动情况的研究也十分重要。下面主要介绍冲量作用下系统的响应及对任意激振响应的求解。

分析黏性阻尼系统在初始冲量作用后的自由振动。设 $x_0=\dot{x}_0=0$，即冲量作用前系统处于静止状态。令系统在此瞬间受一个冲量 I 的作用，按动量定理，冲量等于动量的变化，即 $I=M(\dot{x}_{01}-\dot{x}_0)$，式中，$\dot{x}_{01}$ 为系统在 $t=0$ 的瞬间受冲量作用后的速度。因为受冲量作用前系统的初始速度 $\dot{x}_0=0$，所以可得

$$\dot{x}_{01}=\frac{I}{M} \tag{1.5.62}$$

由于冲量仅在 $t=0$ 的瞬间施加在系统上，因此在冲量作用后，系统的初始条件变为

$$\begin{cases} x(0)=x_0=0 \\ \dot{x}(0)=\dot{x}_{01}=\dfrac{I}{M} \end{cases} \tag{1.5.63}$$

由前述内容已知小阻尼情况下的有阻尼的自由振动的通解为

$$x(t)=\mathrm{e}^{-nt}\left[x_0\cos(\omega_\mathrm{d}t)+\frac{\dot{x}_0+nx_0}{\omega_\mathrm{d}}\sin(\omega_\mathrm{d}t)\right] \tag{1.5.64}$$

将初始条件代入式(1.5.64)中，可得受初始冲量作用后的有阻尼的自由振动的解为

$$x(t)=\frac{I}{M\omega_\mathrm{d}}\mathrm{e}^{-nt}\sin(\omega_\mathrm{d}t) \tag{1.5.65}$$

由于系统原本处于静止状态，因此若在某一瞬间 $t=\tau$ 时对其作用一个冲量 I_τ，则在 $t>\tau$ 时，系统的响应为

$$x(t)=\frac{I_\tau}{M\omega_\mathrm{d}}\mathrm{e}^{-n(t-\tau)}\sin[\omega_\mathrm{d}(t-\tau)] \tag{1.5.66}$$

这与式(1.5.65)的作用形式完全一样。

1.6 杜哈梅积分

1.6.1 任意激振力作用下的杜哈梅积分

任意激振力在 $t=\tau$ 时对系统作用的冲量可以用任意激振力在 $t=\tau$ 时的大小 $P(\tau)$ 与极短的时间间隔 $\mathrm{d}\tau$ 的乘积来表示，如图 1.6.1 所示。

$$I_\tau=P(\tau)\mathrm{d}\tau \tag{1.6.1}$$

由线性叠加原理可知，在任意激振力作用的时间历程内 $(0\leqslant\tau\leqslant t)$，冲量 $I_\tau=P(\tau)\mathrm{d}\tau$ 连续作用的所有响应的叠加就是系统对任意激振力 $P(t)$ 的响应，即

$$x(t)=\int_0^t\frac{P(\tau)}{M\omega_\mathrm{d}}\mathrm{e}^{-n(t-\tau)}\sin[\omega_\mathrm{d}(t-\tau)]\mathrm{d}\tau \tag{1.6.2}$$

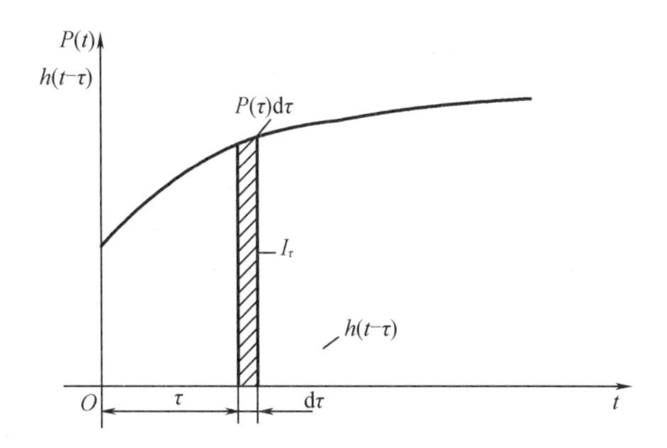

图 1.6.1 任意激振力作用下的冲量响应

式(1.6.2)就是在初始静止条件($t=0$ 时,$x_0=\dot{x}_0=0$)下,系统对任意激振力 $P(t)$ 的振动响应。

当不计阻尼时,式(1.6.2)可改写为

$$x(t)=\int_0^t \frac{P(\tau)}{M\omega_n}\sin[\omega_n(t-\tau)]\mathrm{d}\tau \tag{1.6.3}$$

考虑初始非静止的情况($t=0$ 时,$x_0\neq 0$,$\dot{x}_0\neq 0$)下,任意激振力所产生的响应为

$$x(t)=\mathrm{e}^{-nt}\left[x_0\cos(\omega_d t)+\frac{\dot{x}_0+nx_0}{\omega_d}\sin(\omega_d t)\right]+\frac{1}{M\omega_d}\int_0^t P(\tau)\mathrm{e}^{-n(t-\tau)}\sin[\omega_d(t-\tau)]\mathrm{d}\tau \tag{1.6.4}$$

式(1.6.2)称为杜哈梅积分,可进一步表示成

$$x(t)=\int_0^t P(\tau)h(t-\tau)\mathrm{d}\tau \tag{1.6.5}$$

式中,

$$h(t-\tau)=\frac{1}{M\omega_d}\mathrm{e}^{-n(t-\tau)}\sin[\omega_d(t-\tau)] \tag{1.6.6}$$

式(1.6.6)即为单位冲量响应,表示系统对在 $t=\tau$ 时作用的单位冲量激励的响应。式(1.6.5)表示的积分称为卷积积分,积分式中的冲量响应被推迟或移动了 $t-\tau$。我们也可用激振力 $P(t)$ 的延迟代替冲量响应的延迟,可令 $t-\tau=s$,代入式(1.6.5)中,可得

$$x(t)=\int_0^t P(t-s)h(s)\mathrm{d}s \tag{1.6.7}$$

式(1.6.7)也是卷积积分,积分式中可用 τ 代替 s,由此可看出激振力 $P(\tau)$ 和冲量响应 $h(\tau)$ 的卷积是对称的,即

$$x(t)=\int_0^t P(\tau)h(t-\tau)\mathrm{d}\tau=\int_0^t P(t-\tau)h(\tau)\mathrm{d}\tau \tag{1.6.8}$$

由上述分析可知,只要分析求解杜哈梅积分(即求解激振力 $P(t)$ 和对应冲量响应 $h(t)$ 的卷积),即可求得由任意激振力引起的强迫振动响应。但对于复杂的激振力,此卷积积分通常难以直接求解,只能采用数值积分的方法来解决。

冲击一般指激振力作用时间或变化时间比系统的固有周期更短的情况,前者称为脉冲型,后者称为阶跃型。对于冲击响应,由于没有持续的激振力作用,系统通常只有瞬态响

应,而没有稳态响应。在没有激振力的作用后,系统开始按固有频率做自由振动。考虑阻尼时,系统的运动将随时间的增长而停止。冲击载荷是结构动力计算中经常会遇到的一种动载荷,船舶在恶劣海况中航行时,波浪的拍击及船体某部分露出水面后再次入水的过程中与水面发生的高速撞击等都属于冲击载荷,都包含一个主要脉冲,且作用时间相对短暂。

在实际的工程结构中,人们往往仅关注第一个振动的峰值出现的时刻,而非整个非稳态的振动过程。由于冲击作用的时间短,峰值出现得比较早,因此阻尼对峰值大小的影响较小,故通常将受到冲击载荷的系统视为无阻尼系统,然后再对其进行响应分析与求解。

下面求解无阻尼系统在受到3种典型的冲击即矩形脉冲、正弦脉冲和三角脉冲的作用时产生的振动响应。

1.6.2 矩形脉冲的求解

现假设存在一个矩形脉冲的激振力,其作用方式为 $P(t)=P_0(0\leqslant t\leqslant t_1)$,$P(t)=0$ $(t>t_1)$,如图1.6.2所示,由于其激振力分为两个阶段,因此其位移响应也分为两个阶段。第Ⅰ阶段是在脉冲载荷的作用时间内(即$[0,t_1]$)的响应,第Ⅱ阶段是在脉冲作用结束后(即$(t_1,\infty]$)的响应。

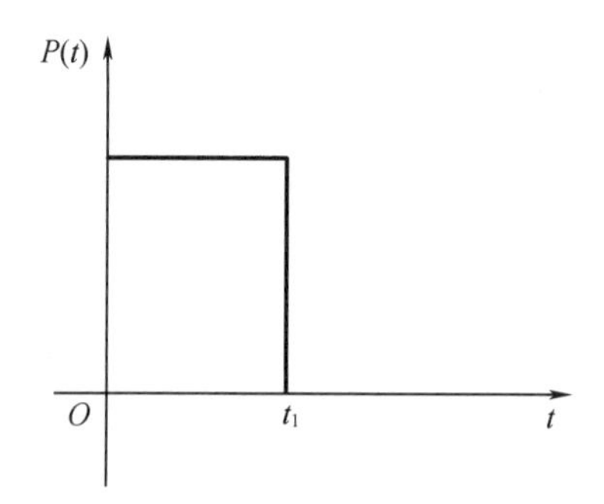

图1.6.2 矩形脉冲

1.第Ⅰ阶段

$0\leqslant t\leqslant t_1$,系统受激振力 P_0 的作用。在静止的初始条件下($x_0=\dot{x}_0=0$),由杜哈梅积分可得

$$\begin{aligned}
x(t) &= \frac{P_0}{M\omega_n}\int_0^t \sin[\omega_n(t-\tau)]\mathrm{d}\tau \\
&= \frac{P_0}{M\omega_n^2}\cos[\omega_n(t-\tau)]\Big|_0^t \\
&= \frac{P_0}{M\omega_n^2} - \frac{P_0}{M\omega_n^2}\cos(\omega_n t) \\
&= \frac{P_0}{M\omega_n^2}[1-\cos(\omega_n t)] \\
&= \frac{P_0}{k}[1-\cos(\omega_n t)] \\
&= x_{\mathrm{st}}[1-\cos(\omega_n t)]
\end{aligned} \tag{1.6.9}$$

式中，$x_{st}=\frac{P_0}{M\omega_n^2}=\frac{P_0}{k}$，为系统在静力 P_0 的作用下产生的静位移。

2. 第Ⅱ阶段

$t>t_1$，脉冲作用结束后，没有激振力作用在系统上，所以系统开始做自由振动。由杜哈梅积分可得

$$
\begin{aligned}
x(t) &= \frac{P_0}{M\omega_n}\int_0^{t_1}\sin[\omega_n(t-\tau)]\mathrm{d}\tau \\
&= \frac{P_0}{M\omega_n^2}\cos[\omega_n(t-\tau)]\Big|_0^{t_1} \\
&= x_{st}\{\cos[\omega_n(t-t_1)]-\cos(\omega_n t)\} \\
&= 2x_{st}\sin\frac{\omega_n t_1}{2}\sin\left[\omega_n\left(t-\frac{t_1}{2}\right)\right]
\end{aligned}
\tag{1.6.10}
$$

对式(1.6.9)和式(1.6.10)进行分析比较，可以得到以下结论：

当 $1-\cos(\omega_n t)=2$，即 $\omega_n t=\pi$ 时，$t=\frac{\pi}{\omega_n}=\frac{T}{2}\leqslant t_1$，故有$\frac{T}{2}\leqslant t_1$，即$\frac{t_1}{T}\geqslant\frac{1}{2}$时，可在第Ⅰ阶段中出现最大位移响应，$x_{max}=2x_{st}$，即动力放大系数 $\alpha=2$。

当$\frac{t_1}{T}<\frac{1}{2}$时，在第Ⅰ阶段不会出现最大位移响应。最大位移响应应出现在第Ⅱ阶段，$x_{max}=2x_{st}\sin\frac{\omega_n t_1}{2}$，即动力放大系数 $\alpha=2\sin\frac{\omega_n t_1}{2}$。

由上述分析可知，产生最大位移响应的时间阶段及其对应的动力放大系数取决于$\frac{t_1}{T}$：$\frac{t_1}{T}\geqslant\frac{1}{2}$时，最大位移响应出现在第Ⅰ阶段，动力放大系数 $\alpha=2$；$\frac{t_1}{T}<\frac{1}{2}$时，最大位移响应出现在第Ⅱ阶段，动力放大系数 $\alpha=2\sin\frac{\omega_n t_1}{2}$。

1.6.3 正弦脉冲的求解

现假设存在一个正弦脉冲的激振力，其作用方式为 $P(t)=P_0\sin(\omega t)\left(0\leqslant t\leqslant t_1 \text{ 且 } t_1=\frac{\pi}{\omega}\right)$，$P(t)=0\left(t>t_1 \text{ 且 } t_1=\frac{\pi}{\omega}\right)$，如图 1.6.3 所示。由于其激振力同样有两个阶段，因此其位移响应也可分为两个阶段。

1. 第Ⅰ阶段

$0\leqslant t\leqslant t_1$，系统受简谐载荷 $P_0\sin(\omega t)$ 的作用。在静止的初始条件下($x_0=\dot{x}_0=0$)，其无阻尼强迫振动微分方程为

$$
x(t)=\frac{P_0}{k}\frac{1}{1-\gamma^2}[\sin(\omega t)-\gamma\sin(\omega_n t)] \tag{1.6.11}
$$

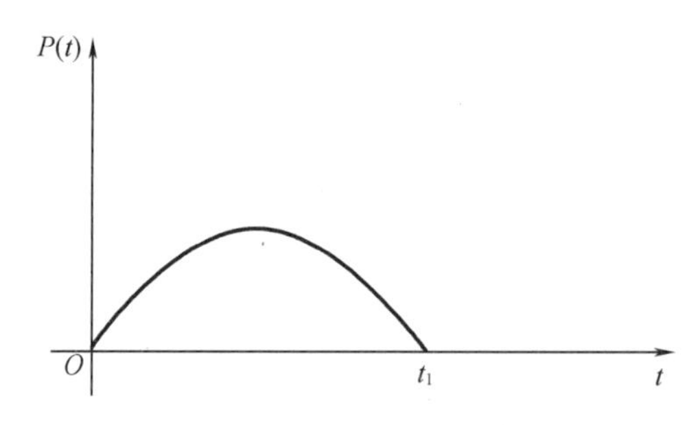

图 1.6.3　正弦脉冲激励

通过式(1.6.11)对时间求导后等于 0,即$\frac{\mathrm{d}x}{\mathrm{d}t}=0$,可以得到最大位移响应及其取得条件,且由此可得

$$\cos(\omega t)=\sin(\omega_n t) \tag{1.6.12}$$

即 $\omega t=2n\pi\pm\omega_n t(n=1,2,\cdots)$。由此可得

$$\frac{t}{t_1}=\frac{2n\gamma}{\gamma\pm1}\leqslant1 \tag{1.6.13}$$

由式(1.6.13)可得

$$-\frac{1}{2n-1}\leqslant\gamma\leqslant\frac{1}{2n-1} \tag{1.6.14}$$

又因为

$$\gamma=\frac{\omega}{\omega_n}=\frac{T}{2t_1}>0 \tag{1.6.15}$$

所以式(1.6.13)和式(1.6.14)必大于 0,即有

$$t=\frac{2n\gamma}{\gamma+1}t_1 \tag{1.6.16}$$

$$\gamma\leqslant\frac{1}{2n-1} \tag{1.6.17}$$

将式(1.6.16)代入式(1.6.11)中,即可求得位移响应达到最大值时的动力放大系数:

$$\alpha=\frac{1}{1-\gamma}\left|\sin\frac{2n\pi}{1+\gamma}\right| \tag{1.6.18}$$

式中,n 应满足式(1.6.17)的条件,即

$$n\leqslant\frac{1+\gamma}{2\gamma} \tag{1.6.19}$$

又因为 $n=1,2,\cdots$,所以可得:当 $1>\gamma>\frac{1}{3}$时,$n=1$;当$\frac{1}{3}>\gamma>\frac{1}{5}$时,$n=1,2$,取使 α 大者;当$\frac{1}{5}>\gamma>\frac{1}{7}$时,$n=1,2,3$,取使 α 大者;依次类推。

当 $\gamma=1$ 时,$n=1$,但此时式(1.6.18)是不定式,用洛必达法则可得

$$\lim_{\gamma\to1}|\alpha|=\lim_{\gamma\to1}\left|\frac{2\pi}{(1+\gamma)^2}\cos\frac{2\pi}{1+\gamma}\right|=\frac{\pi}{2} \tag{1.6.20}$$

由式(1.6.16)可以看出:当 $\gamma=1$ 时,由于 $n=1$,故 $t=t_1$。也就是说,当 $\gamma=1,t=t_1$ 时,动

力放大系数达到最大值,即最大位移响应正好出现在正弦脉冲结束的瞬间。当 $\gamma>1$ 时,式(1.6.17)不成立,所以位移响应在第Ⅰ阶段中是单调递增的。因此,这个阶段的最大位移响应出现在正弦脉冲结束的瞬间,此时 $t=t_1=\frac{\pi}{\omega}$。将 $t=\frac{\pi}{\omega}$ 代入式(1.6.11)中,即可得到此时的动力放大系数:

$$\alpha=\frac{\gamma}{\gamma^2-1}\sin\frac{\pi}{\gamma} \tag{1.6.21}$$

2. 第Ⅱ阶段

$t>t_1$,在脉冲作用结束后,系统不受外力的作用而做自由振动。振动位移可以第Ⅰ阶段结束时的位移 $x(t_1)$ 和速度 $\dot{x}(t_1)$ 为初始条件求出。

$$x(t)=x(t_1)\cos[\omega_n(t-t_1)]+\frac{\dot{x}(t_1)}{\omega_n}\sin[\omega_n(t-t_1)] \tag{1.6.22}$$

也可由杜哈梅积分求得

$$\begin{aligned} x(t) &= \frac{P_0}{M\omega_n}\int_0^{t_1}\sin(\omega\tau)\sin[\omega_n(t-\tau)]\mathrm{d}\tau \\ &= \frac{P_0}{k}\frac{2\gamma}{\gamma^2-1}\cos\frac{\pi}{2\gamma}\sin\left(\omega_n t-\frac{\pi}{2\gamma}\right)\ (t\geqslant t_1) \end{aligned} \tag{1.6.23}$$

由于式(1.6.23)的振动形式为简谐运动,并且其峰值出现在 $\left|\sin\left(\omega_n t-\frac{\pi}{2\gamma}\right)\right|=1$ 时,所以达到第一个峰值所需的时间 t 可由式(1.6.24)确定:

$$\omega_n t-\frac{\pi}{2\gamma}=\frac{\pi}{2} \tag{1.6.24}$$

对式(1.6.24)求解可得

$$t=\frac{\pi}{2\omega_n}\left(1+\frac{1}{\gamma}\right) \tag{1.6.25}$$

由式(1.6.23)可知,振动位移响应达到峰值时的动力放大系数为

$$\alpha=\frac{2\gamma}{\gamma^2-1}\cos\frac{\pi}{2\gamma} \tag{1.6.26}$$

通过上述分析可以得到以下结论:

当 $\gamma<1$,即 $t_1>\frac{T}{2}$ 时,振动位移的峰值出现在第Ⅰ阶段($0<t<t_1$),因为在该条件下,式(1.6.18)比式(1.6.26)求得的 α 大。

当 $\gamma>1$,即 $t_1<\frac{T}{2}$ 时,第Ⅰ阶段不出现峰值,振动位移响应随时间单调递增,这时第Ⅰ阶段的振动位移响应的最大值出现在 $t=t_1$ 时,由式(1.6.11)可得

$$x(t_1)=\frac{P_0}{k}\frac{1}{1-\gamma^2}\left(\sin\pi-\gamma\sin\frac{\pi}{\gamma}\right)=\frac{P_0}{k}\frac{1}{\gamma^2-1}\sin\frac{\pi}{\gamma} \tag{1.6.27}$$

而第Ⅱ阶段的峰值由式(1.6.26)可得

$$x_{\max}=\frac{P_0}{k}\frac{2\gamma}{\gamma^2-1}\cos\frac{\pi}{2\gamma} \tag{1.6.28}$$

两个阶段的位移峰值相比较，可得

$$\frac{x_{\max}}{x(t_1)}=\frac{2\cos\dfrac{\pi}{2\gamma}}{\sin\dfrac{\pi}{2\gamma}}=\frac{1}{\sin\dfrac{\pi}{2\gamma}}\geqslant 1 \tag{1.6.29}$$

由上述分析可知，当 $\gamma>1$ 时，最大位移响应出现在第Ⅱ阶段。

当 $\gamma=1$ 时，第Ⅰ阶段和第Ⅱ阶段的动力系数相等，均等于 1.57。最大位移响应出现在 $t=t_1$ 时。

由上述分析与讨论可以总结出：动力放大系数 α 与 γ 有关，即取决于脉冲作用的时间与系统的固有周期之比$\frac{t_1}{T}$。在$\frac{t_1}{T}$处在 0~0.5 之间，即 $\gamma>1$ 时，α 由式（1.6.26）确定；在$\frac{t_1}{T}>0.5$，即 $\gamma<1$ 时，α 由式（1.6.18）确定。正弦脉冲的动力放大系数在$\frac{t_1}{T}\approx 0.8$（即 $\gamma\approx 0.6$）处有一极大值，此时 $\alpha_{\max}=1.75$。

1.6.4　三角脉冲的求解

现假设存在一个三角脉冲的激振力，其作用方式为 $P(t)=P_0\left(1-\frac{t}{t_1}\right)(0\leqslant t\leqslant t_1)$，$P(t)=0(t>t_1)$，如图 1.6.4 所示。与上述的两种脉冲的激振力类似，三角脉冲的激振力也分为两个阶段，其位移响应同样可分为两个阶段。

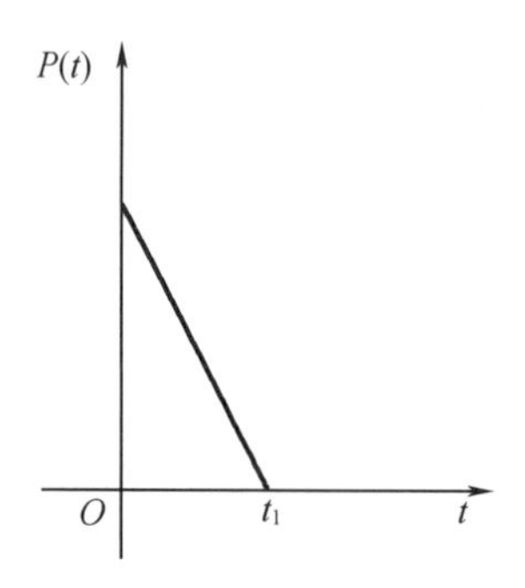

图 1.6.4　三角形脉冲

1. 第Ⅰ阶段

$0\leqslant t\leqslant t_1$，系统受到三角脉冲载荷的作用。系统的振动响应可用杜哈梅积分求得。三角载荷无阻尼强迫振动的特解的求解很简单，因此可以直接从振动的微分方程求解其振动响应。三角载荷无阻尼强迫振动的微分方程为

$$M\ddot{x}+kx=P_0\left(1-\frac{t}{t_1}\right) \tag{1.6.30}$$

其一般解为

$$x(t)=A_1\cos(\omega_n t)+A_2\sin(\omega_n t)+\frac{P_0}{k}\left(1-\frac{t}{t_1}\right) \tag{1.6.31}$$

式中，A_1 和 A_2 为积分常数，由初始条件确定。在静止的初始条件下（$x_0=\dot{x}_0=0$）可得

$$x(t)=\frac{P_0}{k}\left[\frac{\sin(\omega_n t)}{\omega_n t_1}-\cos(\omega_n t)-\frac{t}{t_1}+1\right] \tag{1.6.32}$$

其最大峰值可由$\frac{\mathrm{d}x}{\mathrm{d}t}=0$求得。

2. 第Ⅱ阶段

$t>t_1$,系统做自由振动,其振幅为

$$x_{\max}=\sqrt{\left[\frac{\dot{x}(t_1)}{\omega_n}\right]^2+[x(t_1)]^2} \tag{1.6.33}$$

式中,$x(t_1)$和$\dot{x}(t_1)$由式(1.6.32)确定。

$$x(t_1)=\frac{P_0}{k}\left[\frac{\sin(\omega_n t_1)}{\omega_n t_1}-\cos(\omega_n t_1)\right] \tag{1.6.34}$$

$$\dot{x}(t_1)=\frac{P_0\omega_n}{k}\left[\frac{\cos(\omega_n t_1)}{\omega_n t_1}-\sin(\omega_n t_1)-\frac{1}{\omega_n t_1}\right] \tag{1.6.35}$$

通过上述分析和计算可知,这种递减的三角形脉冲载荷在$\frac{t_1}{T}<0.4$时,最大位移响应$x_{\max}$出现在第Ⅱ阶段。

图1.6.5为位移响应谱,给出了3种脉冲载荷的动力放大系数α与$\frac{t_1}{T}$的关系。

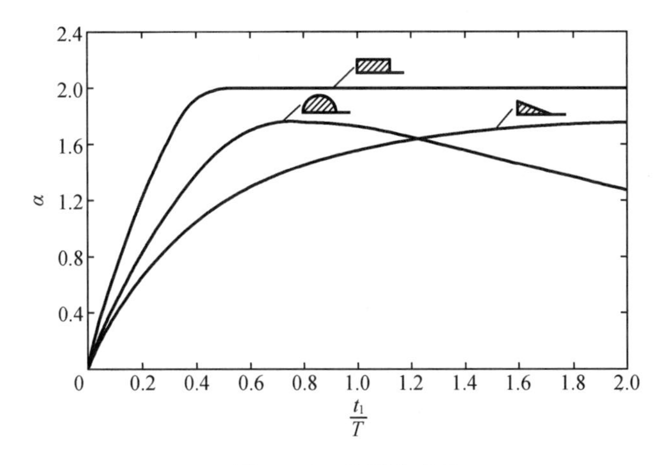

图1.6.5 位移响应谱

另外,需要注意的是:当冲击力$P(t)$的持续时间t_1远小于系统的固有周期T时(如$\frac{t_1}{T}\leqslant 10$时),称$P(t)$为短时力,并可近似将它的作用视为一初始冲量$I$的作用。

$$I=\int_0^{t_1}P(\tau)\mathrm{d}\tau \tag{1.6.36}$$

因此

$$x(t)=\frac{\int_0^{t_1}P(\tau)\mathrm{d}\tau}{M\omega_n}\sin[\omega_n(t-t_1)] \tag{1.6.37}$$

由此可方便地求出短时力的动力放大系数。

1.7 例　　题

例 1.1　如图 1.7.1 所示,一长为 l、弯曲刚度为 EI 的悬臂梁(刚度为 k_1)的自由端有一质量为 m 的小球。小球被支承在刚度为 k_2 的弹簧上,忽略梁的质量,求系统的固有频率。

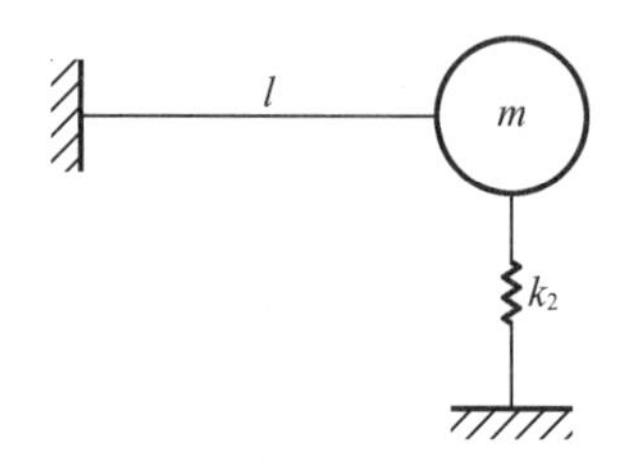

图 1.7.1　弹簧-悬臂系统

解　根据材料力学公式,可求得悬臂梁的刚度为

$$k_1=\frac{3EI}{l^3}$$

k_1 与 k_2 为并联弹簧,其等效刚度为

$$k=k_1+k_2=\frac{3EI}{l^3}+k_2$$

因此系统的固有频率为

$$\omega_n=\sqrt{\frac{k}{m}}=\sqrt{\frac{\frac{3EI}{l^3}+k_2}{m}}$$

例 1.2　求图 1.7.2 所示的带有集中质量的简支梁的固有频率。若在集中质量下加装刚度为 k 的弹簧减振器,求该简支梁的固有频率。梁的自重忽略不计。

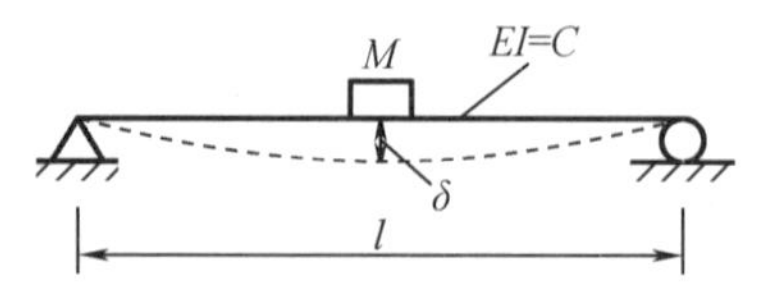

图 1.7.2　带有集中质量的简支梁

解　由材料力学的公式可得简支梁中点的挠度为

$$\delta=\frac{Mgl^3}{48EI}$$

故

$$\omega_n=\sqrt{\frac{g}{\delta}}=\sqrt{\frac{48EI}{Ml^3}}$$

若在集中质量下装弹簧减振器(刚度为 k),则

$$\delta=\delta_1+\delta_2=Mg\left(\frac{l^3}{48EI}+\frac{1}{k}\right)$$

所以

$$\omega_n=\sqrt{\frac{g}{\delta}}=\sqrt{\frac{1}{M\left(\frac{l^3}{48EI}+\frac{1}{k}\right)}}=\sqrt{\frac{48EI}{Ml^3}}\sqrt{\frac{1}{1+\frac{48EI}{kl^3}}}$$

因为

$$\sqrt{\frac{1}{\sqrt{1+\frac{48EI}{kl^3}}}}\leqslant 1$$

所以,装设减振器后,系统的固有频率降低。

例 1.3 在图 1.7.2 所示的带有集中质量(集中载荷 $W=Mg$)的简支梁中,梁的自重为 Q($Q=ql$,q 为梁单位长度的质量),请用能量法确定其固有频率。

解 例 1.2 忽略了梁的自重,求得的固有频率为

$$\omega_n=\sqrt{\frac{48EI}{Ml^3}}$$

如果梁的质量与集中质量相比不是特别小,那么例 1.2 的做法就不够精确。在考虑梁的分布质量后,严格说来,应将系统作为弹性体振动来考虑。但在某些场合中,根据待求解问题的性质与要求,也可以将系统简化为多自由度振动系统,甚至简化为单自由度振动系统。这里虽然考虑了梁的自重,但仍可将系统简化为单自由度振动系统来考虑。

在用能量法解题时,首先根据判断,假定一条梁在振动时的挠度曲线,对于简支梁可将该曲线假定为

$$y(x)=A\sin\left(\frac{\pi}{l}x\right)$$

即认为在振动时,梁的中点振幅为 A,梁上其他点的振幅按正弦曲线分布。如果梁按简谐规律振动,则梁上各点的振动位移为

$$v(x,t)=A\sin\left(\frac{\pi}{l}x\right)\sin(\omega_n t+\varphi)$$

因此梁上各点的速度分布为

$$\dot{v}(x,t)=A\sin\left(\frac{\pi}{l}x\omega_n\right)\cos(\omega_n t+\varphi)$$

动能最大值为

$$T_{\max}=\frac{1}{2}M\omega_n^2A^2+\frac{1}{2}\frac{q}{g}\int_0^l\left[A\sin\left(\frac{\pi}{l}x\omega_n\right)\right]^2\mathrm{d}x=\frac{1}{2}A^2\omega_n^2\left(M+\frac{1}{2}\frac{Q}{g}\right)\tag{1}$$

式(1)说明,梁的分布质量的动能相当于将梁的质量的一半集中在中点时的动能,因此上述系统可以用一根无质量但中点具有集中质量 $M+\frac{1}{2}\frac{Q}{g}$ 的梁系统来代替。与例 1.2 比较,可得系统的固有频率为

$$\omega_n=\sqrt{\frac{48EI}{\left(M+\frac{1}{2}\frac{Q}{g}\right)l^3}}$$

也可以用 $V_{max}=T_{max}$ 来求解。在最大振幅位置

$$V_{max}=\frac{1}{2}kA^2=\frac{1}{2}\ \frac{48EI}{l^3}A^2$$

同样可得

$$\omega_n=\sqrt{\frac{48EI}{\left(M+\frac{1}{2}\ \frac{Q}{g}\right)l^3}}$$

当然,以上结果也是近似的,其精确度取决于所假定的挠度曲线 $y(x)$ 与真实振动曲线符合的程度。在很多场合中,直接选用梁的静挠度曲线作为振动的挠度曲线,也能得到令人满意的结果。

例 1.4 如图 1.7.3 所示,一倒置惯性摆(测振仪)的质量为 m,杆长为 l,弹簧刚度为 k,若不计摆杆与弹簧的质量,试用能量法求其固有频率及其稳定条件。

解 分别求系统的动能和势能:

$$T_{max}=\frac{1}{2}J\beta_{max}^2=\frac{1}{2}J\dot{\varphi}_{max}^2$$

因为 $\dot{\varphi}_{max}=\omega_n\varphi_{max}$(在简谐条件下),所以

$$T_{max}=\frac{1}{2}ml^2\omega_n^2\varphi_{max}^2$$

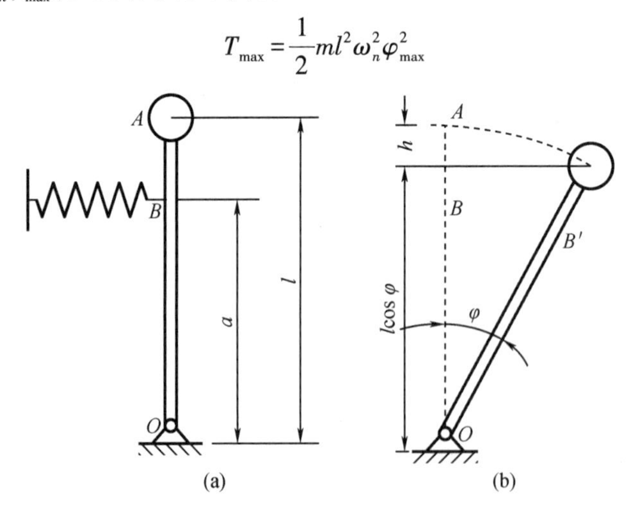

图 1.7.3 倒置惯性摆

而

$$\begin{aligned}V_{max}&=\frac{1}{2}kx_{max}^2-mg\\&=\frac{1}{2}ka^2\varphi_{max}^2-mgl(1-\cos\varphi_{max})\quad\left(在\ \varphi\ 很小时,1-\cos\varphi\approx\frac{\varphi^2}{2}\right)\\&=\frac{1}{2}ka^2\varphi_{max}^2-\frac{1}{2}mgl\varphi_{max}^2\end{aligned}$$

令 $T_{max}=V_{max}$ 得

$$\omega_n=\sqrt{\frac{ka^2-mgl}{ml^2}} \tag{1}$$

再求系统的稳定条件:

由式(1)得

$$\omega_n=\sqrt{\frac{ka^2-mgl}{ml^2}}=\sqrt{\frac{g}{l}\left(\frac{ka^2}{mgl}-1\right)}$$

若要使系统稳定,则 ω_n 必为实数。故 $\frac{ka^2}{mgl}-1>0$,即 $k>\frac{l}{a^2}mg$。这样,当弹簧刚度大于重力势能作用引起的力时,系统处于稳定状态。

例 1.5 应用等效法求如图 1.7.4 所示梁的固有频率。

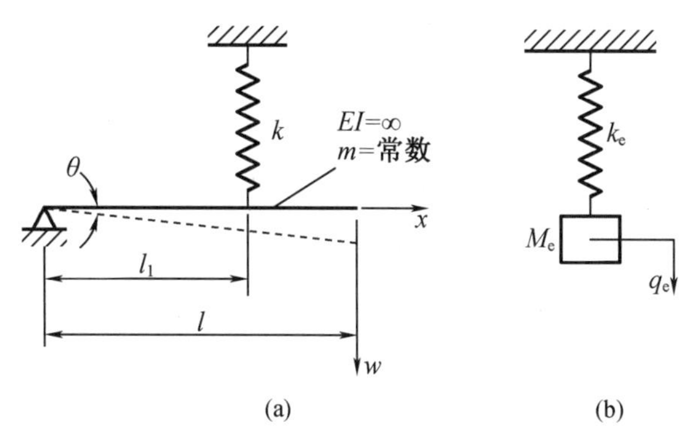

图 1.7.4 简支梁-弹簧系统

解 取离简支端 l 处的垂向位移 w 为广义坐标,以广义坐标为等效系统的坐标,即 $q_0=w$。则

$$T=\frac{m}{2}\int_0^1\left(\frac{x}{l}\dot{w}\right)^2\mathrm{d}x$$

而等效系统的动能为

$$T_e=\frac{1}{2}M_e\dot{w}^2$$

由 $T=T_e$ 得

$$M_e=m\int_0^1\left(\frac{x}{l}\right)^2\mathrm{d}x=\frac{ml}{3}$$

同样,真实系统与等效系统的势能分别为

$$V=\frac{1}{2}k\left(\frac{l_1}{l}w\right)^2$$

$$V_e=\frac{1}{2}k_e w^2$$

由 $V=V_e$ 得

$$k_e=k\left(\frac{l_1}{l}w\right)^2$$

故

$$\omega_n^2=\frac{k_e}{M_e}=\frac{3kl_1^3}{ml^3}$$

等效质量和等效刚度实际上就对应于广义坐标的广义质量和广义刚度。

例 1.6 如图 1.7.5 所示的弹簧阻尼振动系统，弹簧系数 $k=250\ \text{N/cm}$，阻尼系数 $c=0.6\ \text{N}\cdot\text{s/cm}$，物体重 9.8 N。设将物体从静平衡位置压低 1 cm，然后无初始速度释放，求此后运动方程的稳态振动解。

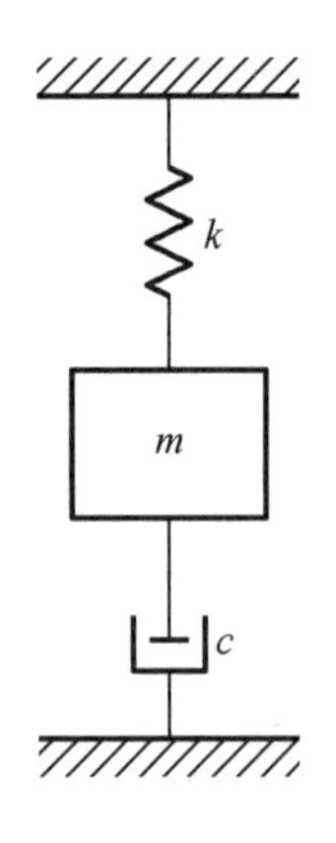

图 1.7.5 弹簧阻尼振动系统

解 先看运动的性质，求出阻尼比 $\zeta\left(\zeta=\dfrac{c}{2m\omega_n}\right)$。

$$\omega_n=\sqrt{\frac{k}{m}}=\sqrt{\frac{250\times98}{9.8}}=50\ \text{s}^{-1}$$

$$\zeta=\frac{0.6\times980}{2\times9.8\times50}=0.6<1$$

可见物体在释放后将有衰减振动，运动方程如下：

$$x=A\mathrm{e}^{-nt}\cos(\omega_{\mathrm{d}}t-\varphi)\tag{1}$$

其中，

$$n=\zeta\omega_n=0.6\times50=30\ \text{s}^{-1}$$

$$\omega_{\mathrm{d}}=\sqrt{1-\zeta^2}\,\omega_n=0.8\times50=40\ \text{s}^{-1}$$

常数 A 与 φ 由初始条件确定。设释放的瞬时为 $t=0$，则 $x_0=1\ \text{cm}$，将 $t=0$、$x_0=1\ \text{cm}$、$\dot{x}=0$ 代入式(1)并求解，得

$$A=\sqrt{x_0^2+\left(\frac{\dot{x}+nx_0}{\omega_{\mathrm{d}}}\right)^2}=1.25\ \text{cm}$$

$$\varphi=\arctan\left(\frac{\dot{x}_0+nx_0}{\omega_{\mathrm{d}}x_0}\right)=36°50'$$

故

$$x=1.25\mathrm{e}^{-30t}\cos(40t-36°50')$$

1.8 习　　题

1. 如图 1.8.1 所示，梁的刚度为 k_1，弹簧的刚度为 k，物体的质量为 m，求系统等效刚度。（不计阻尼，忽略梁的质量）

2. 如图 1.8.2 所示，弹簧原长为 l，其单位长度的质量为 ρ，弹簧连接端的位移为 x。假设弹簧上各点的位移与其离固定点的距离呈线性关系，且不计阻尼，求系统的等效质量。

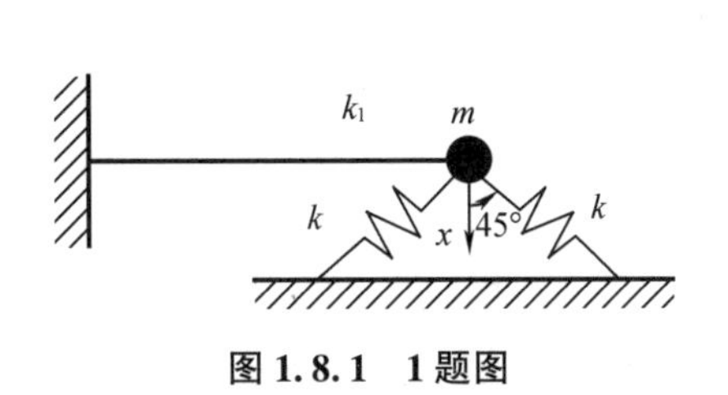

图 1.8.1　1 题图

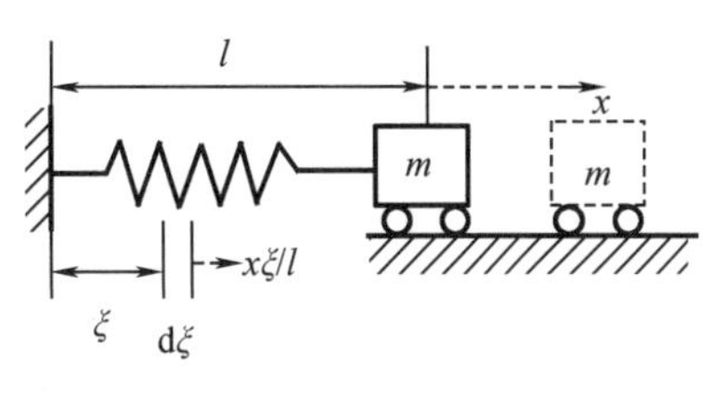

图 1.8.2　2 题图

3. 如图 1.8.3 所示，已知圆盘的质量为 m、半径为 R，弹簧的刚度为 k，若圆盘做纯滚动，求系统的固有频率 ω_n。（忽略弹簧的质量，不计阻尼）

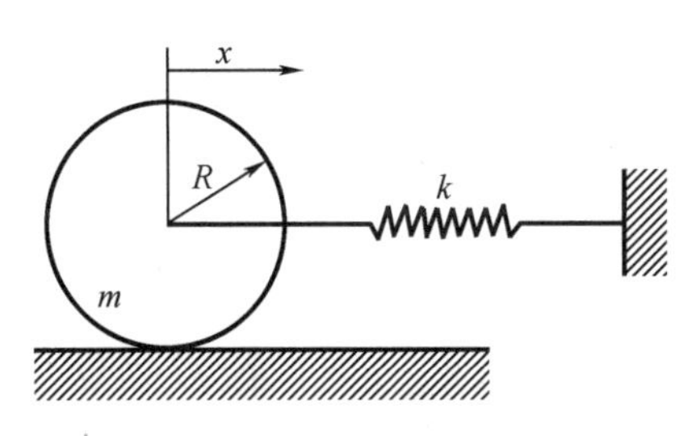

图 1.8.3　3 题图

4. 如图 1.8.4 所示，已知滑轮为匀质滑轮，圆盘质量为 M、半径为 r，物块质量为 m，弹簧的刚度为 k，绳索不可伸长且与滑轮间无相对滑动，求系统的固有频率 ω_n。（不计阻尼）

5. 如图 1.8.5 所示，匀质滑轮 A 的半径为 R，重物 B 的质量为 $P/2$，弹簧的刚度为 k，求系统的固有频率。（不计阻尼）

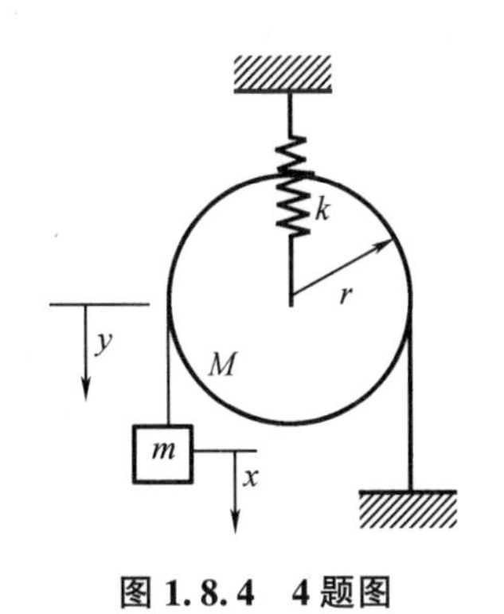

图 1.8.4　4 题图

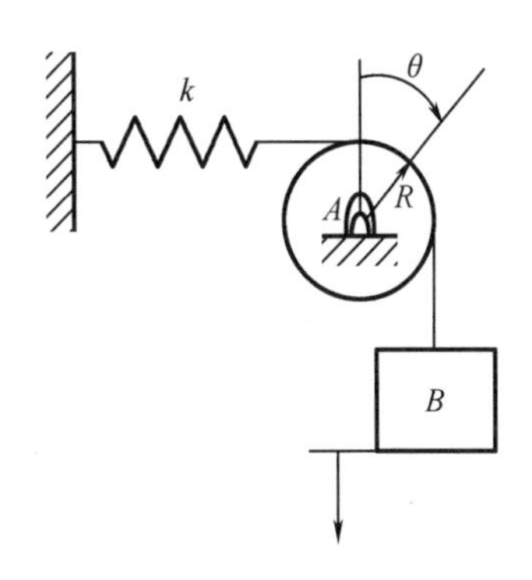

图 1.8.5　5 题图

6. 如图 1.8.6 所示的无重直角曲杆,若物块的质量为 m,长边为 a,短边为 b,弹簧的刚度为 k,求系统的固有频率 ω_n。(不计阻尼)

7. 如图 1.8.7 所示,一重 mg 的圆柱体的半径为 r,在一半径为 R 的弧表面上做无滑动的滚动,求其在平衡位置(最低点)附近做微振动的固有频率。(不计阻尼)

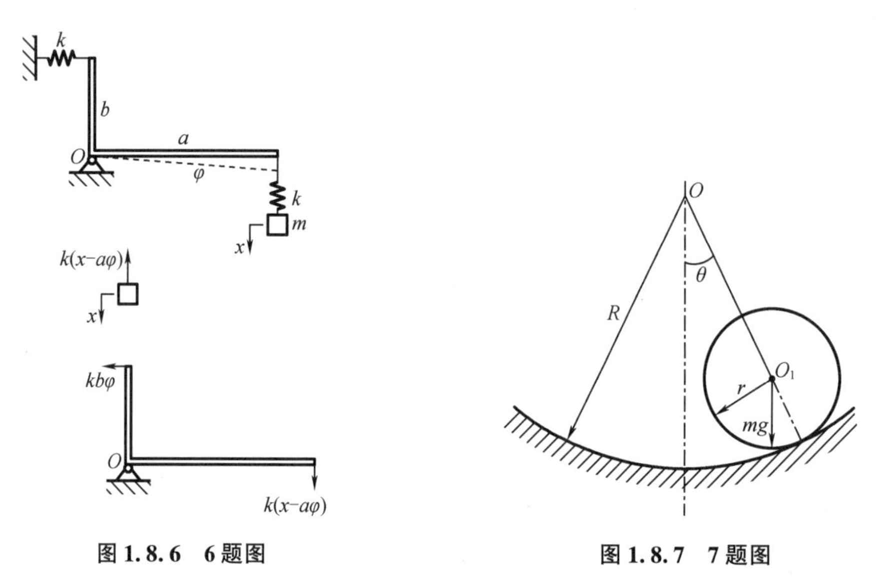

图 1.8.6 6 题图

图 1.8.7 7 题图

8. 某系统如图 1.8.8 所示,左侧弹簧的刚度为 2×10^5 N/m,右侧弹簧的刚度为 1×10^5 N/m,问:当激振力 $F=200\sin 50t$ 时,m 为多大时会共振?(不计阻尼)

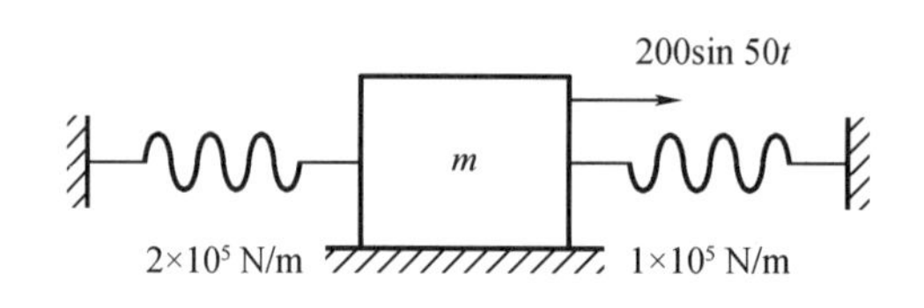

图 1.8.8 8 题图

9. 将质量为 45 kg 的机器固定在 4 个刚度为 2×10^5 N/m 的并联弹簧上。当机器的振动频率为 32 Hz 时,测得机器的稳态振幅为 1.5 mm,问:激振力幅度为多大?

10. 将质量为 110 kg 的机器固定在刚度为 2×10^6 N/m 的弹性基础上。当机器振动频率为 150 rad/s 时,机器产生 1 500 N 的激振力,测得机器的稳态振幅为 1.9 mm,求其阻尼比。

11. 某系统做自由衰减振动,如果经过 m 个周期,振幅正好减至原来的一半,求系统的阻尼比。

12. 如图 1.8.9 所示,方盒内有一弹簧振子,质量为 m,阻尼系数为 c,刚度为 k,处于静止状态,方盒距地面的高度为 H。求方盒自由落下与地面粘住后弹簧振子的振动历程及振动频率。

13. 汽车以速度 V 在水平路面上行驶,其单自由度模型如图 1.8.10 所示。设 m、k、c 已知。路面波动情况可以用正弦函数 $y=h\sin(at)$ 表示。

(1)建立汽车上下振动的数学模型;

(2)求汽车振动的稳态解。

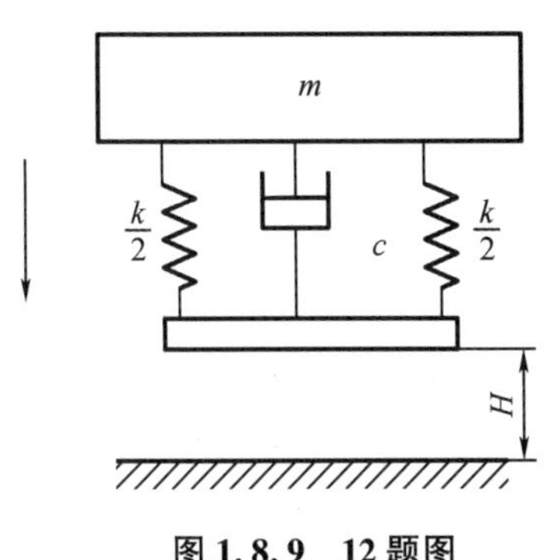

图 1.8.9　12 题图

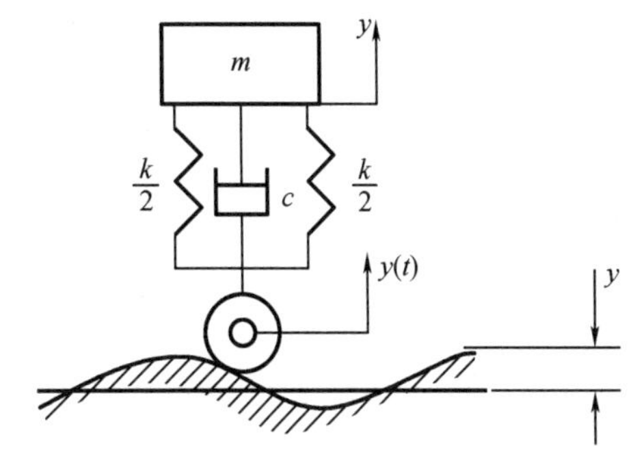

图 1.8.10　13 题图

14. 一个黏性阻尼系统在激振力 $F(t)=F_0\sin(\omega t)$ 的作用下的强迫振动位移为 $x(t)=B\sin\left(\omega t+\frac{\pi}{6}\right)$。已知 $F_0=19.6$ N，$B=5$ cm，$\omega=20\pi$ rad/s，求最初 1 s 及 1/4 s 内，激振力做的功 W_1 及 W_2。

15. 证明：黏滞阻尼力在一个振动周期内消耗的能量可表示为 $\Delta E=\frac{\pi P_0^2}{k}\frac{2\zeta\lambda}{(1-\lambda^2)^2+(2\zeta\lambda)^2}$。

16. 单自由度无阻尼系统受图 1.8.11 所示的外力作用，已知 $x(0)=\dot{x}(0)=0$。试求系统的响应。

17. 图 1.8.12 为一车辆的力学模型，已知车辆的质量 m、悬挂弹簧的刚度 k 及车辆的水平行驶速度 v。若道路前方有一隆起的曲形地面：

$$y_s=a\left[1-\cos\left(\frac{2\pi}{l}x\right)\right]$$

(1)试求车辆通过曲形地面时的振动；

(2)试求车辆通过曲形地面以后的振动。

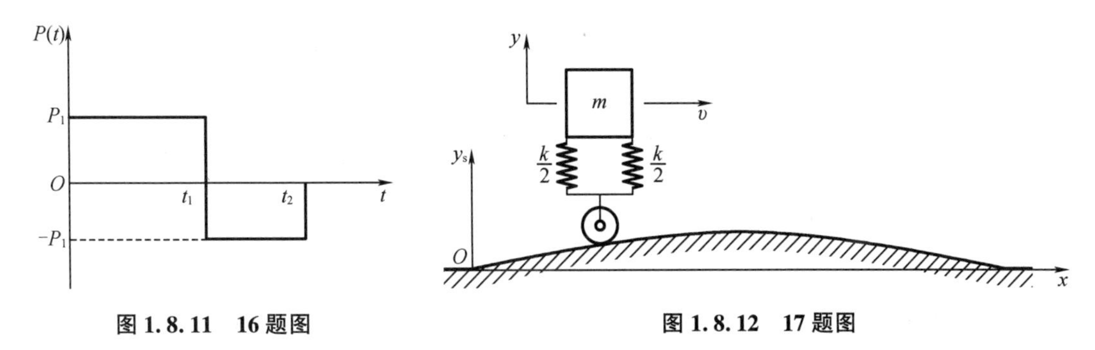

图 1.8.11　16 题图　　　　图 1.8.12　17 题图

18. 单自由度无阻尼系统受图 1.8.13 所示的力激励，求系统在初始条件 $u(0)=u_0$、$\dot{u}(0)=\dot{u}_0$ 下的响应。

19. 系统如图 1.8.14 所示，基础有阶跃加速度 a_0，求系统在 $u(0)=u_0$、$\dot{u}(0)=\dot{u}_0$ 下的相对位移响应。

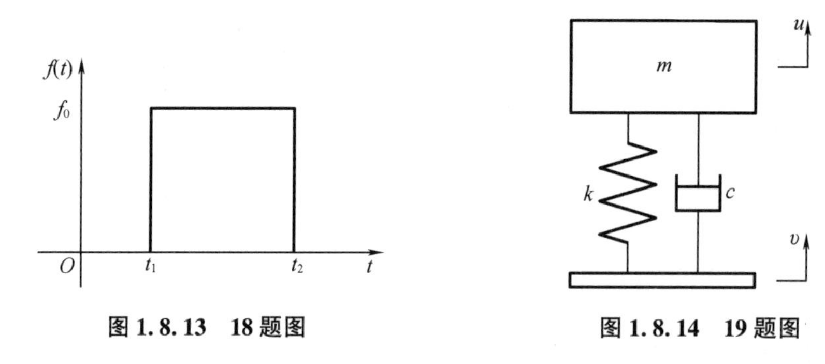

图 1.8.13　18 题图　　　　图 1.8.14　19 题图

20. 单自由度无阻尼系统的初始条件为 0,求其在图 1.8.15 所示的外力作用下的响应。

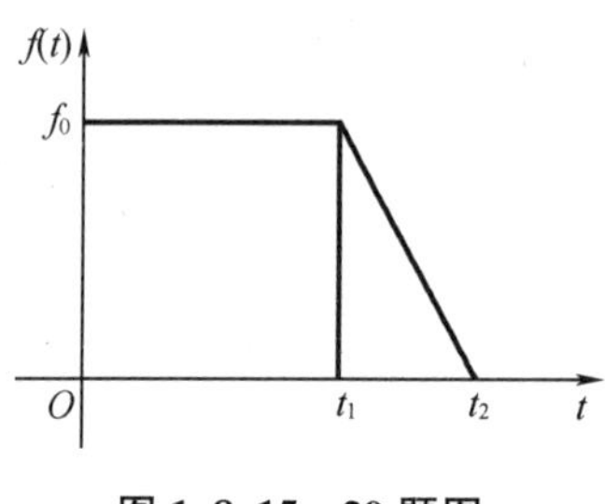

图 1.8.15　20 题图

第 2 章　多自由度系统振动

2.1　多自由度系统

在工程实际中，仅靠单自由度系统分析方法很难解决全部问题。为满足工程需要，在解决很多问题（如房屋的侧向振动、不等高排架的振动、船舶在波浪中的振荡等）时，往往需要将系统简化为多自由度系统模型，才能更好地反映真实情况。因此，有必要基于单自由度分析方法进一步研究多自由度系统的振动理论。

多自由度系统是指系统在空间中的位置必须由若干个广义坐标才能确定。如图 2.1.1 所示，一根有 3 个圆盘的轴的弯曲振动可简化为图 2.1.2 所示的三质点轴系统，质点之间的轴段可看作无重的弹性梁，这是一个三自由度系统。图 2.1.3 为弹性支座-刚体系统，表示一刚体可在弹性支座上做任意运动。这个刚体在空间中具有 6 个自由度，因此该系统是六自由度系统。船体六自由度系统如图 2.1.4 所示。船舶作为一个刚体，具有 6 个自由度，需要 x、y、z、θ_x、θ_y、θ_z 这 6 个广义坐标来确定其在空间中的位置。在研究船舶在波浪中的运动状态时，只考虑船舶的升沉运动和纵摇运动，此时可对船舶加 4 个约束条件，即令 $x=0$、$y=0$、$\theta_x=0$、$\theta_z=0$。同样，船舶可视为由 z 和 θ_y 两个广义坐标确定的两自由度系统。

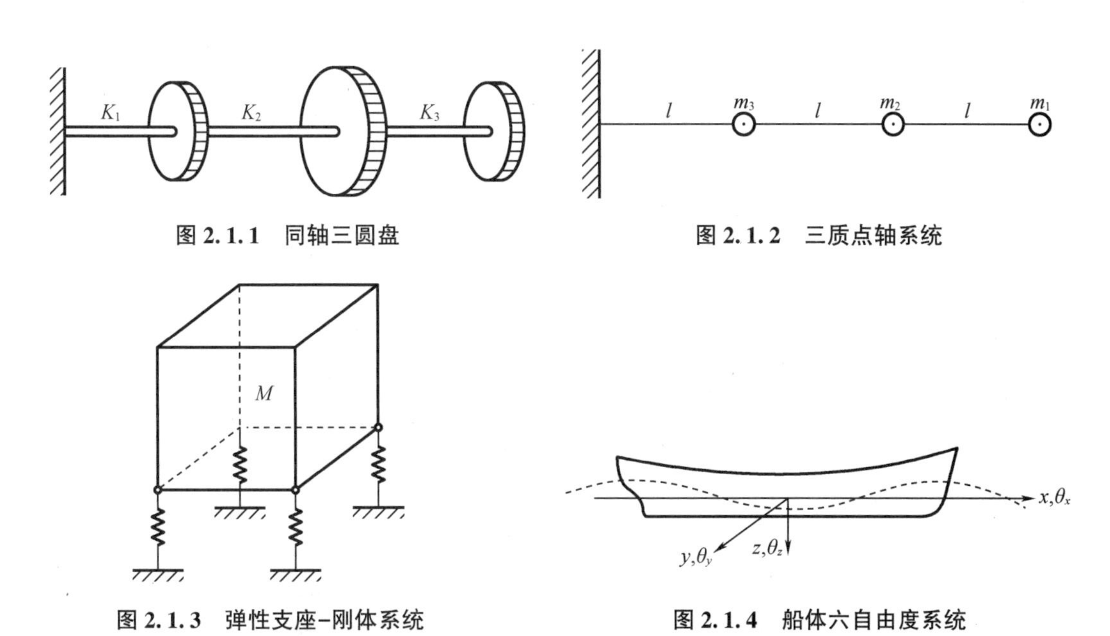

图 2.1.1　同轴三圆盘

图 2.1.2　三质点轴系统

图 2.1.3　弹性支座-刚体系统

图 2.1.4　船体六自由度系统

一般说来，工程上各种机械都是由杆、梁、板、壳或其他元件组成的复杂的弹性结构，理论上来说都是无限多自由度系统。对于这些具有分布质量的无限多自由度系统，若按无限多自由度来处理，则到目前为止在数学上还无法解决，因此可以将系统的结构进行适当的离散和简化，从而将无限多自由度问题简化成有限多自由度问题，即将无限多自由度系统转化为有限多自由度系统，这样既能较为精确地反映机械系统的动态特性，又便于在数学上进行求解。例如，对于一根在做弯曲振动的简单的梁（图 2.1.5），我们可用有限个（n 个）离散点处的垂向位移 $w_1(t)$、$w_2(t)$、$w_3(t)$……$w_n(t)$ 作为广义坐标来代替连续的动挠度曲线。

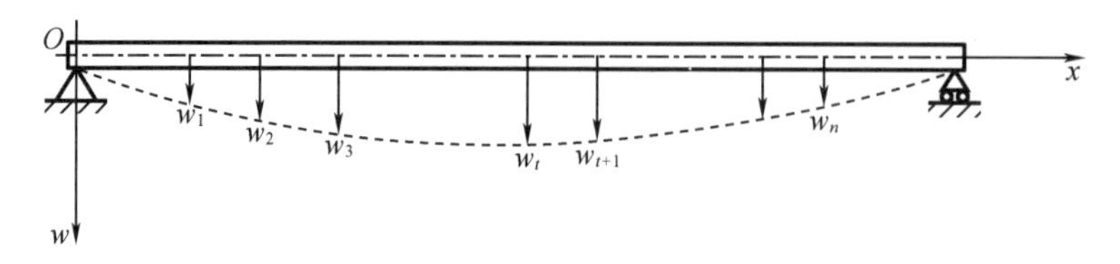

图 2.1.5　梁弯曲振动垂向位移

至于取多少个自由度，可根据工程实际所要求的精度来确定。广义坐标应尽可能取在能反映结构特征的那些点上，以便更好地逼近实际的动挠度曲线。由此可见，讨论多自由度系统的振动对于研究工程结构的振动具有极其重要的意义。

2.2　振动微分方程

在研究系统的振动时，可根据系统不同的复杂情况与具体工况，运用力学原理，基于微分或积分的思想，建立基于位移或能量的振动微分方程。常用于建立振动微分方程的力学原理如图 2.2.1 所示。

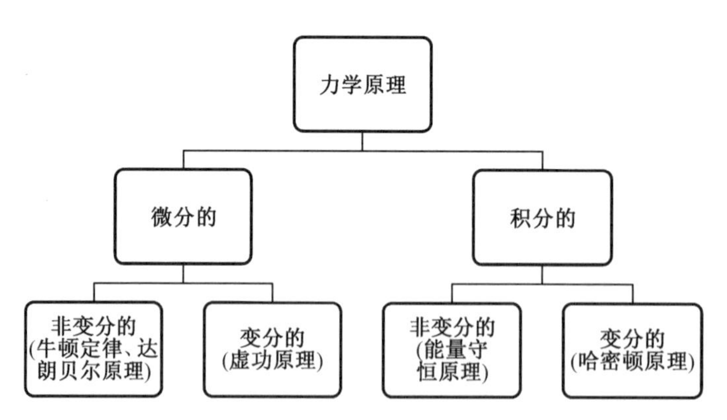

图 2.2.1　力学原理分类

非变分的原理指出真实运动必须遵守的物理准则，不论是在某一瞬时还是在某一时段，其都必须满足的物理方程。其中，非变分原理的微分形式表征了质体或系统在真实运动中必须遵守的准则，如牛顿定律或达朗贝尔定律；非变分原理的积分形式表征了质体或系统在某一时段内真实运动的物理量（如能量）所满足的条件，如能量守恒定律。

变分原理是自然界静止（处于相对稳定状态）事物中的一个普遍适用的数学定律，也称为最小作用定理，是用于求一个函数或泛函极值（极大或极小）的重要方法。在各种自然现象和过程（特别是力学过程）中，变分原理提供了一种把真实运动与其他可能发生的运动区分开来的数学方法,既体现了数学形式的简洁优美,又体现了物理内容的丰富深刻。

下面介绍几种常用的建立多自由度系统的振动微分方程的方法。

2.2.1 达朗贝尔原理

物体所产生的惯性力的大小与它的加速度成正比,但方向相反,这个概念称为达朗贝尔原理。达朗贝尔原理引入了“惯性力”的概念,将动力学问题中建立微分方程变为像静力学中列“平衡方程”一样,这对建立比较复杂的多自由度系统的振动微分方程来说是比较方便的。达朗贝尔原理的表现形式主要有两种:一是通过列出包括惯性力在内的力的平衡方程,以刚度系数(矩阵)的形式表示,称为刚度法;二是通过建立位移协调方程,以柔度系数(矩阵)的形式表示,称为柔度法。两者各有其适用范围,下面分别予以介绍。

1. 刚度法

图 2.2.2 所示为两自由度系统振动示意图,图中 Q_1、Q_2 均为外力。该系统要用两个坐标来表示,即以两质点(m_1、m_2)的静力平衡位置为原点,建立坐标 x_1、x_2。

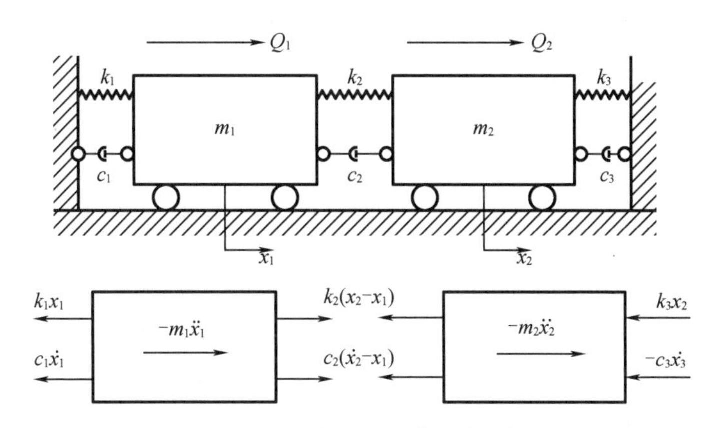

图 2.2.2 两自由度系统振动示意图

以两质点的静力平衡位置为原点,建立图 2.2.2 所示的坐标 x_1、x_2,根据达朗贝尔原理可得

$$\begin{cases}m_1\ddot{x}_1+c_1\dot{x}_1-c_2(\dot{x}_2-\dot{x}_1)+k_1x_1-k_2(x_2-x_1)-Q_1=0\\ m_2\ddot{x}_2+c_2(\dot{x}_2-\dot{x}_1)+c_3\dot{x}_2+k_2(x_2-x_1)+k_3x_2-Q_2=0\end{cases} \tag{2.2.1}$$

整理后可得

$$\begin{cases}m_1\ddot{x}_1+(c_1+c_2)\dot{x}_1-c_2\dot{x}_2+(k_1+k_2)x_1-k_2x_2=Q_1\\ m_2\ddot{x}_2-c_2\dot{x}_1+(c_2+c_3)\dot{x}_2-k_2x_1+(k_2+k_3)x_2=Q_2\end{cases} \tag{2.2.2}$$

式(2.2.2)为一常系数二阶常微分非齐次微分方程组,可改写成矩阵形式,即

$$\begin{bmatrix}m_1 & 0\\ 0 & m_2\end{bmatrix}\begin{Bmatrix}\ddot{x}_1\\ \ddot{x}_2\end{Bmatrix}+\begin{bmatrix}c_1+c_2 & -c_2\\ -c_2 & c_2+c_3\end{bmatrix}\begin{Bmatrix}\dot{x}_1\\ \dot{x}_2\end{Bmatrix}+\begin{bmatrix}k_1+k_2 & -k_2\\ -k_2 & k_2+k_3\end{bmatrix}\begin{Bmatrix}x_1\\ x_2\end{Bmatrix}=\begin{Bmatrix}Q_1\\ Q_2\end{Bmatrix} \tag{2.2.3}$$

如令

$$\boldsymbol{M}=\begin{bmatrix}m_1 & 0\\ 0 & m_2\end{bmatrix},\boldsymbol{C}=\begin{bmatrix}c_1+c_2 & -c_2\\ -c_2 & c_2+c_3\end{bmatrix},\boldsymbol{K}=\begin{bmatrix}k_1+k_2 & -k_2\\ -k_2 & k_2+k_3\end{bmatrix} \tag{2.2.4}$$

则式(2.2.3)可简化为

$$M\ddot{x}+C\dot{x}+Kx=Q \tag{2.2.5}$$

将其推广到多自由度系统,即若系统的自由度为 n,设系统的位移矢量为位移列阵

$$q(t)=[q_1(t),q_2(t),\cdots,q_i(t),\cdots,q_n(t)]^{\mathrm{T}} \tag{2.2.6}$$

则可得 n 自由度系统的一般方程为

$$M\ddot{q}(t)+C\dot{q}(t)+Kq(t)=Q(t) \tag{2.2.7}$$

式中,$\ddot{q}(t)$为加速度列阵,为 n 阶列阵;$\dot{q}(t)$为速度列阵,为 n 阶列阵;$q(t)$为位移列阵,为 n 阶列阵;$Q(t)$为激振力列阵,为 n 阶列阵;M 为质量矩阵,为 n 阶对称方阵,其元素 M_{ij} 称为质量影响系数,为 n 自由度系统仅在第 j 坐标处有单位加速度时,在第 i 坐标处所产生的惯性力;C 为阻尼矩阵,为 n 阶对称方阵,其元素 C_{ij} 称为阻尼影响系数,为 n 自由度系统仅在第 j 坐标处有单位速度时,在第 i 坐标处产生的阻尼力;K 为刚度矩阵,为 n 阶对称方阵,其元素 K_{ij} 称为刚度影响系数,为 n 自由度系统仅在第 j 坐标处有单位位移(其他坐标处位移均等于0)时,在第 i 坐标处产生的弹性力。

以上是用刚度法建立的方程,即以刚度系数(矩阵)形式表示的多自由度无阻尼系统的振动微分方程。

2. 柔度法

有些情况下,利用柔度的概念求频率和振型较为方便。设有一刚度为 k 的弹簧,若令

$$\delta=\frac{1}{k} \tag{2.2.8}$$

则 δ 为柔度系数,是弹簧在单位力作用下产生的位移。

图 2.2.3 所示为两自由度系统,有

$$\begin{cases}\delta_1=\dfrac{1}{k_1}\\ \delta_2=\dfrac{1}{k_2}\end{cases} \tag{2.2.9}$$

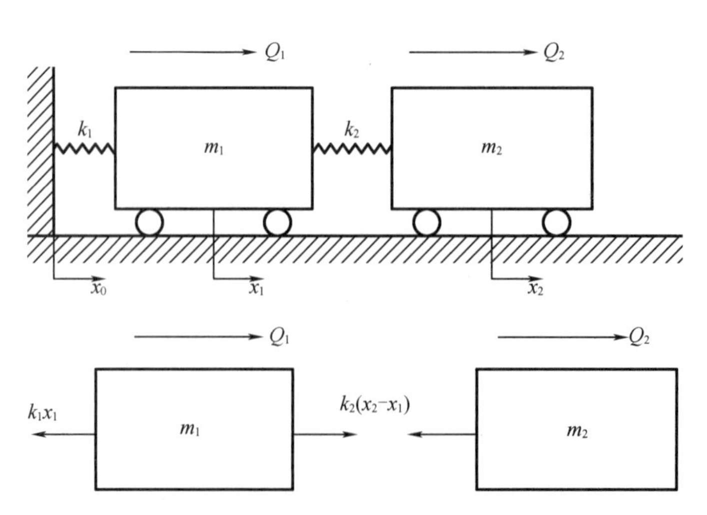

图 2.2.3 两自由度系统

(1)静态分析

在外力作用下,即在 Q_1 和 Q_2 作用下,m_1 和 m_2 产生的静位移分别为

$$\begin{cases}(x_1)_{st}=\delta_1 Q_1+\delta_1 Q_2=\delta_1(Q_1+Q_2)\\(x_2)_{st}=\delta_1(Q_1+Q_2)+\delta_2 Q_2\end{cases}\tag{2.2.10}$$

式(2.2.10)可以写成矩阵形式：

$$\begin{Bmatrix}x_1\\x_2\end{Bmatrix}_{st}=\begin{bmatrix}\delta_1 & \delta_1\\\delta_1 & \delta_1+\delta_2\end{bmatrix}\begin{Bmatrix}Q_1\\Q_2\end{Bmatrix}\tag{2.2.11}$$

式(2.2.11)又可简写为

$$\boldsymbol{x}_{st}=\boldsymbol{\Gamma Q}\tag{2.2.12}$$

$$\boldsymbol{\Gamma}=\begin{bmatrix}r_{11} & r_{12}\\r_{21} & r_{22}\end{bmatrix}=\begin{bmatrix}\delta_1 & \delta_1\\\delta_1 & \delta_1+\delta_2\end{bmatrix}\tag{2.2.13}$$

式中，$\boldsymbol{\Gamma}$ 为柔度矩阵，其元素 r_{ij} 称为柔度影响系数，为仅在第 j 坐标处作用一单位力时，系统在第 i 坐标处产生的位移。

图 2.2.4 所示为两自由度系统的静态分析。

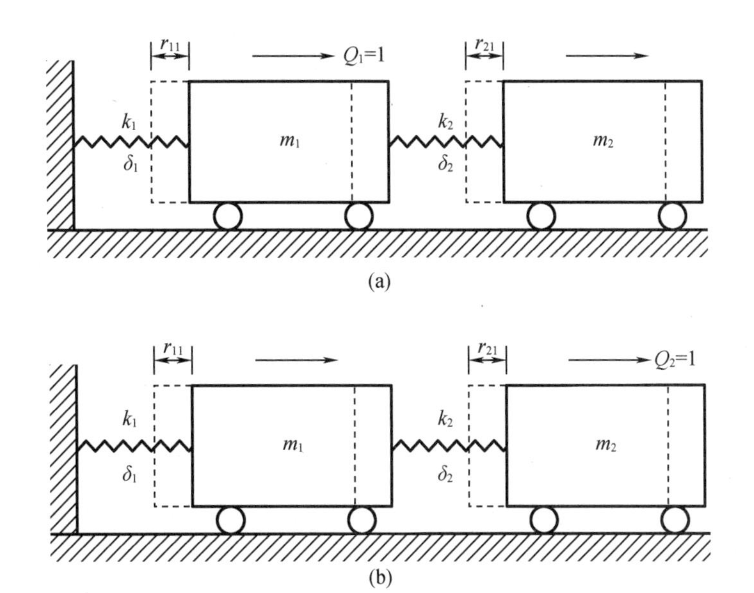

图 2.2.4　两自由度系统的静态分析

图 2.2.4(a)中，单位力 Q_1(Q_1=1 N)作用在系统中的质点 m_1 上，质点 m_1 产生的静位移为 r_{11} 与 r_{21}。其中，r_{11} 为第一单位作用力引起的第一位移；r_{21} 为第一单位作用力引起的第二位移。

$$r_{11}=r_{21}=\delta_1=\frac{1}{k_1}\tag{2.2.14}$$

图 2.2.4(b)中，单位力 Q_2(Q_2=1 N)作用在系统中的质点 m_2 上。

$$\begin{cases}r_{12}=\delta_1=\dfrac{1}{k_1}\\r_{22}=\delta_1+\delta_2=\dfrac{k_1+k_2}{k_1 k_2}\end{cases}\tag{2.2.15}$$

式中，r_{12} 与 r_{22} 是由第二作用力 Q_2 引起的第一位移和第二位移。

和刚度矩阵一样,柔度矩阵也总是对称的。依据对称矩阵的固有特性,有

$$r_{12}=r_{21} \tag{2.2.16}$$

(2)动态分析

若 Q_1 与 Q_2 为动态的,此时,惯性力 $-m_1\ddot{x}_1$ 与 $-m_2\ddot{x}_2$ 也需计入,则式(2.2.11)可写成

$$\begin{Bmatrix} x_1 \\ x_2 \end{Bmatrix}=\begin{bmatrix} \delta_1 & \delta_1 \\ \delta_1 & \delta_1+\delta_2 \end{bmatrix}\begin{Bmatrix} Q_1-m_1\ddot{x}_1 \\ Q_2-m_2\ddot{x}_2 \end{Bmatrix} \tag{2.2.17}$$

或质量与加速度按分开列阵放置,则写成

$$\begin{Bmatrix} x_1 \\ x_2 \end{Bmatrix}=\begin{bmatrix} \delta_1 & \delta_1 \\ \delta_1 & \delta_1+\delta_2 \end{bmatrix}\left(\begin{Bmatrix} Q_1 \\ Q_2 \end{Bmatrix}-\begin{bmatrix} m_1 & 0 \\ 0 & m_2 \end{bmatrix}\begin{Bmatrix} \ddot{x}_1 \\ \ddot{x}_2 \end{Bmatrix}\right) \tag{2.2.18}$$

式(2.2.18)可简写为

$$\boldsymbol{x}=\boldsymbol{\Gamma}(\boldsymbol{Q}-\boldsymbol{M}\ddot{\boldsymbol{x}}) \tag{2.2.19}$$

式(2.2.19)表明:动力位移等于柔度矩阵与作用力的乘积。作用力包括外力与惯性力。

当结构系统做小振幅振动时,因为

$$\delta=\frac{1}{k} \tag{2.2.20}$$

所以

$$\boldsymbol{\Gamma}^{-1}=\frac{1}{\delta_1\delta_2}\begin{bmatrix} \delta_1+\delta_2 & -\delta_1 \\ -\delta_1 & \delta_1 \end{bmatrix}=\begin{bmatrix} \frac{1}{\delta_1}+\frac{1}{\delta_2} & -\frac{1}{\delta_2} \\ -\frac{1}{\delta_2} & \frac{1}{\delta_2} \end{bmatrix}=\begin{bmatrix} k_1+k_2 & -k_2 \\ -k_2 & k_2 \end{bmatrix}=\boldsymbol{K} \tag{2.2.21}$$

或写成

$$\boldsymbol{K}=\frac{1}{k_1k_2}\begin{bmatrix} k_2 & k_2 \\ k_2 & k_1+k_2 \end{bmatrix}=\begin{bmatrix} \delta_1 & \delta_1 \\ \delta_1 & \delta_1+\delta_2 \end{bmatrix}=\boldsymbol{\Gamma} \tag{2.2.22}$$

由此可得结论:当结构系统做小振幅振动时,刚度矩阵与柔度矩阵互为逆矩阵。

因此,式(2.2.17)可写成

$$\boldsymbol{M}\ddot{\boldsymbol{x}}+\boldsymbol{K}\boldsymbol{x}=\boldsymbol{Q} \tag{2.2.23}$$

$$\boldsymbol{K}\boldsymbol{x}=\boldsymbol{Q}-\boldsymbol{M}\ddot{\boldsymbol{x}} \tag{2.2.24}$$

所以

$$\boldsymbol{x}=\boldsymbol{K}^{-1}(\boldsymbol{Q}-\boldsymbol{M}\ddot{\boldsymbol{x}}) \tag{2.2.25}$$

式(2.2.23)即为无阻尼受迫振动的微分方程,可见,由式(2.2.19)可建立振动的微分方程。同样,对于 n 自由度系统,由柔度矩阵建立的微分方程可写为

$$\boldsymbol{q}(t)=\boldsymbol{\Gamma}[\boldsymbol{Q}(t)-\boldsymbol{M}\ddot{\boldsymbol{q}}(t)] \tag{2.2.26}$$

2.2.2 拉格朗日法

按拉格朗日法,系统的振动方程可用动能 T、势能 V、能量散失函数 D 来表示,即

$$\frac{\mathrm{d}}{\mathrm{d}t}\left(\frac{\partial T}{\partial \dot{q}_i}\right)-\frac{\partial T}{\partial q_i}+\frac{\partial V}{\partial q_i}+\frac{\partial D}{\partial \dot{q}_i}-Q_i=0 \quad (i=1,2,\cdots,n) \tag{2.2.27}$$

式中,q_i 为系统的广义坐标;$\dot{q}_i$ 为广义坐标对时间的变化率;Q_i 为对应于广义坐标 q_i 的广义

力(指主动力,不包括约束反力)。

如图 2.2.5 所示,两自由度的弹簧-质量系统中,Q_1、Q_2 分别为作用于质点 m_1、m_2 上的激振力。

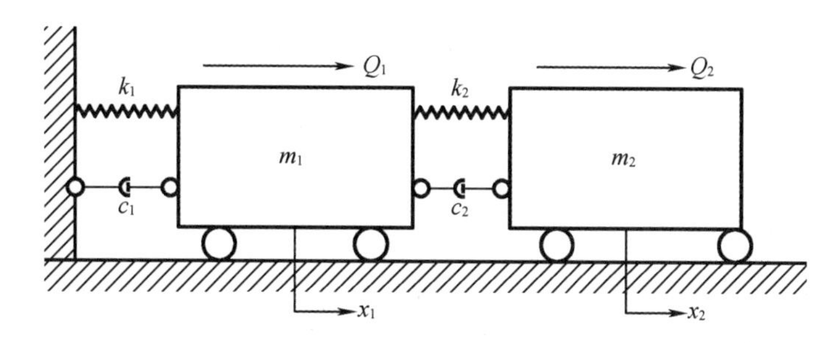

图 2.2.5 两自由度的弹簧-质量系统

取各质点偏离其平衡位置的位移 x_1、x_2 为广义坐标,则广义速度分别为 $\dot{x}_1$、$\dot{x}_2$。系统的动能即为质点 m_1、m_2 的动能之和,即

$$T=\frac{1}{2}(m_1\dot{x}_1^2+m_2\dot{x}_2^2) \tag{2.2.28}$$

系统的势能即为弹簧 k_1、k_2 的变形能之和。弹簧的势能可通过计算弹性力所做之功来求得。当质点从平衡位置移动距离 x 后,弹簧的弹性恢复力 kx 对其所做的功为

$$A_k=\int_0^x kx\mathrm{d}x=\frac{1}{2}kx^2 \tag{2.2.29}$$

所以系统的势能为

$$V=\frac{1}{2}[k_1x_1^2+k_2(x_2-x_1)^2] \tag{2.2.30}$$

系统的能量散失函数即为系统在振动过程中为克服阻尼 c_1、c_2 所做的功。因为阻尼力 $c\dot{x}$ 与振动速度 $\dot{x}$ 呈线性关系,所以在振动速度从 0 变化到 $\dot{x}$ 的整个过程中,阻尼力对振动质点做的功为

$$A_k=\int_0^{\dot{x}} c\dot{x}\mathrm{d}\dot{x}=\frac{1}{2}c\dot{x}^2 \tag{2.2.31}$$

所以系统的能量散失函数为

$$D=\frac{1}{2}[c_1\dot{x}_1^2+c_2(\dot{x}_2-\dot{x}_1)^2] \tag{2.2.32}$$

作用在系统上的激振力为 Q_1、Q_2。

故有

$$\frac{\mathrm{d}}{\mathrm{d}t}\left(\frac{\partial T}{\partial \dot{x}_1}\right)=\frac{\mathrm{d}}{\mathrm{d}t}\frac{\partial}{\partial \dot{x}_1}\frac{1}{2}(m_1\dot{x}_1^2+m_2\dot{x}_2^2)=m_1\ddot{x}_1 \tag{2.2.33}$$

$$\frac{\partial T}{\partial x_1}=\frac{\partial}{\partial x_1}\frac{1}{2}(m_1\dot{x}_1^2+m_2\dot{x}_2^2)=0 \tag{2.2.34}$$

$$\frac{\partial V}{\partial x_1}=\frac{\partial}{\partial x_1}\frac{1}{2}[k_1x_1^2+k_2(x_2-x_1)^2]=(k_1+k_2)x_1-k_2x_2 \tag{2.2.35}$$

$$\frac{\partial D}{\partial \dot{x}_1}=\frac{\partial}{\partial \dot{x}_1}\frac{1}{2}[c_1\dot{x}_1^2+c_2(\dot{x}_2-\dot{x}_1)^2]=(c_1+c_2)\dot{x}_1-c_2\dot{x}_2 \tag{2.2.36}$$

将式(2.2.33)~式(2.2.36)分别代入式(2.2.27)中,即可求得质点 m_1 的振动方程为

$$m_1\ddot{x}_1+(c_1+c_2)\dot{x}_1-c_2\dot{x}_2+(k_1+k_2)x_1-k_2x_2=Q_1 \tag{2.2.37}$$

同样

$$\frac{\mathrm{d}}{\mathrm{d}t}\left(\frac{\partial T}{\partial \dot{x}_2}\right)=\frac{\mathrm{d}}{\mathrm{d}t}\frac{\partial}{\partial \dot{x}_2}\frac{1}{2}(m_1\dot{x}_1^2+m_2\dot{x}_2^2)=m_2\ddot{x}_2 \tag{2.2.38}$$

$$\frac{\partial T}{\partial x_2}=\frac{\partial}{\partial x_2}\frac{1}{2}(m_1\dot{x}_1^2+m_2\dot{x}_2^2)=0 \tag{2.2.39}$$

$$\frac{\partial V}{\partial x_2}=\frac{\partial}{\partial x_2}\frac{1}{2}[k_1x_1^2+k_2(x_2-x_1)^2]=k_2x_2-k_2x_1 \tag{2.2.40}$$

$$\frac{\partial D}{\partial \dot{x}_2}=\frac{\partial}{\partial \dot{x}_2}\frac{1}{2}[c_1\dot{x}_1^2+c_2(\dot{x}_2-\dot{x}_1)^2]=c_2\dot{x}_2-c_2\dot{x}_1 \tag{2.2.41}$$

将式(2.2.38)~式(2.2.41)分别代入式(2.2.27)中,即可求得质点 m_2 的振动方程为

$$m_2\ddot{x}_2-c_2\dot{x}_1+c_2\dot{x}_2-k_2x_1+k_2x_2=Q_2 \tag{2.2.42}$$

式(2.2.37)和式(2.2.42)组成的微分方程组即为图 2.2.2 所示系统的振动微分方程:

$$\begin{cases} m_1\ddot{x}_1+(c_1+c_2)\dot{x}_1-c_2\dot{x}_2+(k_1+k_2)x_1-k_2x_2=Q_1 \\ m_2\ddot{x}_2-c_2\dot{x}_1+c_2\dot{x}_2-k_2x_1+k_2x_2=Q_2 \end{cases} \tag{2.2.43}$$

写成矩阵形式为

$$\begin{bmatrix} m_1 & 0 \\ 0 & m_2 \end{bmatrix}\begin{Bmatrix} \ddot{x}_1 \\ \ddot{x}_1 \end{Bmatrix}+\begin{bmatrix} c_1+c_2 & -c_2 \\ -c_2 & c_2 \end{bmatrix}\begin{Bmatrix} \dot{x}_1 \\ \dot{x}_2 \end{Bmatrix}+\begin{bmatrix} k_1+k_2 & -k_2 \\ -k_2 & k_2 \end{bmatrix}\begin{Bmatrix} x_1 \\ x_2 \end{Bmatrix}=\begin{Bmatrix} Q_1 \\ Q_2 \end{Bmatrix} \tag{2.2.44}$$

可改写为

$$\boldsymbol{M}\ddot{\boldsymbol{x}}+\boldsymbol{C}\dot{\boldsymbol{x}}+\boldsymbol{K}\boldsymbol{x}=\boldsymbol{Q} \tag{2.2.45}$$

式(2.2.45)即为系统有阻尼受迫振动的微分方程。与前面所述方法得到的结果相同,对于 n 自由度系统同样可用拉格朗日法求得其一般方程(式(2.2.7))。

2.3 无阻尼自由振动

结构强迫振动时的动力响应与其动力特性有密切关系,为此讨论自由振动很有必要。

2.3.1 频率方程

由前知,多自由度系统无阻尼自由振动的微分方程可用矩阵形式来表示,其一般形式为(参见式(2.2.5))

$$\boldsymbol{M}\ddot{\boldsymbol{x}}+\boldsymbol{K}\ddot{\boldsymbol{x}}=\boldsymbol{0} \tag{2.3.1}$$

设式(2.3.1)的解为

$$\boldsymbol{q}(t)=\boldsymbol{A}\sin(\omega_n t+\varphi) \tag{2.3.2}$$

式中,$\boldsymbol{\omega}_n$ 为无阻尼自由振动的固有频率;φ 为相角;$\boldsymbol{A}$ 为系统自由振动时各个坐标上的振幅组成的列阵,称为振幅矢量,即

$$\boldsymbol{A}=\{A_1,A_2,\cdots,A_n\}^{\mathrm{T}} \tag{2.3.3}$$

对式(2.3.2)分别求一阶和二阶导数,并连同式(2.3.2)一起代入式(2.3.1)中,经简化可得

$$(\boldsymbol{K}-\omega_n^2\boldsymbol{M})\boldsymbol{A}=\boldsymbol{0} \tag{2.3.4}$$

此为一齐次的线性代数方程组。显然,若使 $\boldsymbol{A}$ 有非零解,则式(2.3.4)中,$\boldsymbol{A}$ 的系数行列式必须为 $\boldsymbol{0}$,即

$$|\boldsymbol{K}-\omega_n^2\boldsymbol{M}|=\boldsymbol{0} \tag{2.3.5}$$

此即系统的频率方程,也称为特征方程。将式(2.3.5)展开后可得 ω_n^2 的 n 次代数方程:

$$\omega_n^{2n}+a_1\omega_n^{2(n-1)}+a_2\omega_n^{2(n-2)}+\cdots+a_{n-1}\omega_n^2+a_n=0 \tag{2.3.6}$$

式中,a_1、a_2……a_n 都是由 k_{ij} 和 m_{ij} 组合的系数。

对于 n 自由度系统,求解其频率方程可得到 ω_n^2 的 n 个正实根(ω_1^2、ω_2^2……ω_n^2)。由于频率(ω_1、ω_2……ω_n)与初始条件无关而仅取决于系统的固有特性 $\boldsymbol{M}$ 和 $\boldsymbol{K}$,故称之为系统的固有频率。将这 n 个固有频率由小到大排列,分别称为一阶固有频率(基频)、二阶固有频率……n 阶固有频率,即

$$\omega_1<\omega_2<\cdots<\omega_n \tag{2.3.7}$$

2.3.2 固有振型

对应于所求系统的每一阶固有频率(若某一阶固有频率为 ω_r),均存在一个振幅矢量 $\boldsymbol{A}_r$ 和相角 φ,即存在一组满足振动微分方程(2.3.1)的特解。我们将求得的 ω_r 代回式(2.3.5)中并加以展开,得

$$\begin{cases}(k_{11}-\omega_r^2M_{11})A_1^{(r)}+(k_{12}-\omega_r^2M_{12})A_2^{(r)}+\cdots+(k_{1n}-\omega_r^2M_{1n})A_n^{(r)}=0\\(k_{21}-\omega_r^2M_{21})A_1^{(r)}+(k_{22}-\omega_r^2M_{22})A_2^{(r)}+\cdots+(k_{2n}-\omega_r^2M_{2n})A_n^{(r)}=0\\\vdots\\(k_{n1}-\omega_r^2M_{n1})A_1^{(r)}+(k_{n2}-\omega_r^2M_{n2})A_2^{(r)}+\cdots+(k_{nn}-\omega_r^2M_{nn})A_n^{(r)}=0\end{cases} \tag{2.3.8}$$

显然,式(2.3.8)是由 n 个齐次代数方程组成的方程组,因此只能求得 $\boldsymbol{A}_r$ 的 n 个分量($A_1^{(r)}$、$A_2^{(r)}$……$A_n^{(r)}$)之间的比例关系,而无法求得它们的确定解。求解时,我们将方程组中某一不独立的方程去掉,如去掉第一个方程,则可解得

$$\frac{A_1^{(r)}}{\rho_1^{(r)}}=\frac{A_2^{(r)}}{\rho_2^{(r)}}=\cdots=\frac{A_j^{(r)}}{\rho_j^{(r)}}\cdots=\frac{A_n^{(r)}}{\rho_n^{(r)}} \tag{2.3.9}$$

式中,$\rho_j^{(r)}$ 即为行列式(2.3.5)第一行第 j 列的元素($k_{ij}-\omega_n^2M_{ij}$)的代数余子式,即

$$\rho_j^{(r)}=(-1)^{i+j}\begin{vmatrix}k_{21}-\omega_r^2M_{21}\cdots k_{2,j-1}-\omega_r^2M_{2,j-1},k_{2,j+1}-\omega_r^2M_{2,j+1}\cdots k_{2n}-\omega_r^2M_{2n}\\k_{31}-\omega_r^2M_{31}\cdots k_{3,j-1}-\omega_r^2M_{3,j-1},k_{3,j+1}-\omega_r^2M_{3,j+1}\cdots k_{3n}-\omega_r^2M_{3n}\\\vdots\qquad\vdots\qquad\vdots\qquad\vdots\\k_{n1}-\omega_r^2M_{n1}\cdots k_{n,j-1}-\omega_r^2M_{n,j-1},k_{n,j+1}-\omega_r^2M_{n,j+1}\cdots k_{nn}-\omega_r^2M_{nn}\end{vmatrix} \tag{2.3.10}$$

从式(2.3.9)可以看出:$\boldsymbol{A}_r$ 的元素中只有一个是独立的,只要确定了一个,其余 $n-1$ 个就可以通过(2.3.9)求解。$\boldsymbol{A}_r$ 的方向已确定,只是大小尚未确定,如果用一个比例系数 $p^{(r)}$ 来表示其大小,则式(2.3.10)可写为

$$\boldsymbol{A}_r=p^{(r)}\boldsymbol{\rho}_r \tag{2.3.11}$$

式中,

$$\boldsymbol{\rho}_r=[\rho_1^{(r)},\rho_2^{(r)},\cdots,\rho_n^{(r)}]^{\mathrm{T}} \tag{2.3.12}$$

$$\boldsymbol{A}_r=[A_1^{(r)},A_2^{(r)},\cdots,A_n^{(r)}]^{\mathrm{T}} \tag{2.3.13}$$

由于$\boldsymbol{\rho}_r$由式(2.3.10)确定,因此只要比例系数$p^{(r)}$确定,$\boldsymbol{A}_r$就可以确定。这样,对于每一个ω_r^2都可以得到如下微分方程特解:

$$\boldsymbol{q}_r=\boldsymbol{A}_r\sin(\omega_r t+\varphi_r) \tag{2.3.14}$$

或

$$\boldsymbol{q}_r=p^{(r)}\boldsymbol{\rho}_r\sin(\omega_r t+\varphi_r) \tag{2.3.15}$$

因此式(2.3.2)的解为

$$\boldsymbol{q}=\boldsymbol{\rho}\boldsymbol{P} \tag{2.3.16}$$

式中,

$$\boldsymbol{P}=\begin{bmatrix} p^{(1)}\sin(\omega_1 t+\varphi_1) \\ p^{(2)}\sin(\omega_2 t+\varphi_2) \\ \vdots \\ p^{(n)}\sin(\omega_n t+\varphi_n) \end{bmatrix} \tag{2.3.17}$$

$$\boldsymbol{\rho}=[\boldsymbol{\rho}_1,\boldsymbol{\rho}_2,\cdots,\boldsymbol{\rho}_n]=\begin{bmatrix} \rho_1^{(1)}\cdots\rho_1^{(i)}\cdots\rho_1^{(n)} \\ \rho_2^{(1)}\cdots\rho_2^{(i)}\cdots\rho_2^{(n)} \\ \vdots \\ \rho_n^{(1)}\cdots\rho_n^{(i)}\cdots\rho_n^{(n)} \end{bmatrix} \tag{2.3.18}$$

式中,有$2n$个积分常数A_r、$\varphi_r(r=1,2,\cdots,n)$,它们由下列初始条件确定。

当$t=0$时,

$$\boldsymbol{q}(0)=[q_1(0),q_2(0),\cdots,q_n(0)]^{\mathrm{T}} \tag{2.3.19}$$

$$\dot{\boldsymbol{q}}(0)=[\dot{q}_1(0),\dot{q}_2(0),\cdots,\dot{q}_n(0)]^{\mathrm{T}} \tag{2.3.20}$$

对此进行讨论,根据式(2.3.16)可得:

(1)n自由度系统的自由振动是由n个不同频率的简谐振动组成的。

(2)对于(1)中任意一个频率为ω_r的简谐振动,系统中各广义坐标$q_j^{(r)}(j=1,2,\cdots,n)$之间具有一定的比例或一定的振型$\boldsymbol{\rho}_r$。

(3)$\boldsymbol{\rho}_r$与初始条件和外部载荷无关,仅取决于系统的固有特性$\boldsymbol{M}$和$\boldsymbol{K}$,因此称为系统的固有振型或模态。

(4)固有振型只表示固有振动的形状,因此振型矢量$\boldsymbol{\rho}_r$乘以任意常数$C^{(r)}$后仍为第r个固有振型($C^{(r)}\boldsymbol{\rho}_r$),而对原振型无影响。

(5)当系统在某一特定的初始条件下($t=0$)时,若积分常数$p^{(r)}(r=1,2,\cdots,n)$中除$p^{(1)}$以外均等于0,则式(2.3.15)退化为第一个特解(式(2.3.14))。

$$\boldsymbol{q}=q_1=\rho_1 p^{(1)}\sin(\omega_1 t+\varphi_1) \tag{2.3.21}$$

式(2.3.21)即表示系统的第一固有振动。系统中每个广义坐标均以同一固有频率ω_1和同一相角φ_1做简谐振动。

对应于固有频率ω_2、ω_3……ω_n,存在第二、第三……第n固有振动和固有振型。

(6)在一般初始条件下,系统的自由振动不表现某一个固有振动,而是由n个线性独立的固有振动叠加而成的振动(式(2.3.15))。

2.3.3　主坐标

系统的每一个固有振动只有一个独立变量,因而表示一个固有振动只需要一个独立坐标。描述固有振动的独立变量称为主坐标,系统有几个自由度就有几个主坐标。令主坐标矢量为 $\boldsymbol{P}$,则广义坐标 $\boldsymbol{q}$ 与主坐标列阵 $\boldsymbol{P}$ 的关系由式(2.3.16)确定。因为主坐标互相独立,广义坐标可以恰好取在主坐标上,所以此时无阻尼自由振动微分方程可写为下列形式:

$$\begin{bmatrix} m_{11} & & & \boldsymbol{0} \\ & m_{22} & & \\ & & \ddots & \\ \boldsymbol{0} & & & m_{nn} \end{bmatrix} \begin{Bmatrix} \ddot{p}_1(t) \\ \ddot{p}_2(t) \\ \vdots \\ \ddot{p}_n(t) \end{Bmatrix} + \begin{bmatrix} k_{11} & & & \boldsymbol{0} \\ & k_{22} & & \\ & & \ddots & \\ \boldsymbol{0} & & & k_{nn} \end{bmatrix} \begin{Bmatrix} p_1(t) \\ p_2(t) \\ \vdots \\ p_n(t) \end{Bmatrix} = \begin{Bmatrix} 0 \\ 0 \\ \vdots \\ 0 \end{Bmatrix} \tag{2.3.22}$$

式(2.3.22)又可表示成

$$\begin{cases} m_{11}\ddot{p}_1(t)+k_{11}p_1(t)=0 \\ m_{22}\ddot{p}_2(t)+k_{22}p_2(t)=0 \\ \qquad\vdots \\ m_{nn}\ddot{p}_n(t)+k_{nn}p_n(t)=0 \end{cases} \tag{2.3.23}$$

此为 $k=\dfrac{4EI}{l^2}$个独立的微分方程,每一个微分方程只包含一个未知函数。这样,n 自由度系统的振动就可简化为多个单自由度系统的振动问题来处理。

我们也可用能量法将系统的振动用主坐标来表达。系统的动能和势能一般可用广义坐标表示为

$$T=\frac{1}{2}\dot{\boldsymbol{q}}^{\mathrm{T}}\boldsymbol{M}\dot{\boldsymbol{q}} \tag{2.3.24}$$

$$V=\frac{1}{2}\boldsymbol{q}^{\mathrm{T}}\boldsymbol{K}\boldsymbol{q} \tag{2.3.25}$$

但由于动能是正定的二次型,势能是正定或半正定的二次型,根据高等代数中的二次型理论可知,总能找到一组坐标的线性变换($\boldsymbol{q}=\boldsymbol{\rho P}$),将采用新坐标后的动能和势能化成标准的二次型,即

$$\begin{cases} 2T=m_{11}\dot{p}_1^2(t)+m_{22}\dot{p}_2^2(t)+\cdots+m_{nn}\dot{p}_n^2(t) \\ 2V=k_{11}p_1^2(t)+k_{22}p_2^2(t)+\cdots+k_{nn}p_n^2(t) \end{cases} \tag{2.3.26}$$

将式(2.3.26)代入拉格朗日第二类方程即得式(2.3.22)。因而式(2.3.26)中的 $p_r(t)$ ($r=1,2,\cdots,n$)即为该系统的主坐标。一个主坐标对应一个固有振型(模态),故用主坐标表示的振动也称为主振动或模态振动。对应于第 r 主坐标的振动就称为第 r 谐调主振动或第 r 模态振动。

我们应该认识到,固有振动、固有振型和主坐标是多自由度系统及无限自由度系统振动理论中很重要的基本概念。

2.3.4　固有振型的正交性

一个振动系统有多少个自由度,就有多少个主振型。这些主振型只与系统本身的参数有关,而与初始条件无关,因此对于这个系统来说,其主振型是确定的,且这 n 个主振型之

间存在着一定的联系,这种联系称为主振型的正交性。下面对其进行分析。

由无阻尼自由振动微分方程可知

$$(\boldsymbol{K}-\omega_n^2\boldsymbol{M})\boldsymbol{A}=\boldsymbol{0} \tag{2.3.27}$$

则由式(2.3.9)可得

$$(\boldsymbol{K}-\omega_n^2\boldsymbol{M})\boldsymbol{\rho}=\boldsymbol{0} \tag{2.3.28}$$

令系统的第 r 阶固有振型为 $\boldsymbol{\rho}_r$,第 s 阶固有振型为 $\boldsymbol{\rho}_s$,则

$$(\boldsymbol{K}-\omega_r^2\boldsymbol{M})\boldsymbol{\rho}_r=\boldsymbol{0} \tag{2.3.29}$$

$$(\boldsymbol{K}-\omega_s^2\boldsymbol{M})\boldsymbol{\rho}_s=\boldsymbol{0} \tag{2.3.30}$$

将式(2.3.29)前乘 $\boldsymbol{\rho}_s^{\mathrm{T}}$、式(2.3.30)前乘 $\boldsymbol{\rho}_r^{\mathrm{T}}$,然后将两式相减,得

$$\boldsymbol{\rho}_s^{\mathrm{T}}\boldsymbol{K}\boldsymbol{\rho}_r-\boldsymbol{\rho}_r^{\mathrm{T}}\boldsymbol{K}\boldsymbol{\rho}_s-\omega_r^2\boldsymbol{\rho}_s^{\mathrm{T}}\boldsymbol{M}\boldsymbol{\rho}_r+\omega_s^2\boldsymbol{\rho}_r^{\mathrm{T}}\boldsymbol{M}\boldsymbol{\rho}_s=\boldsymbol{0} \tag{2.3.31}$$

因为刚度矩阵 $\boldsymbol{K}$ 与质量矩阵 $\boldsymbol{M}$ 都是对称矩阵,$\boldsymbol{\rho}_r$ 与 $\boldsymbol{\rho}_s$ 又都是列向量,所以

$$\boldsymbol{\rho}_s^{\mathrm{T}}\boldsymbol{K}\boldsymbol{\rho}_r=\boldsymbol{\rho}_r\boldsymbol{K}\boldsymbol{\rho}_s \tag{2.3.32}$$

$$\boldsymbol{\rho}_s^{\mathrm{T}}\boldsymbol{M}\boldsymbol{\rho}_r=\boldsymbol{\rho}_r\boldsymbol{M}\boldsymbol{\rho}_s \tag{2.3.33}$$

式(2.3.31)可化为

$$(\omega_s^2-\omega_r^2)\boldsymbol{\rho}_r^{\mathrm{T}}\boldsymbol{M}\boldsymbol{\rho}_s=\boldsymbol{0} \tag{2.3.34}$$

由于 $\omega_r\neq\omega_s$,因此

$$\boldsymbol{\rho}_r^{\mathrm{T}}\boldsymbol{M}\boldsymbol{\rho}_s=\boldsymbol{0}\quad(r\neq s) \tag{2.3.35}$$

式(2.3.35)称为对于质量 $\boldsymbol{M}$ 的固有振型正交条件,或简称为主振型关于质量的正交性。

将式(2.3.33)前乘 $\boldsymbol{\rho}_r^{\mathrm{T}}$,并运用式(2.3.35),得

$$\boldsymbol{\rho}_r^{\mathrm{T}}\boldsymbol{K}\boldsymbol{\rho}_s=\boldsymbol{0}\quad(r\neq s) \tag{2.3.36}$$

式(2.3.36)称为对于刚度 $\boldsymbol{K}$ 的固有振型正交条件,或简称为主振型关于刚度的正交性。

式(2.3.35)和式(2.3.36)统称为固有振型的正交性。在振动的理论分析和实际计算中常用到固有振型的这种正交性质。

现将式(2.3.29)前乘 $\boldsymbol{\rho}_r$ 的转置矩阵 $\boldsymbol{\rho}_r^{\mathrm{T}}$,得

$$\boldsymbol{\rho}_r^{\mathrm{T}}\boldsymbol{K}\boldsymbol{\rho}_r=\omega_r^2\boldsymbol{\rho}_r^{\mathrm{T}}\boldsymbol{M}\boldsymbol{\rho}_r \tag{2.3.37}$$

因为质量矩阵是正定的,所以令

$$\boldsymbol{\rho}_r^{\mathrm{T}}\boldsymbol{M}\boldsymbol{\rho}_r=M_{\mathrm{p}r} \tag{2.3.38}$$

式中,$M_{\mathrm{p}r}$ 总是一个正实数,称为第 r 阶主质量。将式(2.3.35)和式(2.3.38)合并可得

$$\boldsymbol{\rho}^{\mathrm{T}}\boldsymbol{M}\boldsymbol{\rho}=\boldsymbol{M}_{\mathrm{p}} \tag{2.3.39}$$

式中,$\boldsymbol{M}_{\mathrm{p}}$ 是一个对角阵,称为主质量矩阵。

对于正定系统来说,刚度矩阵也是正定的,令

$$\boldsymbol{\rho}_r^{\mathrm{T}}\boldsymbol{K}\boldsymbol{\rho}_r=K_{\mathrm{p}r} \tag{2.3.40}$$

式中,$K_{\mathrm{p}r}$ 也是一个正实数,称为第 r 阶主刚度。将式(2.3.36)和式(2.3.40)合并可得

$$\boldsymbol{\rho}^{\mathrm{T}}\boldsymbol{K}\boldsymbol{\rho}=\boldsymbol{K}_{\mathrm{p}} \tag{2.3.41}$$

式中,$\boldsymbol{K}_{\mathrm{p}}$ 是一个对角阵,称为主质量矩阵。

另外,由式(2.3.37)可得

$$\omega_r^2=\frac{\boldsymbol{\rho}_r^{\mathrm{T}}\boldsymbol{K}\boldsymbol{\rho}_r}{\boldsymbol{\rho}_r^{\mathrm{T}}\boldsymbol{M}\boldsymbol{\rho}_r}=\frac{K_{\mathrm{p}r}}{M_{\mathrm{p}r}} \tag{2.3.42}$$

式(2.3.42)表明了固有频率和刚度与质量的变化趋势,且变化趋势与自由度数无关。

2.3.5 正则振型

根据前述固有振型的特性可知,令固有振型矢量 $\boldsymbol{\rho}_r$ 乘以一个常数 $C^{(r)}$,则 $C^{(r)}\boldsymbol{\rho}_r$ 仍表示此固有振型。因此,只要选择适当的常数 $C^{(r)}$,总可以使振型 $\boldsymbol{\varphi}=C^{(r)}\boldsymbol{\rho}_r$ 满足:

$$\boldsymbol{\varphi}_r^{\mathrm{T}}\boldsymbol{M}\boldsymbol{\varphi}_r=1 \tag{2.3.43}$$

此时,固有振型 $\boldsymbol{\varphi}_r$ 就称为正则振型。很明显,$\boldsymbol{\varphi}_r$ 满足振动方程:

$$(\boldsymbol{K}-\omega_r^2\boldsymbol{M})\boldsymbol{\varphi}_r=0 \tag{2.3.44}$$

式(2.3.44)为一个线性齐次代数方程,由该方程组不能求得 $\boldsymbol{\varphi}_r$ 的绝对值而只能求得矢量 $\boldsymbol{\varphi}_r$ 中各元素的比值。由于增加了正则条件(2.3.43),因此矢量 $\boldsymbol{\varphi}_r$ 的全部元素均可求得。

在方程 $(\boldsymbol{K}-\omega_r^2\boldsymbol{M})\boldsymbol{\varphi}_r=0$ 前乘以 $\boldsymbol{\varphi}_r^{\mathrm{T}}$,即

$$\boldsymbol{\varphi}_r^{\mathrm{T}}(\boldsymbol{K}-\omega_r^2\boldsymbol{M})\boldsymbol{\varphi}_r=0 \tag{2.3.45}$$

使用正则条件 $\boldsymbol{\varphi}_r^{\mathrm{T}}\boldsymbol{M}\boldsymbol{\varphi}_r=1$,可得

$$\boldsymbol{\varphi}_r^{\mathrm{T}}\boldsymbol{K}\boldsymbol{\varphi}_r=\omega_r^2 \tag{2.3.46}$$

因为固有振型的一种特定形式为正则振型,所以正则振型也满足正交条件。对于正则振型有

$$\boldsymbol{\varphi}_r^{\mathrm{T}}\boldsymbol{M}\boldsymbol{\varphi}_r=\begin{cases}0 & (r\neq s)\\ 1 & (r=s)\end{cases} \tag{2.3.47}$$

$$\boldsymbol{\varphi}_r^{\mathrm{T}}\boldsymbol{K}\boldsymbol{\varphi}_r=\begin{cases}0 & (r\neq s)\\ \omega_r^2 & (r=s)\end{cases} \tag{2.3.48}$$

由式(2.3.48)可以看出:正则振型实际上是一种标准形式的固有振型。

2.4 有阻尼自由振动

2.4.1 有阻尼自由振动方程

前文讨论了多自由度系统无阻尼自由振动的情况,但系统在振动时总是受到各种阻尼力的作用。考虑阻尼后,参照式(2.2.5),可将多自由度系统有阻尼自由振动的微分方程写为

$$\boldsymbol{M}\ddot{\boldsymbol{q}}+\boldsymbol{C}\dot{\boldsymbol{q}}+\boldsymbol{K}\boldsymbol{q}=\boldsymbol{0} \tag{2.4.1}$$

一般说来,持续时间很短的激振过程中的很小的阻尼力对系统反应的影响多半是不重要的。当激振力的频率与系统的固有频率不接近时,阻尼力对周期激振力的影响也很小。但是当激振力的频率接近于系统的固有频率时,阻尼力的影响却是很重要的,必须予以考虑。

现在我们来讨论 n 自由度系统有阻尼自由振动的求解方法。阻尼矩阵 $\boldsymbol{C}$ 的具体表达式为

$$\boldsymbol{C}=\begin{bmatrix} c_{11} & c_{12} & c_{13} & \cdots & c_{1n} \\ c_{21} & c_{22} & c_{23} & \cdots & c_{2n} \\ c_{31} & c_{32} & c_{33} & \cdots & c_{3n} \\ \vdots & \vdots & \vdots & & \vdots \\ c_{n1} & c_{n2} & c_{n3} & \cdots & c_{nn} \end{bmatrix} \tag{2.4.2}$$

设式(2.4.1)的解为

$$\boldsymbol{q}=\boldsymbol{A}\mathrm{e}^{\omega t} \tag{2.4.3}$$

将式(2.4.3)代入式(2.4.1)中,可得特征方程为

$$(\omega_n^2\boldsymbol{M}+\omega_n\boldsymbol{C}+\boldsymbol{K})\boldsymbol{A}=\boldsymbol{0} \tag{2.4.4}$$

若 $\boldsymbol{A}$ 具有非零解,则必有

$$|\omega_n^2\boldsymbol{M}+\omega_n\boldsymbol{C}+\boldsymbol{K}|=0 \tag{2.4.5}$$

将式(2.4.5)展开后可得 ω_n^2 的 n 次方程,进而可得 ω_n 的 n 对共轭复根及 n 对共轭复振型 $\boldsymbol{A}_r$,也可求一般解。求解时一般有如下两种方法:

一是把式(2.4.1)转化为一组互不耦合的、用阻尼系统主坐标表示的微分方程组,即转化为单自由度有阻尼系统振动微分方程。此计算方法工作量大,不太适用。

二是把几何坐标 $\boldsymbol{q}$ 转化为系统无阻尼时的主坐标 $\boldsymbol{P}$。此时,令系统的阻尼忽略不计,可用系统无阻尼时的正则振型进行下列变换:

$$\boldsymbol{q}=\boldsymbol{\varphi}\boldsymbol{P} \tag{2.4.6}$$

将式(2.4.6)代入式(2.4.1)中,可得

$$\boldsymbol{M}\boldsymbol{\varphi}\ddot{\boldsymbol{P}}+\boldsymbol{C}\boldsymbol{\varphi}\dot{\boldsymbol{P}}+\boldsymbol{K}\boldsymbol{\varphi}\boldsymbol{P}=\boldsymbol{0} \tag{2.4.7}$$

用 $\boldsymbol{\varphi}^{\mathrm{T}}$ 乘以式(2.4.7)得

$$\boldsymbol{\varphi}^{\mathrm{T}}\boldsymbol{M}\boldsymbol{\varphi}\ddot{\boldsymbol{P}}+\boldsymbol{\varphi}^{\mathrm{T}}\boldsymbol{\varphi}\dot{\boldsymbol{P}}+\boldsymbol{\varphi}^{\mathrm{T}}\boldsymbol{K}\boldsymbol{\varphi}\boldsymbol{P}=\boldsymbol{0} \tag{2.4.8}$$

参照正则振型(式(2.3.48))有

$$\begin{cases} \boldsymbol{\varphi}^{\mathrm{T}}\boldsymbol{M}\boldsymbol{\varphi}=\boldsymbol{I} \\ \boldsymbol{\varphi}^{\mathrm{T}}\boldsymbol{K}\boldsymbol{\varphi}=\boldsymbol{\omega}^2 \end{cases} \tag{2.4.9}$$

式中,$\boldsymbol{I}$ 为 n 阶单位矩阵;$\boldsymbol{\omega}^2$ 为 n 个固有频率的平方组成的对角矩阵。

$$\boldsymbol{\omega}^2=\begin{bmatrix} \omega_1^2 & & & & \boldsymbol{0} \\ & \omega_2^2 & & & \\ & & \omega_3^2 & & \\ & & & \ddots & \\ \boldsymbol{0} & & & & \omega_n^2 \end{bmatrix} \tag{2.4.10}$$

由此,式(2.4.8)可化成

$$\boldsymbol{I}\ddot{\boldsymbol{P}}+\boldsymbol{D}\dot{\boldsymbol{P}}+\boldsymbol{\omega}^2\boldsymbol{P}=\boldsymbol{0} \tag{2.4.11}$$

式中,

$$\boldsymbol{D}=\boldsymbol{\varphi}^{\mathrm{T}}\boldsymbol{C}\boldsymbol{\varphi} \tag{2.4.12}$$

假如 $\boldsymbol{D}$ 为对角阵,例如,

$$D=2\begin{bmatrix}\zeta_1\omega_1 & & & & \mathbf{0}\\ & \zeta_2\omega_2 & & & \\ & & \zeta_3\omega_3 & & \\ & & & \ddots & \\ \mathbf{0} & & & & \zeta_n\omega_n\end{bmatrix} \tag{2.4.13}$$

则式(2.4.11)就化成了 n 个互相独立的微分方程,即

$$\ddot{p}_i+2\zeta_i\omega_i\dot{p}_i+\omega_i^2p_i=0 \quad (i=1,2,\cdots,n) \tag{2.4.14}$$

式中,主坐标 p_i 即为无阻尼系统的主坐标。在正则系统中,阻尼矩阵 $\boldsymbol{C}$ 对固有振型没有影响。

将阻尼系统用主坐标化成互相不耦合的、单独的单自由度系统的充要条件是:阻尼矩阵 $\boldsymbol{C}$ 可用固有振型矩阵 $\boldsymbol{\varphi}$ 转化为对角阵,只要求 $\boldsymbol{D}$ 为对角阵,与阻尼的大小无关。如再令

$$D=\frac{1}{2}d\begin{bmatrix}\omega_1 & & & & \mathbf{0}\\ & \omega_2 & & & \\ & & \omega_3 & & \\ & & & \ddots & \\ \mathbf{0} & & & & \omega_n\end{bmatrix} \tag{2.4.15}$$

式中,d 为内阻尼系数。

则式(2.4.14)可简化为

$$\ddot{p}_i+\frac{d}{2}\omega_i\dot{p}_i+\omega_i^2p_i=0 \quad (i=1,2,\cdots,n) \tag{2.4.16}$$

由式(2.4.16)可见:当阻尼力很小时,式(2.4.16)为具有结构(材料)内阻尼力的振动方程。式中,d 与 i 无关,即与 ω_i 无关。

2.4.2　阻尼的处理方法

1. 比例阻尼

如果阻尼矩阵 $\boldsymbol{C}$ 与质量矩阵 $\boldsymbol{M}$ 和刚度矩阵 $\boldsymbol{K}$ 是成比例的线性系统,即满足

$$\boldsymbol{C}=a\boldsymbol{M}+b\boldsymbol{K} \tag{2.4.17}$$

式中,a、b 均为常数。则此种阻尼称为比例阻尼,化成 $\boldsymbol{D}$ 后便是对角矩阵。

这是因为

$$\begin{aligned}\boldsymbol{\varphi}^{\mathrm{T}}\boldsymbol{C}\boldsymbol{\varphi}&=\boldsymbol{\varphi}^{\mathrm{T}}(a\boldsymbol{M}+b\boldsymbol{K})\boldsymbol{\varphi}\\&=a\boldsymbol{\varphi}^{\mathrm{T}}\boldsymbol{M}\boldsymbol{\varphi}+b\boldsymbol{\varphi}^{\mathrm{T}}\boldsymbol{K}\boldsymbol{\varphi}\\&=a\boldsymbol{I}+b\boldsymbol{\omega}^2\end{aligned} \tag{2.4.18}$$

故

$$\boldsymbol{D}=a\boldsymbol{I}+b\boldsymbol{\omega}^2=\begin{Bmatrix}a+b\omega_1^2 & & & \\ & a+b\omega_2^2 & & \\ & & \ddots & \\ & & & a+b\omega_n^2\end{Bmatrix} \tag{2.4.19}$$

2. 近似替代法

一般情况下，$\boldsymbol{D}$ 并非对角矩阵。当阻尼矩阵中非对角线上的元素很小且与系统的固有频率不接近时，可将非对角线上的元素全改为 0，则 $\boldsymbol{D}$ 变成对角矩阵，近似地得到互不耦合的方程组。

当微分方程组转化为互不耦合的方程组时，每个方程组即成为独立的单自由度有阻尼系统的自由振动方程，这样就可以用单自由度有阻尼系统的自由振动解。

$$p_i(t)=\mathrm{e}^{-\zeta_i\omega_i t}\left[p_i(0)\cos(\omega_{\mathrm{d}i}t)+\frac{\dot{p}_i(0)+\zeta_i\omega_i p_i(0)}{\omega_{\mathrm{d}i}}\sin(\omega_{\mathrm{d}i}t)\right] \tag{2.4.20}$$

式中，$i=1,2,\cdots,n$。

$$\omega_{\mathrm{d}i}=\omega_i\sqrt{1-\zeta_i^2} \tag{2.4.21}$$

广义坐标按式(2.4.6)求得。

式(2.4.20)中的积分常数可在初始条件下求得，即积分常数 $p_i(0)$、$\dot{p}_i(0)$ $(i=1,2,\cdots,n)$ 由初始条件确定。

对于结构内阻尼情况，用式(2.4.20)求解时需将 $\zeta_i\omega_i$ 改换为 $0.5(d\omega_i)$，其阻尼系统的固有频率应用式(2.4.22)表示：

$$\omega_{\mathrm{d}i}=\omega_i\sqrt{1-\frac{d^2}{4}} \tag{2.4.22}$$

2.5 无阻尼强迫振动

2.5.1 简谐载荷作用

当具有相同频率和初相角的简谐载荷作用在多自由度系统上时，该简谐载荷可表示为 $\boldsymbol{Q}(t)=\boldsymbol{Q}\sin(\overline{\omega}t)$。若不考虑阻尼影响，其振动方程为

$$\boldsymbol{M}\ddot{\boldsymbol{q}}(t)+\boldsymbol{K}\boldsymbol{q}(t)=\boldsymbol{Q}\sin(\overline{\omega}t) \tag{2.5.1}$$

式中，$\overline{\omega}$ 为简谐载荷的频率；$\boldsymbol{Q}$ 为各载荷幅值组成的向量，即

$$\boldsymbol{Q}=[Q_1 \quad Q_2 \quad \cdots \quad Q_n]^{\mathrm{T}} \tag{2.5.2}$$

当系统发生强迫振动时，其系统内部的阻尼力会抑制质体的自由振动，其自由振动分量迅速衰减，故可忽略自由振动分量的影响，只需求出其受迫振动的稳态分量。在稳态受迫振动阶段，各个质体也都做简谐振动，即

$$\boldsymbol{q}(t)=\boldsymbol{\varphi}\sin(\overline{\omega}t) \tag{2.5.3}$$

则

$$\ddot{\boldsymbol{q}}(t)=-\overline{\omega}^2\boldsymbol{\varphi}\sin(\overline{\omega}t) \tag{2.5.4}$$

将式(2.5.3)和式(2.5.4)代入式(2.5.1)中，消去公因子 $\sin(\overline{\omega}t)$ 可得

$$(\boldsymbol{K}-\overline{\omega}^2\boldsymbol{M})\boldsymbol{\varphi}=\boldsymbol{Q} \tag{2.5.5}$$

若 $\boldsymbol{K}$、$\overline{\omega}$、$\boldsymbol{M}$ 和 $\boldsymbol{Q}$ 已知，将它们代入式(2.5.5)中便可求出 $\boldsymbol{\varphi}$，再代入式(2.5.3)中便可求出各个质点在任意时刻 t 的位移，进而可求出截面的位移和内力。由此可以看出：在不考虑系统阻尼时，当激振频率 $\overline{\omega}$ 与系统的自振频率相等时，$\boldsymbol{K}-\overline{\omega}^2\boldsymbol{M}$ 将成为奇异矩阵，其行列

式为 0。这时，只要式(2.5.5)中 $\boldsymbol{Q}$ 的某些元素有微小的非零分量，那么 $\boldsymbol{\varphi}$ 将产生无穷大的分量，从物理宏观上来看，此时若给系统一个轻微扰动，则系统的动力响应将趋近于无穷大，这种现象便称为共振，共振点的数量与该系统的自由度数相同。上述情况是不考虑系统阻尼下的理想动力响应，现实情况中不会出现无阻尼系统，阻尼的存在将阻碍系统的受迫振动，但即便是这样，系统在共振点受到轻微扰动时仍将产生很大的振幅。

2.5.2 一般载荷作用

当随时间按任意规律变化的一般载荷 $\boldsymbol{Q}(t)$ 作用在一个多自由度系统上时，若不计阻尼影响，则运动方程为

$$\boldsymbol{M}\ddot{\boldsymbol{q}}(t)+\boldsymbol{K}\boldsymbol{q}(t)=\boldsymbol{Q}(t) \tag{2.5.6}$$

将式(2.5.6)前乘 $\boldsymbol{\varphi}^{\mathrm{T}}$ 并将 $\boldsymbol{q}(t)$ 和 $\ddot{\boldsymbol{q}}(t)$ 变换为主坐标，得

$$\boldsymbol{\varphi}^{\mathrm{T}}\boldsymbol{M}\boldsymbol{\varphi}\ddot{\boldsymbol{P}}+\boldsymbol{\varphi}^{\mathrm{T}}\boldsymbol{K}\boldsymbol{\varphi}\boldsymbol{P}=\boldsymbol{\varphi}^{\mathrm{T}}\boldsymbol{Q}(t) \tag{2.5.7}$$

即

$$\boldsymbol{M}^{*}\boldsymbol{P}+\boldsymbol{K}^{*}\boldsymbol{P}=\boldsymbol{Q}^{*}(t) \tag{2.5.8}$$

式中，$\boldsymbol{M}^{*}$ 和 $\boldsymbol{K}^{*}$ 分别为广义质量矩阵和广义劲度矩阵，它们都是对角方阵；$\boldsymbol{Q}^{*}(t)$ 为广义载荷矩阵，$\boldsymbol{Q}^{*}(t)=\boldsymbol{\varphi}^{\mathrm{T}}\boldsymbol{Q}(t)$，展开式为

$$\begin{Bmatrix} Q_1^{*}(t) \\ \vdots \\ Q_n^{*}(t) \end{Bmatrix}=\begin{Bmatrix} \rho_{11}Q_1(t)+\cdots+\rho_{n1}Q_n(t) \\ \vdots \\ \rho_{1n}Q_1(t)+\cdots+\rho_{nn}Q_n(t) \end{Bmatrix} \tag{2.5.9}$$

式(2.5.8)还可以写成

$$m_i^{*}\ddot{P}_i+k_i^{*}P_i=Q^{*}(t) \quad (i=1,2,\cdots,n) \tag{2.5.10}$$

或

$$\ddot{q}_i+\omega_i^2 q_i=\frac{F_i^{*}}{m_i^{*}} \quad (i=1,2,\cdots,n) \tag{2.5.11}$$

式(2.5.11)的 n 个方程都是相互独立的，对应每个 i 的等式都可看作一个独立的单自由度系统的运动方程，解可以用杜哈梅积分计算，即

$$P_i=\frac{1}{m_i^{*}\omega_i}\int_0^t F_i^{*}(\tau)\sin[\omega_i(t-\tau)]\mathrm{d}\tau \tag{2.5.12}$$

求得主坐标后，根据式(2.4.6)便可求得实际坐标中的位移。

2.6 有阻尼强迫振动

对于多自由度系统，如果考虑黏性阻尼力，则其受迫振动的微分方程如下：

$$\boldsymbol{M}\ddot{\boldsymbol{q}}+\boldsymbol{C}\dot{\boldsymbol{q}}+\boldsymbol{K}\boldsymbol{q}=\boldsymbol{Q} \tag{2.6.1}$$

下面将介绍两种求解有阻尼强迫振动微分方程的方法。

2.6.1 直接解法

对于一个多自由度系统，若作用在该系统上的所有简谐载荷的频率和初相角都相同，

即 $\boldsymbol{Q}(t)=\boldsymbol{Q}\sin(\theta t)$,那么

$$\boldsymbol{Q}=\begin{Bmatrix} Q_1 \\ Q_2 \\ \vdots \\ Q_n \end{Bmatrix} \tag{2.6.2}$$

为载荷幅值向量。则多自由度系统有阻尼强迫振动的方程可写为

$$\boldsymbol{M}\ddot{\boldsymbol{q}}(t)+\boldsymbol{C}\dot{\boldsymbol{q}}(t)+\boldsymbol{K}\boldsymbol{q}(t)=\boldsymbol{Q}\sin(\theta t) \tag{2.6.3}$$

在求解系统的稳态动力响应时,可设稳态响应的解具有以下形式:

$$\boldsymbol{q}(t)=\boldsymbol{B}_1\sin(\theta t)+\boldsymbol{B}_2\cos(\theta t) \tag{2.6.4}$$

将式(2.6.4)代入式(2.6.3)中,整理后分别使等式两边 $\sin(\theta t)$ 项和 $\cos(\theta t)$ 项前的系数相等,得

$$\begin{cases}(\boldsymbol{K}-\theta^2\boldsymbol{M})\boldsymbol{B}_1-\theta\boldsymbol{C}\boldsymbol{B}_2=\boldsymbol{Q} \\ \theta\boldsymbol{C}\boldsymbol{B}_1+(\boldsymbol{K}-\theta^2\boldsymbol{M})\boldsymbol{B}_2=\boldsymbol{0}\end{cases} \tag{2.6.5}$$

式(2.6.5)为包含 $\boldsymbol{B}_1$、$\boldsymbol{B}_2$ 中 $2n$ 个元素的 $2n$ 个方程,由它可求得

$$\boldsymbol{B}_1=[B_{11} \quad B_{21} \quad \cdots \quad B_{n1}]^{\mathrm{T}} \tag{2.6.6}$$

$$\boldsymbol{B}_2=[B_{12} \quad B_{22} \quad \cdots \quad B_{n2}] \tag{2.6.7}$$

再由式(2.6.4)可求出 $\boldsymbol{q}(t)$。$\boldsymbol{q}(t)$ 中第 i 个元素为

$$q_i(t)=B_{i1}\sin(\theta t)+B_{i2}\cos(\theta t) \tag{2.6.8}$$

式(2.6.8)可写为

$$q_i(t)=B_i\sin(\theta t-\varphi_i) \tag{2.6.9}$$

式中,B_i 为第 i 个位移响应的振幅;φ_i 为第 i 个位移响应的相位角。有

$$\begin{cases}B_i=\sqrt{B_{i1}^2+B_{i2}^2} \\ \varphi_i=\arctan\left(-\dfrac{B_{i2}}{B_{i1}}\right)\end{cases} \tag{2.6.10}$$

通过以上推论可以看出:一个多自由度系统中各质点的位移 $q_i(t)\ (i=1,2,\cdots,n)$ 与施加在该系统上的动载荷的相位差是不同的。

上述情况讨论的是频率和初相角都相同的简谐载荷作用在系统上的稳态动力响应,若该载荷是周期性载荷而非简谐载荷,则可运用叠加法将载荷展开为傅里叶级数,并分别计算每个谐波分量作用下的位移响应,然后将其叠加起来便可求出系统的动力响应。

2.6.2 主振型叠加法

用主振型叠加法求解有阻尼强迫振动微分方程的思路与求解无阻尼强迫振动微分方程类似。若初始位移和初始速度均为 0,则用杜哈梅积分可求出主坐标为

$$P_i(t)=\int_0^t \frac{F_i(\tau)}{M_i\omega_{ri}}\mathrm{e}^{-\zeta_i\omega_i(t-\tau)}\sin[\omega_{ri}(t-\tau)]\mathrm{d}\tau \tag{2.6.11}$$

求出主坐标 $P_i(t)$ 后,再进行坐标变换得

$$\boldsymbol{q}(t)=\boldsymbol{\rho}\boldsymbol{P}=\sum_{i=1}^{n}\boldsymbol{\rho}^{(i)}\boldsymbol{P}_i(t) \tag{2.6.12}$$

就可以得到几何坐标 $\boldsymbol{q}(t)$,即质点的动位移。式中,$\boldsymbol{\rho}^{(i)}$ 是振型向量;$P_i(t)$ 是各振型对动位

移响应的贡献。

如果有初始位移和初始速度,则可由式(2.6.12)的初始条件 $\boldsymbol{q}^0$、$\boldsymbol{\nu}^0$ 推出式(2.6.11)的初始条件 $P(0)$、$\ddot{P}_i(0)$。

通常频率最低的振型对振动反应的影响最大,随着频率的增加,振型对振动反应的影响逐渐减小。因此,在用主振型叠加法计算动力响应时,需着重计算低频振型的模态。根据不同的计算精度要求,可舍弃较高频率的动力响应,这也称为模态截断准则。

最后说明一下各振型对动内力响应的贡献。系统的惯性力为

$$\boldsymbol{F}_1 = -\boldsymbol{M}\ddot{\boldsymbol{q}} = -\boldsymbol{M}\sum_{i=1}^{n}\boldsymbol{q}^{(i)}\ddot{P}_i(t) = \boldsymbol{M}\sum_{i=1}^{n}\boldsymbol{q}^{(i)}\omega_i^2 P_i(t) \tag{2.6.13}$$

系统的弹性力为

$$\boldsymbol{F}_s = \boldsymbol{K}\boldsymbol{q} = \boldsymbol{K}\sum_{i=1}^{n}\boldsymbol{q}^{(i)}P_i(t) = \boldsymbol{M}\sum_{i=1}^{n}\boldsymbol{q}^{(i)}\omega_i^2 P_i(t) \tag{2.6.14}$$

由式(2.6.13)和式(2.6.14)可知,在计算各振型对动内力响应的贡献时,需乘以系统自振频率的平方,故高阶振型对内力的影响要大于对位移的影响,不能轻易舍去。相比于计算系统内部质体的位移,计算内力时往往要取更高阶的频率才能满足对计算精度的要求。

2.7 例 题

例 2.1 讨论图 2.7.1 所示的两自由度系统的无阻尼自由振动情况。其中,两质量块的质量分别为 m_1 和 m_2,弹簧刚度分别为 k_1、k_2 和 k_3。试求该系统的固有频率 ω_n、固有振型 $\boldsymbol{\rho}_r$ 并检查其正交性和固有振型正则化。

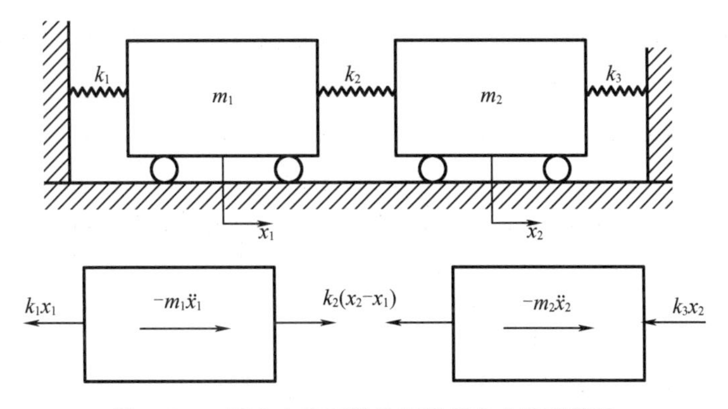

图 2.7.1 两自由度系统的无阻尼自由振动情况

解 此系统为两自由度系统,因此要用两个坐标来表示,以两质量块的静平衡位置为原点建立图示坐标 x_1、x_2。由前述内容可知,系统的无阻尼自由振动微分方程为

$$\boldsymbol{M}\ddot{\boldsymbol{x}}+\boldsymbol{K}\boldsymbol{x}=\boldsymbol{0} \tag{1}$$

(1)求 ω_n。

由于是两自由度系统,因此式(1)可写为以下矩阵形式:

$$\begin{bmatrix} m_1 & 0 \\ 0 & m_2 \end{bmatrix}\begin{Bmatrix} \ddot{x}_1 \\ \ddot{x}_2 \end{Bmatrix}+\begin{bmatrix} k_1+k_2 & -k_2 \\ -k_2 & k_2+k_3 \end{bmatrix}\begin{Bmatrix} x_1 \\ x_2 \end{Bmatrix}=\begin{Bmatrix} 0 \\ 0 \end{Bmatrix} \tag{2}$$

即

$$\begin{cases} m_1\ddot{x}_1+(k_1+k_2)x_1-k_2x_2=0 \\ m_2\ddot{x}_2-k_2x_1+(k_2+k_3)x_2=0 \end{cases}$$

如令该方程的解为

$$\boldsymbol{x}=\boldsymbol{A}\sin(\omega_n t+\varphi)$$

则

$$\begin{Bmatrix} x_1 \\ x_2 \end{Bmatrix}=\begin{Bmatrix} A_1 \\ A_2 \end{Bmatrix}\sin(\omega_n t+\varphi)$$

将其代入式(2)中,可得

$$\left(\begin{bmatrix} k_1+k_2-m_1\omega_n^2 & -k_2 \\ -k_2 & k_2+k_3-m_2\omega_n^2 \end{bmatrix}\right)\begin{Bmatrix} A_1 \\ A_2 \end{Bmatrix}=\begin{Bmatrix} 0 \\ 0 \end{Bmatrix} \tag{3}$$

即

$$(\boldsymbol{K}-\omega_n^2\boldsymbol{M})\boldsymbol{A}=\boldsymbol{0} \tag{4}$$

由于 A_1、A_2 不全为 0,即要求式(4)中的系数矩阵行列式必为 0,即

$$\begin{bmatrix} k_1+k_2-m_1\omega_n^2 & -k_2 \\ -k_2 & k_2+k_3-m_2\omega_n^2 \end{bmatrix}=0 \tag{5}$$

将式(5)展开得

$$(k_1+k_2-m_1\omega_n^2)(k_2+k_3-m_2\omega_n^2)-k_2^2=0$$

从而可得

$$\omega_n^4 m_1 m_2-\omega_n^2[m_1(k_2+k_3)+m_2(k_1+k_2)]+k_1k_2+k_1k_3+k_2k_3=0 \tag{6}$$

式(6)为 ω_n^2 的二次式,该方程有两个解,可根据下面的二次式来确定:

$$\omega_1^2=\frac{[m_1(k_2+k_3)+m_2(k_1+k_2)]-\sqrt{[m_1(k_2+k_3)+m_2(k_1+k_2)]^2-4m_1m_2(k_1k_2+k_1k_3+k_2k_3)}}{2m_1m_2}$$

$$\omega_2^2=\frac{[m_1(k_2+k_3)+m_2(k_1+k_2)]+\sqrt{[m_1(k_2+k_3)+m_2(k_1+k_2)]^2-4m_1m_2(k_1k_2+k_1k_3+k_2k_3)}}{2m_1m_2}$$

为了便于讨论,可令 $m_1=m_2=m$,$k_1=k_2=k_3=k$,则可得第一固有频率 ω_1 和第二固有频率 ω_2 分别为

$$\omega_1^2=\frac{k}{m},\omega_2^2=\frac{3k}{m}$$

(2)求固有振型和主坐标。

将 ω_1 代入式(3)中有

$$\frac{A_1^{(1)}}{k_2+k_3-m_2\omega_1^2}=\frac{A_2^{(1)}}{k_2} \tag{7}$$

将式(7)中两分母分别记为 $\rho_1^{(1)}$、$\rho_2^{(1)}$,则有

$$\frac{A_1^{(1)}}{\rho_1^{(1)}}=\frac{A_2^{(1)}}{\rho_2^{(1)}}=p^{(1)}$$

所以

$$\begin{Bmatrix} A_1^{(1)} \\ A_2^{(1)} \end{Bmatrix} = p^{(1)} \begin{Bmatrix} \rho_1^{(1)} \\ \rho_2^{(1)} \end{Bmatrix}$$

可得对应于第一固有频率的第一固有振型为

$$\frac{A_1^{(1)}}{A_2^{(1)}} = \boldsymbol{\rho}_1 = \begin{Bmatrix} \rho_1^{(1)} \\ \rho_2^{(1)} \end{Bmatrix}$$

同理,将 ω_2 代入式(3)中,可得

$$\begin{Bmatrix} A_1^{(2)} \\ A_2^{(2)} \end{Bmatrix} = p^{(2)} \begin{Bmatrix} \rho_1^{(2)} \\ \rho_2^{(2)} \end{Bmatrix}$$

对应于第二固有频率的第二固有振型为

$$\frac{A_1^{(2)}}{A_2^{(2)}} = \boldsymbol{\rho}_2 = \begin{Bmatrix} \rho_1^{(2)} \\ \rho_2^{(2)} \end{Bmatrix}$$

由此可知,系统的第一固有振动为

$$\boldsymbol{x}^{(1)} = \begin{Bmatrix} x_1^{(1)} \\ x_2^{(1)} \end{Bmatrix} = \begin{Bmatrix} A_1^{(1)} \\ A_2^{(1)} \end{Bmatrix} \sin(\omega_1 t + \varphi_1) = \begin{Bmatrix} \rho_1^{(1)} \\ \rho_2^{(1)} \end{Bmatrix} p^{(1)} \sin(\omega_1 t + \varphi_1) = \boldsymbol{\rho}_1 p_1(t)$$

系统的第二固有振动为

$$\boldsymbol{x}^{(2)} = \begin{Bmatrix} x_1^{(2)} \\ x_2^{(2)} \end{Bmatrix} = \begin{Bmatrix} A_1^{(2)} \\ A_2^{(2)} \end{Bmatrix} \sin(\omega_2 t + \varphi_2) = \begin{Bmatrix} \rho_1^{(2)} \\ \rho_2^{(2)} \end{Bmatrix} p^{(2)} \sin(\omega_2 t + \varphi_2) = \boldsymbol{\rho}_2 p_2(t)$$

方程 $\boldsymbol{M}\ddot{\boldsymbol{x}} + \boldsymbol{K}\boldsymbol{x} = \boldsymbol{0}$ 的通解为

$$\begin{aligned}
\boldsymbol{x} &= \begin{Bmatrix} x_1 \\ x_1 \end{Bmatrix} \\
&= \begin{Bmatrix} x_1^{(1)} + x_1^{(2)} \\ x_2^{(1)} + x_2^{(2)} \end{Bmatrix} \\
&= \begin{bmatrix} A_1^{(1)} & A_1^{(2)} \\ A_2^{(1)} & A_2^{(2)} \end{bmatrix} \begin{Bmatrix} \sin(\omega_1 t + \varphi_1) \\ \sin(\omega_2 t + \varphi_2) \end{Bmatrix} \\
&= \begin{bmatrix} \rho_1^{(1)} & \rho_1^{(2)} \\ \rho_2^{(1)} & \rho_2^{(2)} \end{bmatrix} \begin{Bmatrix} p^{(1)} \sin(\omega_1 t + \varphi_1) \\ p^{(2)} \sin(\omega_2 t + \varphi_2) \end{Bmatrix} \\
&= \begin{bmatrix} \rho_1^{(1)} & \rho_1^{(2)} \\ \rho_2^{(1)} & \rho_2^{(2)} \end{bmatrix} \begin{Bmatrix} p_1(t) \\ p_2(t) \end{Bmatrix} \\
&= [\boldsymbol{\rho}_1 \quad \boldsymbol{\rho}_2] \boldsymbol{p}(t)
\end{aligned} \tag{8}$$

若 $m_1 = m_2 = m, k_1 = k_2 = k_3 = k$ 则

$$\frac{A_1^{(1)}}{k} = \frac{A_2^{(1)}}{k} = p^{(1)}$$

$$\frac{A_1^{(2)}}{-k} = \frac{A_2^{(2)}}{k} = p^{(2)}$$

所以第一固有振型和第二固有振型分别为

$$\frac{A_1^{(1)}}{A_2^{(1)}}=\boldsymbol{\rho}_1=\begin{Bmatrix}1\\1\end{Bmatrix}$$

$$\frac{A_1^{(2)}}{A_2^{(2)}}=\boldsymbol{\rho}_2=\begin{Bmatrix}-1\\1\end{Bmatrix}$$

此时,若系统按第一主振型进行振动,则两质量块同时向相同的方向运动,它们同时经过平衡位置,又同时到达最大偏离位置。若系统按第二主振型进行振动,则两质量块的相位相反,因此它们同时向相反的方向运动,一会儿相互分离,一会儿又相向运动。这样,在连接质量块 m_1 和 m_2 之间的弹簧上就会出现这样的一点——它在整个第二主振动的任一瞬间的位置都不会改变,即存在一个"节点"。一般情况下,式(8)中未知量由初始条件来确定。

(3)检验该系统的固有振型的正交性。

仍假设 $m_1=m_2=m,k_1=k_2=k_3=k$,根据上面求得的两个固有振型:

$$\boldsymbol{\rho}_1=\begin{Bmatrix}1\\1\end{Bmatrix}$$

$$\boldsymbol{\rho}_2=\begin{Bmatrix}-1\\1\end{Bmatrix}$$

根据正交性原理得

$$\begin{aligned}\boldsymbol{\rho}_1^{\mathrm{T}}\boldsymbol{M}\boldsymbol{\rho}_2&=[1\quad 1]\begin{bmatrix}m_1&0\\0&m_2\end{bmatrix}\\&=-m_1+m_2\begin{bmatrix}-1\\1\end{bmatrix}\\&=-m+m\\&=0\end{aligned}$$

另外

$$\begin{aligned}\boldsymbol{\rho}_1^{\mathrm{T}}\boldsymbol{K}\boldsymbol{\rho}_2&=[1\quad 1]\begin{bmatrix}k_1+k_2&-k_2\\-k_2&k_2+k_3\end{bmatrix}\begin{bmatrix}-1\\1\end{bmatrix}\\&=-(k_1+k_2-k_2)+(-k_2+k_2+k_3)\\&=-k_1+k_3\\&=-k+k\\&=0\end{aligned}$$

由此可得两个固有振型满足正交条件。

(4)使两个固有振型正则化。

令第一正则振型为

$$\boldsymbol{\varphi}_1=C^{(1)}\boldsymbol{\rho}_1$$

令第二正则振型为

$$\boldsymbol{\varphi}_2=C^{(2)}\boldsymbol{\rho}_2$$

式中,$C^{(1)}$ 与 $C^{(2)}$ 为待定系数。

根据正则条件 $\boldsymbol{\varphi}_r^{\mathrm{T}}\boldsymbol{M}\boldsymbol{\varphi}_r=1$ 有

$$(C^{(1)}\boldsymbol{\rho}_1^{\mathrm{T}})\boldsymbol{M}(C^{(1)}\boldsymbol{\rho}_1)=1$$

$$[C^{(1)}]^2[1 \quad 1]\begin{bmatrix} m & 0 \\ 0 & m \end{bmatrix}\begin{bmatrix} 1 \\ 1 \end{bmatrix}=1$$

解得

$$[C^{(1)}]^2=\frac{1}{m+m}=\frac{1}{2m}$$

$$C^{(1)}=\frac{1}{\sqrt{2m}}$$

同样可得

$$C^{(2)}=\frac{1}{\sqrt{2m}}$$

最终得正则振型为

$$\boldsymbol{\varphi}_1=C^{(1)}\boldsymbol{\rho}_1=\frac{1}{\sqrt{2m}}\begin{Bmatrix} 1 \\ 1 \end{Bmatrix}=\begin{Bmatrix} \dfrac{1}{\sqrt{2m}} \\ \dfrac{1}{\sqrt{2m}} \end{Bmatrix}$$

$$\boldsymbol{\varphi}_2=C^{(2)}\boldsymbol{\rho}_2=\frac{1}{\sqrt{2m}}\begin{Bmatrix} -1 \\ 1 \end{Bmatrix}=\begin{Bmatrix} -\dfrac{1}{\sqrt{2m}} \\ \dfrac{1}{\sqrt{2m}} \end{Bmatrix}$$

例 2.2 设在如图 2.7.2 所示的两自由度系统上,质量块 m_1 上作用一简谐激振力 $Q_1(t)=Q_{10}\sin(\omega t)$,仍假定 $m_1=m_2=m$、$k_1=k_2=k_3=k$,试求其无阻尼稳态强迫振动。

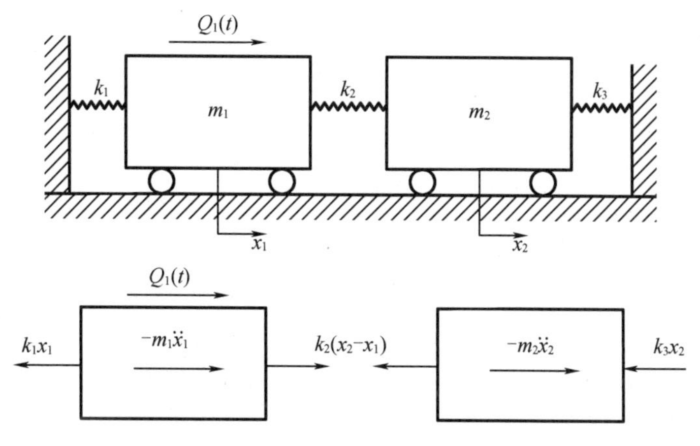

图 2.7.2 例 2.2 图

解 在例 2.7.1 中已求出了此系统的固有频率和正则振型。现用正则振型变换将广义坐标化成主坐标来求解。题中强迫振动微分方程可表示为

$$\boldsymbol{M}\ddot{\boldsymbol{x}}+\boldsymbol{K}\boldsymbol{x}=\boldsymbol{Q}$$

可改写为

$$\begin{bmatrix} m_1 & 0 \\ 0 & m_2 \end{bmatrix}\begin{Bmatrix} \ddot{x}_1 \\ \ddot{x}_2 \end{Bmatrix}+\begin{bmatrix} k_1+k_2 & -k_2 \\ -k_2 & k_2+k_3 \end{bmatrix}\begin{Bmatrix} x_1 \\ x_2 \end{Bmatrix}=\begin{Bmatrix} Q_1(t) \\ 0 \end{Bmatrix}$$

在例 2.7.1 中已求得其正则振型矩阵为

$$\boldsymbol{\varphi}=\frac{1}{\sqrt{2m}}\begin{bmatrix}1 & -1\\ 1 & 1\end{bmatrix}$$

用坐标变换 $\boldsymbol{x}=\boldsymbol{\varphi p}$ 可得

$$\boldsymbol{M\varphi\ddot{p}}+\boldsymbol{K\varphi p}=\boldsymbol{Q}$$

再前乘 $\boldsymbol{\varphi}^{\mathrm{T}}$ 有

$$\boldsymbol{\varphi}^{\mathrm{T}}\boldsymbol{M\varphi\ddot{p}}+\boldsymbol{\varphi}^{\mathrm{T}}\boldsymbol{K\varphi p}=\boldsymbol{\varphi}^{\mathrm{T}}\boldsymbol{Q}$$

得

$$\boldsymbol{\ddot{p}}+\boldsymbol{\omega}^2\boldsymbol{p}=\boldsymbol{P}$$

式中,

$$\boldsymbol{\omega}^2=\begin{bmatrix}\omega_1^2 & 0\\ 0 & \omega_2^2\end{bmatrix}$$

$$\boldsymbol{P}=\boldsymbol{\varphi}^{\mathrm{T}}\boldsymbol{Q}=\frac{1}{\sqrt{2m}}\begin{bmatrix}1 & 1\\ -1 & 1\end{bmatrix}\begin{Bmatrix}Q_1(t)\\ 0\end{Bmatrix}=\frac{1}{\sqrt{2m}}\begin{Bmatrix}Q_1(t)\\ -Q_1(t)\end{Bmatrix}$$

则可根据单自由度系统强迫振动稳态特解得

$$\begin{Bmatrix}p_1(t)\\ p_2(t)\end{Bmatrix}=\boldsymbol{\varphi}^{\mathrm{T}}\boldsymbol{Q}=\begin{Bmatrix}\dfrac{Q_1(t)}{\sqrt{2m}\,\omega_1^2}\cdot\dfrac{1}{1-\dfrac{\omega^2}{\omega_1^2}}\cdot\sin(\omega t)\\ \dfrac{-Q_1(t)}{\sqrt{2m}\,\omega_2^2}\cdot\dfrac{1}{1-\dfrac{\omega^2}{\omega_2^2}}\cdot\sin(\omega t)\end{Bmatrix}$$

故无阻尼强迫振动的稳态解为

$$\begin{Bmatrix}x_1(t)\\ x_2(t)\end{Bmatrix}=\frac{1}{\sqrt{2m}}\begin{bmatrix}1 & -1\\ 1 & 1\end{bmatrix}\begin{Bmatrix}p_1(t)\\ p_2(t)\end{Bmatrix}=\begin{Bmatrix}\dfrac{Q_1(t)}{2m\omega_1^2}\cdot\dfrac{1}{1-\dfrac{\omega^2}{\omega_1^2}}+\dfrac{Q_1(t)}{2m\omega_2^2}\cdot\dfrac{1}{1-\dfrac{\omega^2}{\omega_2^2}}\\ \dfrac{Q_1(t)}{2m\omega_1^2}\cdot\dfrac{1}{1-\dfrac{\omega^2}{\omega_1^2}}-\dfrac{Q_1(t)}{2m\omega_2^2}\cdot\dfrac{1}{1-\dfrac{\omega^2}{\omega_2^2}}\end{Bmatrix}\sin(\omega t)$$

例 2.3 如图 2.7.3 所示,在等截面简支梁上有 3 个集中质点 M_1、M_2 和 M_3,并受到 3 个集中激振力 $Q_1(t)$、$Q_2(t)$ 和 $Q_3(t)$ 的作用。设梁本身的质量和阻尼可忽略不计,试列出系统的垂向振动方程。

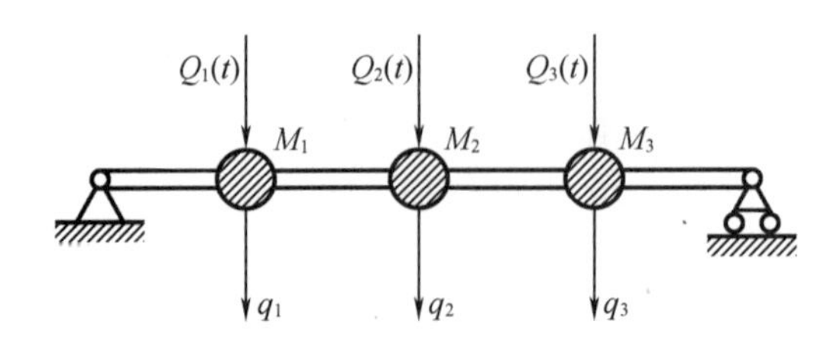

图 2.7.3 例 2.3 图

解 此为三自由度系统,设3个广义坐标的位移分别为 $q_1(t)$、$q_2(t)$ 和 $q_3(t)$,则由

$$\boldsymbol{q}(t)=\boldsymbol{\Gamma}[\boldsymbol{Q}(t)-\boldsymbol{M}\ddot{\boldsymbol{q}}(t)]$$

可得

$$\begin{Bmatrix} q_1(t) \\ q_2(t) \\ q_3(t) \end{Bmatrix}=\begin{bmatrix} r_{11} & r_{12} & r_{13} \\ r_{21} & r_{22} & r_{23} \\ r_{31} & r_{32} & r_{33} \end{bmatrix}\left(\begin{Bmatrix} Q_1(t) \\ Q_2(t) \\ Q_3(t) \end{Bmatrix}-\begin{bmatrix} M_1 & 0 & 0 \\ 0 & M_2 & 0 \\ 0 & 0 & M_3 \end{bmatrix}\begin{Bmatrix} \ddot{q}_1(t) \\ \ddot{q}_2(t) \\ \ddot{q}_3(t) \end{Bmatrix}\right)$$

对于等截面梁,r_{ij} 可从材料力学中通用的梁的弯曲要素表中查得。在本题中,若 $l_1=l_2=l_3=l_4=\dfrac{l}{4}$,则

$$\boldsymbol{\Gamma}=\begin{bmatrix} 1\,172 & 1\,432 & 911 \\ 1\,432 & 2\,083 & 1\,432 \\ 911 & 1\,432 & 1\,172 \end{bmatrix}\frac{l^3}{10^5 EI}$$

式中,$r_{ij}=r_{ji}$,为对称阵。

质量矩阵

$$\boldsymbol{M}=\begin{bmatrix} M_1 & 0 & 0 \\ 0 & M_2 & 0 \\ 0 & 0 & M_3 \end{bmatrix}$$

为对角阵,表示没有惯性耦合。

面位移、加速度和载荷列阵分别为

$$\begin{cases} \boldsymbol{q}(t)=[q_1(t) \quad q_2(t) \quad q_3(t)]^{\mathrm{T}} \\ \ddot{\boldsymbol{q}}(t)=[\ddot{q}_1(t) \quad \ddot{q}_2(t) \quad \ddot{q}_3(t)]^{\mathrm{T}} \\ \boldsymbol{Q}(t)=[Q_1(t) \quad Q_2(t) \quad Q_3(t)]^{\mathrm{T}} \end{cases}$$

例 2.4 如图 2.7.4 所示,求系统的频率方程。

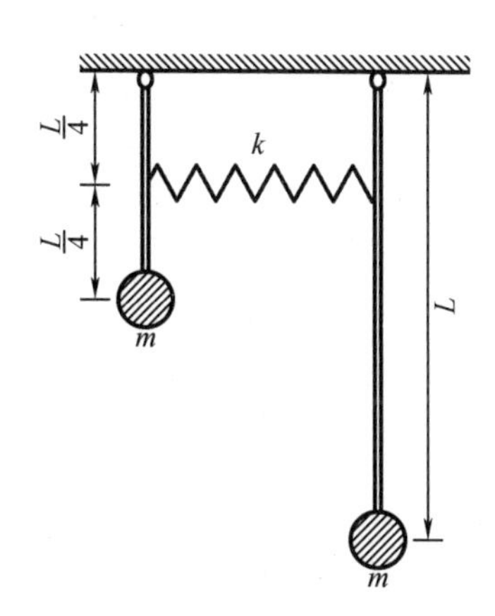

图 2.7.4 例 2.4 图

解 取静平衡位置为坐标原点和零势能位置,有

$$T=\frac{1}{2}m\dot{\theta}_1^2\left(\frac{L}{2}\right)^2+\frac{1}{2}m\dot{\theta}_2^2L^2$$

则

$$M=\begin{bmatrix}\frac{1}{4}mL^2 & 0\\ 0 & mL^2\end{bmatrix}$$

$$V=\frac{1}{2}k(\theta_1-\theta_2)^2\left(\frac{L}{4}\right)^2+mg\frac{L}{2}(1-\cos\theta_1)+mgL(1-\cos\theta_2)$$

将余弦函数表示为

$$\cos\theta_i=1-2\sin^2\frac{\theta_i}{2}\approx1-\frac{\theta_i^2}{2}$$

则

$$V=\frac{1}{2}\frac{kL^2}{16}(\theta_1^2+\theta_2^2-2\theta_1\theta_2)+\frac{1}{2}mgL\left(\frac{\theta_1^2}{2}+\theta_2^2\right)$$

所以

$$K=\begin{bmatrix}\frac{kL^2}{16}+\frac{1}{2}mgL & -\frac{kL^2}{16}\\ -\frac{kL^2}{16} & \frac{kL^2}{16}+mgL\end{bmatrix}$$

$$m\ddot{x}_1+k\delta_1=0$$

$$m\ddot{x}_2+k\delta_2=0$$

$$\delta_1+\delta_3=x_1,\delta_2-\delta_3=x_2,k\delta_2L=k\delta_1L-k\delta_3L$$

$$\delta_1=\frac{2x_1+x_2}{3},m\ddot{x}_1+k\frac{2x_1+x_2}{3}=0$$

$$\delta_2=\frac{x_1+2x_2}{3},m\ddot{x}_1+k\frac{2x_1+x_2}{3}=0$$

频率方程为

$$|K-\omega_n^2M|=\begin{vmatrix}k_{11}-\omega_n^2m_{11} & k_{12}\\ k_{21} & k_{22}-\omega_n^2m_{22}\end{vmatrix}=0$$

即

$$\begin{vmatrix}\frac{kL^2}{16}+\frac{1}{2}mgL-\frac{1}{4}mL^2\omega_n^2 & -\frac{kL^2}{16}\\ -\frac{kL^2}{16} & \frac{kL^2}{16}+mgL-mL^2\omega_n^2\end{vmatrix}=0$$

展开得

$$\omega_n^4-\left(\frac{3g}{L}+\frac{5k}{16m}\right)\omega_n^2+\left(\frac{2g^2}{L^3}+\frac{3gk}{8mL}\right)=0$$

$$M=\begin{bmatrix}m & 0\\ 0 & m\end{bmatrix}$$

$$K=\begin{bmatrix}\frac{2}{3}k & \frac{1}{3}k\\ \frac{1}{3}k & \frac{2}{3}k\end{bmatrix}$$

频率方程为

$$\begin{vmatrix} \frac{2k}{3}-m\omega_n^2 & \frac{k}{3} \\ \frac{k}{3} & \frac{2k}{3}-m\omega_n^2 \end{vmatrix}=0$$

解得

$$\omega_1=\sqrt{\frac{k}{3m}},\omega_2=\sqrt{\frac{k}{m}}$$

例 2.5 如图 2.7.5 所示,质量为 m_2 的物块从高 h 处自由落下,然后与弹簧-质量系统一起做自由振动,已知 $m_1=m_2=m,k_1=k_2=k,h=100mg/k$,求系统的振动响应。

解 (1)用牛顿定律建立方程:

$$m_1\ddot{x}_1=-k_1x_1-k_2(x_1-x_2)$$

$$m_2\ddot{x}_2=k_2(x_1-x_2)$$

$$\boldsymbol{M}=\begin{bmatrix} m_1 & 0 \\ 0 & m_2 \end{bmatrix}$$

$$\boldsymbol{K}=\begin{bmatrix} k_1+k_2 & -k_2 \\ -k_2 & k_2 \end{bmatrix}$$

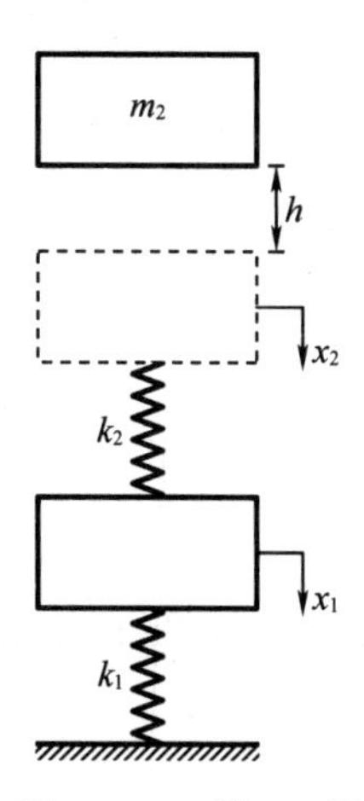

图 2.7.5 例 2.5 图

(2)频率方程为

$$\begin{vmatrix} 2k-m\omega_n^2 & -k \\ -k & k-m\omega_n^2 \end{vmatrix}=0$$

解得

$$\omega_1=0.618\sqrt{\frac{k}{m}},\omega_2=1.618\sqrt{\frac{k}{m}}$$

(3)求振型。

因为

$$(\boldsymbol{K}-\omega_n^2\boldsymbol{M})\boldsymbol{X}=0$$

所以

$$\begin{bmatrix} 2k-m\omega_1^2 & -k \\ -k & k-m\omega_1^2 \end{bmatrix} \begin{Bmatrix} X_1^{(1)} \\ X_2^{(1)} \end{Bmatrix} = 0$$

1 阶固有频率的振幅比值为

$$u_1 = \frac{X_2^{(1)}}{X_1^{(1)}} = 1.618$$

同理,2 阶固有频率的振幅比值为

$$u_2 = \frac{X_2^{(2)}}{X_1^{(2)}} = -0.618$$

(4)求响应。

$$\boldsymbol{x} = \begin{Bmatrix} x_1 \\ x_2 \end{Bmatrix} = C_1^{(1)} \begin{Bmatrix} 1 \\ u_1 \end{Bmatrix} \cos \omega_1 t + C_2^{(1)} \begin{Bmatrix} 1 \\ u_1 \end{Bmatrix} \sin \omega_1 t + C_1^{(2)} \begin{Bmatrix} 1 \\ u_2 \end{Bmatrix} \cos \omega_2 t + C_2^{(2)} \begin{Bmatrix} 1 \\ u_2 \end{Bmatrix} \sin \omega_2 t \quad (1)$$

初始条件为

$$x_{01} = \dot{x}_{01} = 0, x_{02} = 0, \dot{x}_{02} = \sqrt{2gh}$$

代入式(1)中得

$$C_1^{(1)} + C_1^{(2)} = 0, \omega_1 C_2^{(1)} + \omega_2 C_2^{(2)} = 0$$

$$u_1 C_1^{(1)} + u_2 C_1^{(2)} = 0, \omega_1 u_1 C_2^{(1)} + \omega_2 u_2 C_2^{(2)} = \sqrt{2gh}$$

例 2.6 图 2.7.6 所示为等截面简支梁,不计自重。在距二支点各 $L/6$ 处及中点处分别有集中质点 $m_1 = m_2 = m_3 = m$。如果梁截面的抗弯刚度为 EI,在 m_1 上有铅直方向的力 $F\sin(\overline{\omega}t)$ 作用,则

(1)不计阻尼,求系统的稳态振动。

(2)设各阶振型的阻尼比 ζ 皆为 0.01,且 $\overline{\omega} = 10\alpha$,$\alpha = \sqrt{\dfrac{EI}{3ml^3}}$,求系统的稳态振动。

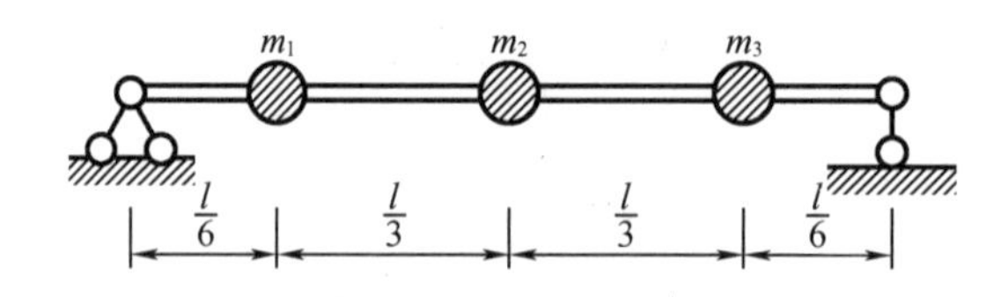

图 2.7.6 例 2.6 图

解 (1)$\omega_1 = 9.859\alpha$,$\omega_2 = 38.184\alpha$,$\omega_3 = 62.354\alpha$。

$$q(t) = \frac{F\sin(\overline{\omega}t)}{6m} \left[\frac{\beta_1}{\omega_1^2} \begin{Bmatrix} 1 \\ 2 \\ 1 \end{Bmatrix} + \frac{3\beta_2}{\omega_2^2} \begin{Bmatrix} 1 \\ 0 \\ -1 \end{Bmatrix} + \frac{2\beta_3}{\omega_3^2} \begin{Bmatrix} 1 \\ -1 \\ 1 \end{Bmatrix} \right]$$

其中

$$\beta_i = \frac{1}{1 - \left(\dfrac{\overline{\omega}}{\omega_i} \right)^2}$$

$$(2)q(t)=\frac{F}{m\alpha^2}\left[\begin{Bmatrix}1\\2\\1\end{Bmatrix}0.048\ 5\sin\left(\overline{\omega}t-\frac{\pi}{1.24}\right)+\begin{Bmatrix}1\\0\\-1\end{Bmatrix}0.000\ 367\sin\left(\overline{\omega}t-\frac{\pi}{562}\right)+\begin{Bmatrix}1\\-1\\1\end{Bmatrix}0.000\ 087\ 8\sin\left(\overline{\omega}t-\frac{\pi}{957}\right)\right]$$

2.8 习　　题

1. 计算图 2.8.1 所示结构的自振频率和对应的振型,并验证振型的交性,设 EI 和 EA 均为常数。

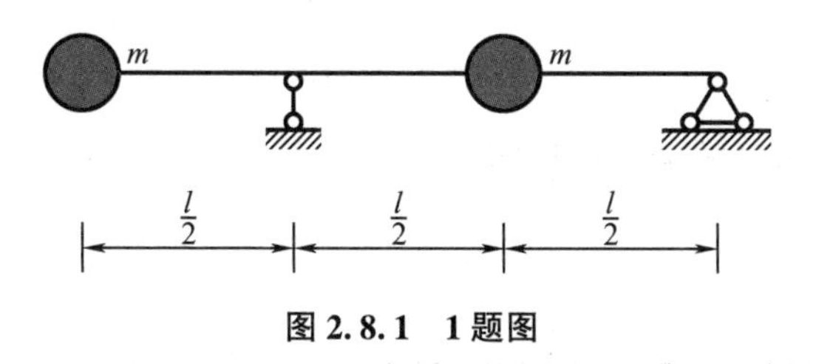

图 2.8.1　1 题图

2. 图 2.8.2 所示为两自由度的集中质量系统,$m_1=\frac{1}{2}m_2$,$k_1=\frac{1}{2}k_2$,试计算自振频率和对应的振型,并画出振型图。

3. 如图 2.8.3 所示的集中质量系统中有质体 m_1 及 m_2,在 $t=0$ 时,二者同时受一突加载荷 $F(t)=F$ 的作用。若不计阻尼的影响,且 $m_1=m_2=m$,试计算质体 m_1 和 m_2 的运动规律。$\left(y=\begin{Bmatrix}3.497\\1.165\end{Bmatrix}\frac{FL^3}{EI}[1-\cos(\omega_1 t)]\right)$

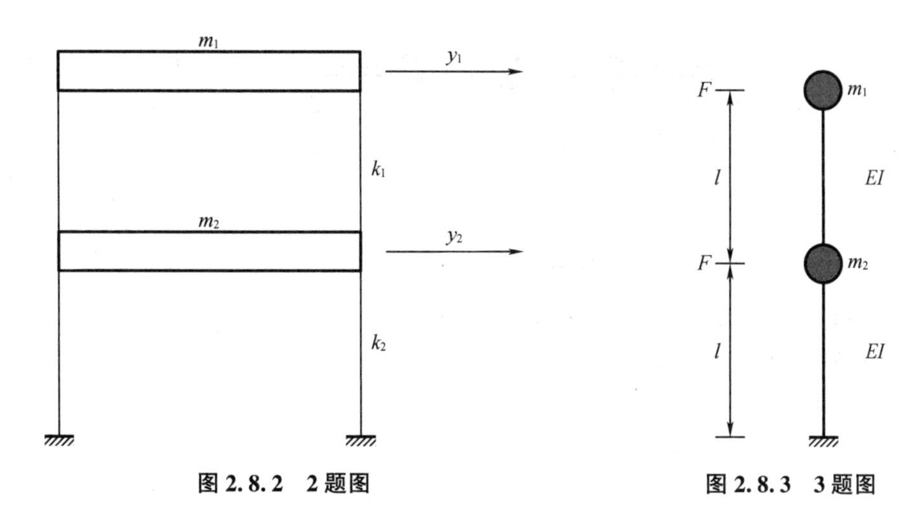

图 2.8.2　2 题图　　图 2.8.3　3 题图

4. 如图 2.8.4 所示,AB 杆为无重弹性杆,弯曲刚度为 EI;CD 杆为匀质刚性杆,单位长

度质量为 $\overline{m}$；C、D 处弹性支座的弹簧刚度系数 $k=\dfrac{4EI}{l^2}$。试分别采取两种不同的位移未知量求其刚度和质量矩阵。

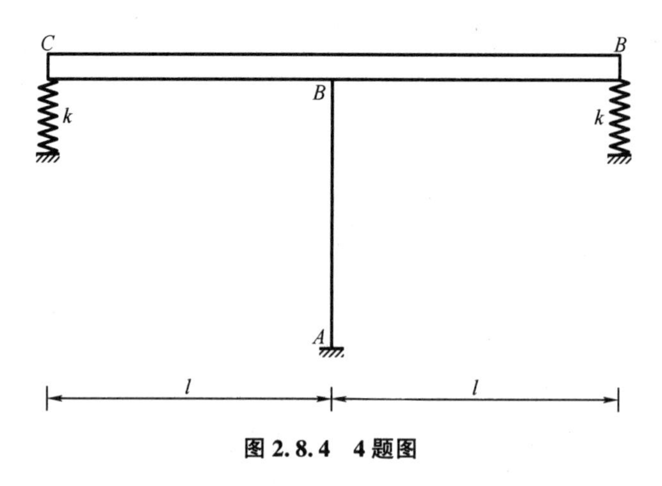

图 2.8.4　4 题图

5. 试求图 2.8.5 所示的双跨梁的自振频率（$t=0$）。已知 $l=100$ cm，$mg=1\ 000$ N，$I=68.82$ cm^4，$E=2\times10^7$ N/cm^2。

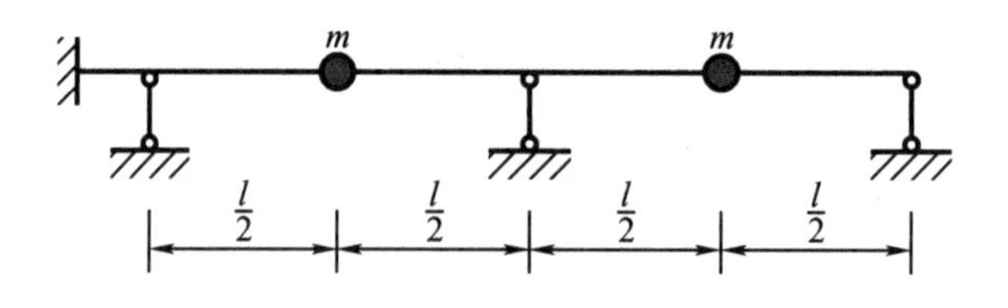

图 2.8.5　5 题图

6. 计算图 2.8.6 所示结构的自振频率和对应的振型，并验证振型的正交性，设 EI 和 EA 均为常数。

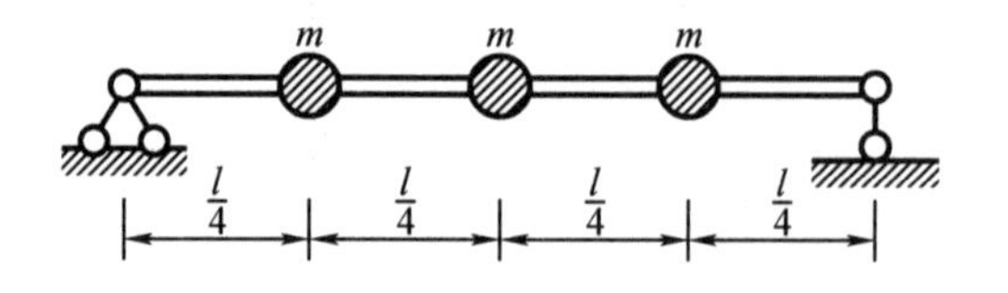

图 2.8.6　6 题图

7. 已知 $l=100$ cm，$W=1\ 000$ N，$I=68.82$ cm^4，$E=2\times10^7$ N/cm^4。试求图 2.8.7 所示三跨梁的自振频率和主振型。

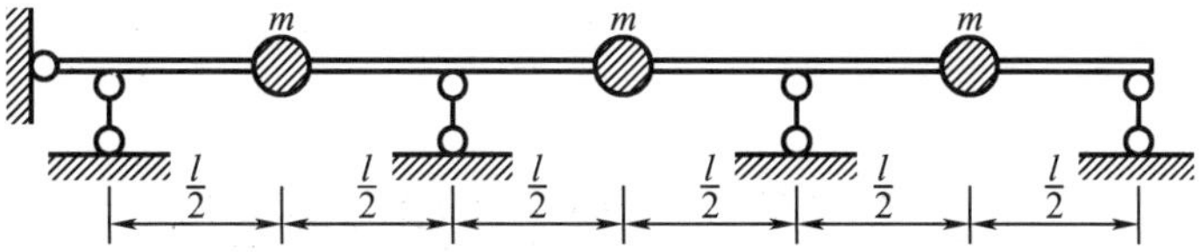

图 2.8.7　7 题图

8. 设楼面质量 $m_1=120$ t、$m_2=100$ t，柱的质量集中于楼面柱的线刚度 $i_1=20$ MN · m、$i_2=14$ MN · m；横梁的刚度无限大。试求两层钢架的自振频率。

9. 设楼面质量 $m_1=270$ t、$m_2=270$ t、$m_3=180$ t；各层的侧移刚度分别为 $k_1=245$ MN/m、$k_2=196$ MN/m、$k_3=98$ MN/m；横梁的刚度无限大。试求图 2.8.8 所示三层钢架的自振频率和主振型。

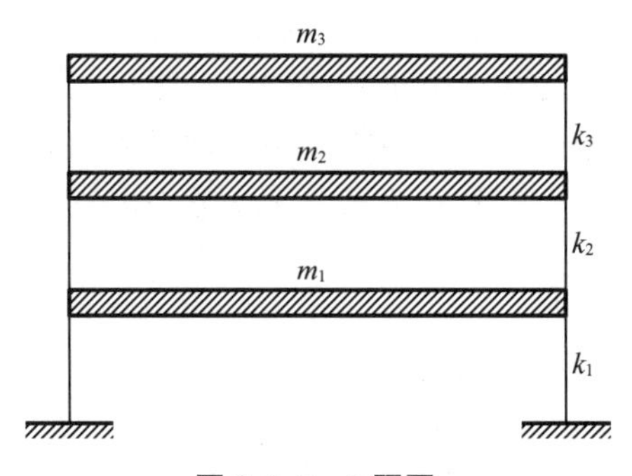

图 2.8.8　9 题图

第3章　弹性体振动

3.1　杆的纵向振动及圆轴扭转振动

长径比大于5的长条状结构依据其承受主要载荷的不同有不同的称谓：仅承受轴向载荷或承受的轴向载荷远大于其他载荷的称为杆件；仅承受弯曲载荷或承受的弯曲载荷远大于其他载荷的称为梁；仅承受扭转载荷或承受的扭矩载荷远大于其他载荷的称为轴。

相比于梁的弯曲，杆的纵向振动由于阻尼的影响很小而可以忽略，只需考虑轴向一个方向，分析较为简单，因此，先介绍杆的纵向自由振动及其振动方程。特别说明：本节中讨论的杆均为材质均匀的，其弹性模量、截面形状等参数为定值。

3.1.1　杆的纵向振动

如图3.1.1所示，杆（长为 l）在平面内做纵向自由振动，T 为轴向力，A_c 为杆的横剖面面积，γ 为杆材料的相对密度。假定其横截面在伸缩变形过程中不发生变形。将杆任一垂直于轴向的截面的纵向位移表示为截面沿轴线坐标 x 与时间 t 的函数 $u(x,t)$。

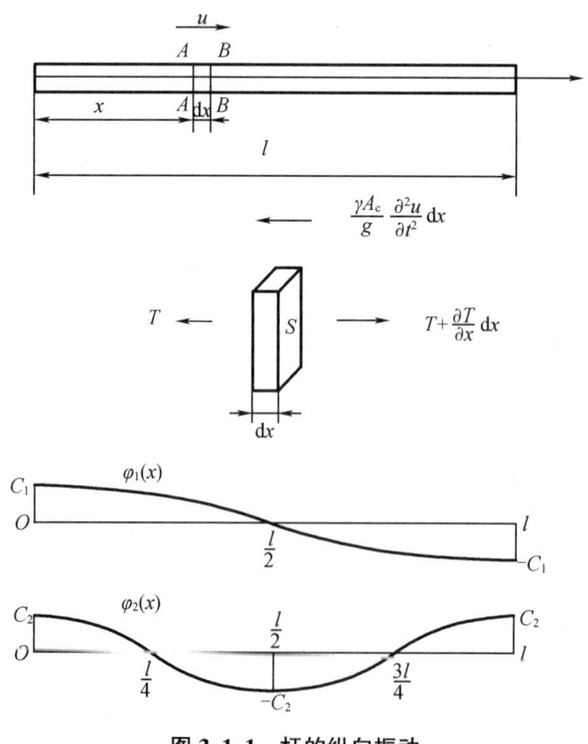

图3.1.1　杆的纵向振动

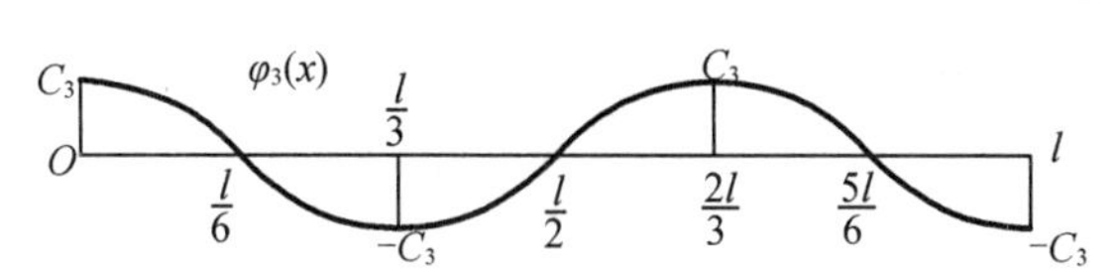

图 3.1.1(续)

假设杆只受轴向力的作用,在杆上任取一微元段 dx,其纵向位移表示为

$$u=u(x,t) \tag{3.1.1}$$

轴向力表示为

$$T=T(x,t) \tag{3.1.2}$$

若取轴向位移与轴向力沿剖面法线方向向末端为正,则剖面上各点的应力应变关系为

$$\sigma=E\varepsilon=E\frac{\partial u}{\partial x} \tag{3.1.3}$$

式中,E 为弹性模量。

剖面上的轴向力为

$$T=\sigma A_c=A_cE\frac{\partial u}{\partial x} \tag{3.1.4}$$

式中,A_c 为杆的横剖面面积。

由达朗贝尔原理建立平衡条件:

$$\frac{\partial T}{\partial x}=\frac{\gamma A_c}{g}\frac{\partial^2 u}{\partial t^2} \tag{3.1.5}$$

式中,γ 为杆材料的相对密度;g 为重力加速度。

将式(3.1.4)代入式(3.1.5)中便可得杆的纵向自由振动的微分方程:

$$A_cE\frac{\partial^2 u}{\partial x^2}=\frac{\gamma A_c}{g}\frac{\partial^2 u}{\partial t^2} \tag{3.1.6}$$

式(3.1.6)也可表示为

$$\frac{\partial^2 u}{\partial t^2}=\frac{gE}{\gamma}\frac{\partial^2 u}{\partial x^2}=a^2\frac{\partial^2 u}{\partial x^2} \tag{3.1.7}$$

其中,令

$$\frac{gE}{\gamma}=a^2 \tag{3.1.8}$$

即

$$a=\sqrt{\frac{gE}{\gamma}}=\sqrt{\frac{E}{\rho}} \tag{3.1.9}$$

式中,ρ 为杆材料的密度。

用分离变量法求解式(3.1.7),令解的形式为

$$u(x,t)=\varphi(x)p(t) \tag{3.1.10}$$

代入方程(3.1.7)中有

$$\frac{a^2\dfrac{\mathrm{d}^2\varphi(x)}{\mathrm{d}x^2}}{\varphi(x)}=\frac{\dfrac{\mathrm{d}^2 p(t)}{\mathrm{d}t^2}}{p(t)} \tag{3.1.11}$$

令式(3.1.11)等于$-\omega_n^2$,则有

$$\begin{cases}\ddot{p}(t)+\omega_n^2 p(t)=0\\ \varphi''(x)+\dfrac{\omega_n^2}{a^2}\varphi(x)=0\end{cases} \tag{3.1.12}$$

取杆纵向自由振动的频率参数为

$$\mu=\frac{\omega_n}{a}=\omega_n\sqrt{\frac{\rho}{E}} \tag{3.1.13}$$

式(3.1.12)中的第一式为关于时间的微分方程,其解为

$$p(t)=p\sin(\omega_n t+\theta)=\bar{A}\cos\omega_n t+\bar{B}\sin\omega_n t \tag{3.1.14}$$

式中,ω_n 为固有频率;p、θ、$\bar{A}$ 及 $\bar{B}$ 均为由初始条件确定的常数。

式(3.1.12)中的第二式为关于空间坐标的微分方程,其解为

$$\varphi(x)=C\cos\mu x+D\sin\mu x \tag{3.1.15}$$

式中,C、D 及 μ 均为由边界条件确定的积分常数。式(3.1.15)也称为振型函数。

下面介绍几种边界条件的振型函数。

1. 端面自由

此时杆端内力为0,杆在端面上没有伸长,即有

$$\frac{\partial u}{\partial x}=0 \tag{3.1.16}$$

振型函数为

$$\varphi'(x)=0 \tag{3.1.17}$$

2. 端面固定

纵向位移为0,即有

$$u=0 \tag{3.1.18}$$

振型函数为

$$\varphi(x)=0 \tag{3.1.19}$$

杆纵向振动的固有频率与材料性质、边界条件有关,特定的边界条件下比较容易求得频率方程。以两端全自由的杆为例,杆的两端边界条件可写成

$$\begin{cases}\varphi'(0)=0\\ \varphi'(l)=0\end{cases} \tag{3.1.20}$$

由式(3.1.15)可得

$$\varphi'(x)=-C\mu\sin(\mu x)+D\mu\cos(\mu x) \tag{3.1.21}$$

将式(3.1.20)代入式(3.1.21)中,可得

$$\begin{cases}\varphi'(0)=D\mu=0\\ \varphi'(l)=-C\mu\sin(\mu l)+D\mu\cos(\mu l)=0\end{cases} \tag{3.1.22}$$

振动频率参数 μ 不能为0,否则得到的解无实际意义,因此可得

$$\begin{cases}D=0\\ C\mu\sin(\mu l)=0\end{cases} \tag{3.1.23}$$

为使方程(3.1.23)有意义,参数 C、D 不能全为0,显然 $C\neq0$,则

$$\sin(\mu l)=0 \tag{3.1.24}$$

式(3.1.25)即为两端全自由杆的频率方程,继续推得

$$\mu_j l=j\pi \tag{3.1.25}$$

即

$$\mu_j=\frac{j\pi}{l} \tag{3.1.26}$$

将式(3.1.26)代入式(3.1.13)中得

$$\mu_j=\frac{\omega_j}{a}=\frac{j\pi}{l}\quad (j=1,2,3,\cdots) \tag{3.1.27}$$

再代入 $a=\sqrt{\dfrac{E}{\rho}}$ 有

$$\omega_j=\frac{j\pi}{l}\sqrt{\frac{E}{\rho}}\quad (j=1,2,3,\cdots) \tag{3.1.28}$$

当 $j=0$ 时可得到一个零频率,此时杆沿轴线方向进行刚体运动。

在求得固有频率 ω_j 后,可求得固有振型 $\varphi_j(x)$,代入式(3.1.15)中即得

$$\varphi_j(x)=C_j\cos(\mu_j x)+D_j\sin(\mu_j x) \tag{3.1.29}$$

因为 $D=0$,即 $D_j=0$,所以有

$$\varphi_j(x)=C_j\cos(\mu_j x) \tag{3.1.30}$$

将式(3.1.27)代入式(3.1.30)中得

$$\varphi_j(x)=C_j\cos\left(\frac{j\pi}{l}x\right)\quad (j=1,2,3,\cdots) \tag{3.1.31}$$

因此,杆的纵向自由振动的全解可表示为

$$u(x,t)=\sum_{j=1}^{\infty}\varphi_j(x)p_j(t)=\sum_{j=1}^{\infty}C_j\cos\left(\frac{j\pi}{l}x\right)\left(\bar{A}_j\cos\frac{j\pi at}{l}+\bar{B}_j\sin\frac{j\pi at}{l}\right) \tag{3.1.32}$$

式中,振型 $\varphi_j(x)$ 前的待定常数已并入 $\bar{A}_j$ 与 $\bar{B}_j$ 之中,可由初始条件确定。

同理可以推导出两端固支的边界条件下,杆的固有频率及振型函数分别为

$$\omega_n=\frac{n\pi a}{l}=\frac{n\pi}{l}\sqrt{\frac{E}{\rho}}\quad (n=1,2,3,\cdots)$$

$$\varphi_n(x)=A\sin\left(\frac{\omega_n}{a}x\right)=A\sin\left(\frac{n\pi}{l}x\right)\quad (n=1,2,3,\cdots) \tag{3.1.33}$$

$$u(x,t)=\sum_{n=1}^{\infty}A'_n\sin\left(\frac{n\pi}{l}x\right)\sin(\omega_n t+\varphi_n)\quad (n=1,2,3,\cdots) \tag{3.1.34}$$

实际上,关于杆的纵向振动还有很多问题可以讨论,如杆的强迫振动、杆端附重的振动等,而且也可以将杆的横截面形状分为圆形和矩形分别进行分析。

3.1.2 圆轴扭转振动

设圆轴扭转时,每个横截面绕圆轴轴线转动一个角度 θ,横截面仍保持为平面。横截面上每一点的位移变化用该截面的扭转角表示,因此振动的位移可取为扭转角位移 $\theta=\theta(x,t)$,对应的扭矩 $M_t=M_t(x,t)$。图3.1.2为圆轴扭转振动。

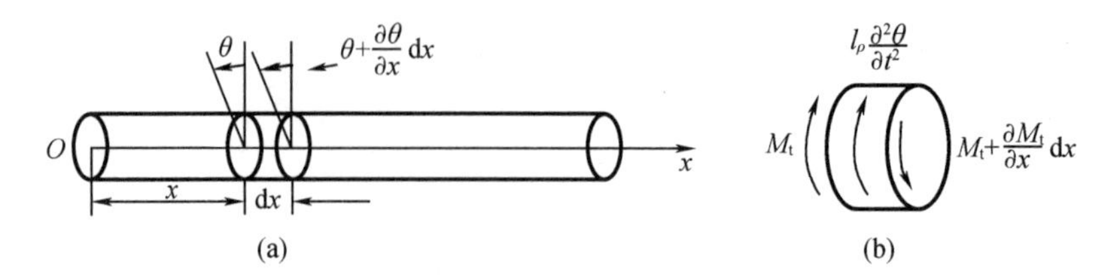

图 3.1.2　圆轴扭转振动

在图 3.1.2(a)所示的圆轴上,通过取微元段可以建立相对转角与扭矩 M_t 的关系:

$$M_t = GJ_\rho \frac{\partial\theta}{\partial x} \tag{3.1.35}$$

式中,G 为剪切弹性模量;J_ρ 为截面的极惯性矩。

再根据达朗贝尔原理可以建立微元段的动力学方程:

$$M_t + \frac{\partial M_t}{\partial x}dx - M_t - I_\rho \frac{\partial^2\theta}{\partial t^2} = 0 \tag{3.1.36}$$

化简为

$$\frac{\partial M_t}{\partial x}dx = I_\rho \frac{\partial^2\theta}{\partial t^2} \tag{3.1.37}$$

式中,I_ρ 为微元段的转动惯量;$-I_\rho \frac{\partial^2\theta}{\partial t^2}$为微元段的惯性力。

转动惯量 I_ρ 与截面的极惯性矩 J_ρ 的关系为

$$I_\rho = \rho J_\rho dx \tag{3.1.38}$$

将式(3.1.38)代入式(3.1.36)和式(3.1.37)中可得

$$\frac{d}{dx}\left(GJ_\rho \frac{\partial\theta}{\partial x}\right) = \rho J_\rho \frac{\partial^2\theta}{\partial t^2} \tag{3.1.39}$$

设 J_ρ 沿轴向不变,此时式(3.1.39)可化简为

$$\frac{\partial^2\theta}{\partial t^2} = \frac{G}{\rho}\frac{\partial^2\theta}{\partial x^2} \tag{3.1.40}$$

式中,令

$$\sqrt{\frac{G}{\rho}} = a \tag{3.1.41}$$

则式(3.1.40)可写为

$$\frac{\partial^2\theta}{\partial t^2} = a^2 \frac{\partial^2\theta}{\partial x^2} \tag{3.1.42}$$

式中,a 为剪切波在杆内的传播速度,显然它小于纵波的传播速度。

式(3.1.42)是一个与杆纵向振动的微分方程(3.1.7)完全相同的偏微分方程,可以直接写出它的解为

$$\theta(x,t) - \left[A'\sin\left(\frac{\omega}{a}x\right) + B'\sin\left(\frac{\omega}{a}x\right)\right]\sin(\omega t + \varphi) \tag{3.1.43}$$

代入边界条件后可以建立频率方程,进而从频率方程得到各阶固有频率,同时得到各阶对应的振型。显然,其各阶固有频率和振型具有与相应的杆纵向振动相似的结果。

(1)两端固定

$$\omega_n=\frac{n\pi a}{l}=\frac{n\pi}{l}\sqrt{\frac{G}{\rho}}\quad (n=1,2,3,\cdots) \tag{3.1.44}$$

$$\theta_n=A'\sin\left(\frac{n\pi}{l}x\right)\sin\left(\frac{n\pi a}{l}t+\varphi_n\right)\quad (n=1,2,3,\cdots) \tag{3.1.45}$$

(2)两端自由

$$\omega_n=\frac{n\pi a}{l}=\frac{n\pi}{l}\sqrt{\frac{G}{\rho}}\quad (n=1,2,3,\cdots) \tag{3.1.46}$$

$$\theta_n=B'\sin\left(\frac{n\pi}{l}x\right)\sin\left(\frac{n\pi a}{l}t+\varphi_n\right)\quad (n=1,2,3,\cdots) \tag{3.1.47}$$

(3)一端固定而另一端自由

$$\omega_n=\frac{n\pi a}{2l}=\frac{n\pi}{2l}\sqrt{\frac{G}{\rho}}\quad (n=1,2,3,\cdots) \tag{3.1.48}$$

$$\theta_n=A'\sin\left(\frac{n\pi}{2l}x\right)\sin\left(\frac{n\pi a}{2l}t+\varphi_n\right)\quad (n=1,2,3,\cdots) \tag{3.1.49}$$

3.2 梁的横向弯曲与剪切振动

本节介绍梁的振动,主要是横向的弯曲振动,包括自由振动与强迫振动。梁的模型可分为欧拉-伯努利梁与铁摩辛柯梁,两者的主要区别在于前者忽略了梁在弯曲变形中产生的截面转动和剪切变形,因此得到的振动方程相对简单,而后者考虑了剪切变形和转动惯量,对其也将单独进行讨论。

3.2.1 梁的横向自由振动

梁在垂直于轴线方向振动时,其主要变形为弯曲变形,故称该振动为弯曲振动,简称为梁振动。本节讨论梁的横向微振动问题,只考虑梁沿与轴线垂直的方向的位移,忽略轴向位移及扭转,且认为梁在变形时满足平面假设,忽略剪力变形。单位长度的梁的质量、刚度及外载荷等也都是关于 x 的连续函数或是分段连续的函数。

如图 3.2.1 所示,有一非均匀直梁在 xOz 平面内做横向弯曲振动,设梁的横剖面对称于 xOz 平面,且梁仅发生单一的弯曲振动。令梁长为 l,取梁的轴线为 Ox 轴,并将原点取在梁的中轴线的左端。在该坐标系里,梁的分布质量为 $m(x)$,弯曲刚度为 $EI(x)$,单位长度的横向振动载荷为 $F(x,t)$,梁上各点振动的位移为 $w(x,t)$。

从梁上 x 截面处截取微元段 $\mathrm{d}x$,并根据受力平衡分析其受力状态。若设 x 截面上作用的剪力为 N,弯矩为 M,则在 $x+\mathrm{d}x$ 截面上作用的剪力为 $N+\frac{\partial N}{\partial x}\mathrm{d}x$,弯矩为 $M+\frac{\partial M}{\partial x}\mathrm{d}x$。此外,微元段上还作用有分布的外载荷 $F(x,t)$ 及分布的惯性力 $-m(x)\frac{\partial^2 w(x,t)}{\partial t^2}$。

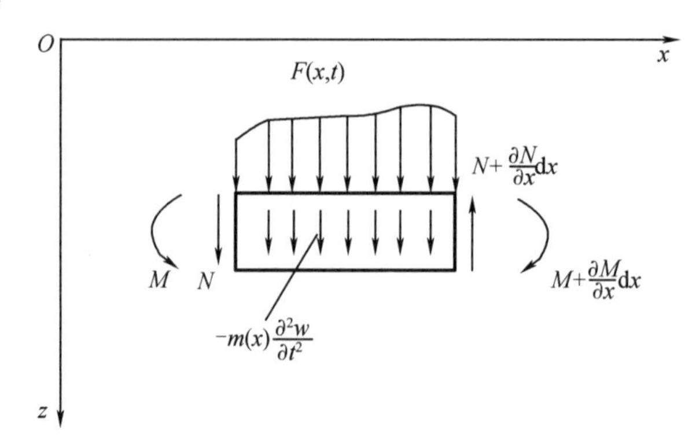

图 3.2.1 梁的弯曲振动

根据达朗贝尔原理,并考虑微元段上的平衡条件 $\sum F=0$ 和 $\sum M=0$,可得出以下关系式:

$$N+\frac{\partial N}{\partial x}\mathrm{d}x-N+m(x)\frac{\partial^2 w(x,t)}{\partial t^2}\mathrm{d}x-F(x,t)\mathrm{d}x=0 \tag{3.2.1}$$

$$\frac{\partial N}{\partial x}+m(x)\frac{\partial^2 w(x,t)}{\partial t^2}-F(x,t)=0 \tag{3.2.2}$$

$$M+\frac{\partial M}{\partial x}\mathrm{d}x-M-N\mathrm{d}x-\frac{1}{2}\mathrm{d}xF(x,t)\mathrm{d}x-\frac{1}{2}\mathrm{d}xm(x)\frac{\partial^2 w(x,t)}{\partial t^2}\mathrm{d}x=0 \tag{3.2.3}$$

$$\frac{\partial M}{\partial x}\mathrm{d}x-N\mathrm{d}x-\frac{1}{2}\mathrm{d}xF(x,t)\mathrm{d}x-\frac{1}{2}\mathrm{d}xm(x)\frac{\partial^2 w(x,t)}{\partial t^2}\mathrm{d}x=0 \tag{3.2.4}$$

略去各式中的二阶小量,可得

$$N=\frac{\partial M}{\partial x} \tag{3.2.5}$$

进一步可推得

$$\frac{\partial N}{\partial x}=\frac{\partial^2 M}{\partial x^2} \tag{3.2.6}$$

将式(3.2.6)代入式(3.2.5)中有

$$\frac{\partial^2 M}{\partial x^2}=F(x,t)-m(x)\frac{\partial^2 w(x,t)}{\partial t^2}=0 \tag{3.2.7}$$

或写为

$$\frac{\partial^2 M}{\partial x^2}+m(x)\frac{\partial^2 w(x,t)}{\partial t^2}=F(x,t) \tag{3.2.8}$$

根据材料力学中梁的弯曲理论可知

$$M=EI(x)\frac{\partial^2 w(x,t)}{\partial x^2} \tag{3.2.9}$$

将式(3.2.9)代入式(3.2.8)中即得梁横向振动的微分方程:

$$\frac{\partial^2}{\partial x^2}\left[EI(x)\frac{\partial^2 w(x,t)}{\partial x^2}\right]+m(x)\frac{\partial^2 w(x,t)}{\partial t^2}=F(x,t) \tag{3.2.10}$$

若 $F(x,t)=0$,则式(3.2.10)变为

$$\frac{\partial^2}{\partial x^2}\left[EI(x)\frac{\partial^2 w(x,t)}{\partial x^2}\right]+m(x)\frac{\partial^2 w(x,t)}{\partial t^2}=0 \tag{3.2.11}$$

式(3.2.11)即为梁横向自由振动的微分方程,因为 $EI(x)$ 和 $m(x)$ 是变化的,所以该方程是变系数的线性偏微分方程,一般无法求出精确解,而只能用能量法或其他近似解法求解。若梁的质量与刚度均匀分布,则质量与刚度均变为常数,此时该方程变为

$$EI\frac{\partial^4 w(x,t)}{\partial x^4}+m\frac{\partial^2 w(x,t)}{\partial t^2}=0 \tag{3.2.12}$$

式(3.2.12)为常系数线性偏微分方程,在数学上可用分离变量法求其精确解。依边界条件与初始条件不同,式(3.2.12)可简化。

(1)边界条件

①若梁自由端的弯矩和剪力均为0,则

$$EI(x)\frac{\partial^2 w}{\partial x^2}=0,\frac{\partial}{\partial x}\left[EI(x)\frac{\partial^2 w}{\partial x^2}\right]=0 \tag{3.2.13}$$

②若梁固定端的振动位移和截面转角为0,则

$$w=0,\frac{\partial w}{\partial x}=0 \tag{3.2.14}$$

③若梁简支端的振动位移和弯矩为0,则

$$w=0,EI(x)\frac{\partial^2 w}{\partial x^2}=0 \tag{3.2.15}$$

(2)初始条件

初始条件即 $t=0$ 时的位移和速度条件,一般可写为

$$w(x,0)=\xi(x),\dot{w}(x,0)=\eta(x) \tag{3.2.16}$$

式中,$\xi(x)$ 与 $\eta(x)$ 分别为梁的位移与速度沿 x 轴的初始分布值。

考虑阻尼影响时,振动微分方程的形式会有不同,下面从较为简单的无阻尼条件开始讨论。前面已经介绍过,当 $EI(x)=EI$、$m(x)=m$(即质量与刚度均为常数)时,梁自由振动的微分方程为式(3.2.12),即

$$EI\frac{\partial^4 w(x,t)}{\partial x^4}+m\frac{\partial^2 w(x,t)}{\partial t^2}=0$$

此方程为四阶常系数线性偏微分方程,可用分离变量法求解:

设式(3.2.12)的解为

$$w(x,t)=\varphi(x)p(t) \tag{3.2.17}$$

将式(3.2.17)对 t 和 x 分别求二次和四次偏导,得

$$\frac{\partial^2 w(x,t)}{\partial t^2}=\varphi(x)\frac{\mathrm{d}^2 p(t)}{\mathrm{d}t^2} \tag{3.2.18}$$

$$\frac{\partial^4 w(x,t)}{\partial x^4}=p(t)\frac{\mathrm{d}^4\varphi(x)}{\mathrm{d}x^4} \tag{3.2.19}$$

将式(3.2.18)和式(3.2.19)代入式(3.2.12)中得

$$EI\frac{\mathrm{d}^4\varphi(x)}{\mathrm{d}x^4}p(t)+m\varphi(x)\frac{\mathrm{d}^2 p(t)}{\mathrm{d}t^2}=0 \tag{3.2.20}$$

式(3.2.20)可改写成

$$\frac{EI\dfrac{d^4\varphi(x)}{dx^4}}{m\varphi(x)}=-\frac{\dfrac{d^2p(t)}{dt^2}}{p(t)}=\omega_n^2 \tag{3.2.21}$$

式(3.2.21)等号左边项只是 x 的函数,右边项只是 t 的函数,且式(3.2.21)对任意的 x 和 t 均满足,故比值必是常数。仅当常数为非负值(以 ω_n^2 表示)时,式(3.2.21)才有振动形式解。由式(3.2.21)可得

$$EI\frac{d^4\varphi(x)}{dx^4}-m\omega_n^2\varphi(x)=0 \tag{3.2.22}$$

$$\frac{d^2p(t)}{dt^2}+\omega_n^2p(t)=0 \tag{3.2.23}$$

式(3.2.22)即为关于振型函数 $\varphi(x)$ 的四阶常微分方程;式(3.2.23)为关于广义坐标 $p(t)$ 的二阶常微分方程。式(3.2.23)可以改写为

$$\ddot{p}(t)+\omega_n^2p(t)=0 \tag{3.2.24}$$

式(3.2.24)即为单自由度系统无阻尼自由振动方程,式中,ω_n^2 表示振动的固有频率。

设

$$\left(\frac{\mu}{l}\right)^4=\frac{m\omega_n^2}{EI} \tag{3.2.25}$$

式中,l 为梁长。由式(3.2.22)可得

$$\varphi^{\mathrm{IV}}(x)=\left(\frac{\mu}{l}\right)^4\varphi(x) \tag{3.2.26}$$

式(3.2.26)为一个四阶常系数齐次微分方程,可设其解为

$$\varphi(x)=e^{rx} \tag{3.2.27}$$

则有

$$\varphi^{\mathrm{IV}}(x)=r^4e^{rx} \tag{3.2.28}$$

将式(3.2.27)和式(3.2.28)代入式(3.2.26)中得

$$r^4-\left(\frac{\mu}{l}\right)^4=0 \tag{3.2.29}$$

解出 4 个特征根,即

$$r_{1,2}=\pm i\left(\frac{\mu}{l}\right)$$

$$r_{3,4}=\pm\left(\frac{\mu}{l}\right) \tag{3.2.30}$$

故式(3.2.26)的解可以写成

$$\varphi(x)=A'e^{-i\frac{\mu x}{l}}+B'e^{i\frac{\mu x}{l}}+C'e^{-\frac{\mu x}{l}}+D'e^{\frac{\mu x}{l}} \tag{3.2.31}$$

因为

$$e^{\pm i\frac{\mu x}{l}}=\cos\left(\frac{\mu x}{l}\right)\pm i\sin\left(\frac{\mu x}{l}\right) \tag{3.2.32}$$

$$e^{\pm\frac{\mu x}{l}}=\mathrm{ch}\left(\frac{\mu x}{l}\right)\pm\mathrm{sh}\left(\frac{\mu x}{l}\right) \tag{3.2.33}$$

将式(3.2.32)和式(3.2.33)代入式(3.2.31)中得

$$\varphi(x)=\mathrm{i}(B'-A')\sin\left(\frac{\mu x}{l}\right)+(B'+A')\cos\left(\frac{\mu x}{l}\right)+(D'-C')\mathrm{sh}\left(\frac{\mu x}{l}\right)+(D'+C')\mathrm{ch}\left(\frac{\mu x}{l}\right)\tag{3.2.34}$$

式(3.2.34)可改写

$$\varphi(x)=A\sin\left(\frac{\mu x}{l}\right)+B\cos\left(\frac{\mu x}{l}\right)+C\mathrm{sh}\left(\frac{\mu x}{l}\right)+D\mathrm{ch}\left(\frac{\mu x}{l}\right)\tag{3.2.35}$$

式中,4 个积分常数由 4 个边界条件确定。

(1)对于两端自由梁,有

$$\varphi''(x)=0,\varphi'''(x)=0\tag{3.2.36}$$

(2)对于两端刚固梁,有

$$\varphi(x)=0,\varphi'(x)=0\tag{3.2.37}$$

(3)对于两端简支梁,有

$$\varphi(x)=0,\varphi''(x)=0\tag{3.2.38}$$

根据 $\varphi(x)$ 所满足的 4 个边界条件可以得到 4 个关于 A、B、C、D 的线性代数方程组,方程组中有 A、B、C、D 和 μ 这 5 个未知量。由 4 个常系数有非零解的条件(即发生振动的条件),方程组的系数矩阵行列式必须为 0,于是得到只包括固有频率(或频率参数)的频率方程。因为它是一个超越方程,故有无穷多个解。由此方程解得的频率 $\omega_j(j=1,2,3,\cdots)$ 是该梁所固有的特性,只与梁特定的物理性质、几何尺寸和边界条件有关,而与外界因素无关。当这些因素确定后,该频率便是一个定值,故称其为固有频率。求得固有频率 ω_j 后,再用线性齐次代数方程组求得与固有频率相应的常数 A_j、B_j、C_j、D_j,从而确定了与固有频率 ω_j 相应的振型函数 $\varphi_j(x)$。

固有振型 $\varphi_j(x)$ 为在对应载荷 $m\omega_j^2\varphi_j(x)$ 作用下梁的挠曲线,由于弹性体有无限个固有频率,因此广义坐标的解式(3.2.23)也应有无限个。

对于第 j 阶固有频率的振动,有

$$w_j(x,t)=\varphi_j(x)p_j(t)=\varphi_j(x)p_j\sin(\omega_j t+\beta_j)\quad(j=1,2,3,4,\cdots)\tag{3.2.39}$$

称为梁的第 j 阶振型。

根据前面所讲的梁任意横向振动的位移表达式可得

$$w(x,t)=\sum_{j=1}^{\infty}\varphi_j(x)p_j(t)=\sum_{j=1}^{\infty}\varphi_j(x)p_j\sin(\omega_j t+\beta_j)\tag{3.2.40}$$

除了简支梁外,能够求得精确解的简单边界条件的梁还有悬臂梁、两端刚性固定的梁、一端刚性固定而另一端简支的梁、全自由梁,这些梁的振动微分方程仍为式(3.2.14)所示形式,其振型表达式的另外一种等价的形式为

$$\varphi(x)=A\left[\cos\left(\frac{\mu x}{l}\right)+\mathrm{ch}\left(\frac{\mu x}{l}\right)\right]+B\left[\cos\left(\frac{\mu x}{l}\right)+\mathrm{ch}\left(\frac{\mu x}{l}\right)\right]+C\left[\sin\left(\frac{\mu x}{l}\right)+\mathrm{sh}\left(\frac{\mu x}{l}\right)\right]+D\left[\sin\left(\frac{\mu x}{l}\right)+\mathrm{sh}\left(\frac{\mu x}{l}\right)\right]\tag{3.2.41}$$

可按与求简支梁固有频率相同的方法,求得上述的几种边界条件对应的频率参数 μ_j,其结果列于表 3.2.1 中。

表 3.2.1 各边界条件下的频率参数

梁的类型	μ_1	μ_2	μ_3	μ_4	$\mu_j(j>4)$
悬臂梁	1.875	4.694	7.855	10.966	$(2j-1)\pi/2$
两端刚性固定的梁	4.730	7.853	10.996	14.137	$(2j+1)\pi/2$
一端刚性固定而另一端简支的梁	3.927	7.069	10.210	13.352	$(4j+1)\pi/2$
全自由梁	4.730	7.853	10.996	14.137	$(2j+1)\pi/2$

表中还列出了当阶数 $j>4$ 时频率参数的近似计算公式。在求得 $\mu_j l$ 后，这些梁的固有频率可按式(3.2.25)求得。它们的第一、二、三阶固有振型分别绘于图 3.2.2～图 3.2.5 中。振型图上的数字表示节点(在梁的各阶固有振型中存在的若干在振动时静止不动的点)距左端的距离与梁长 l 的比值。

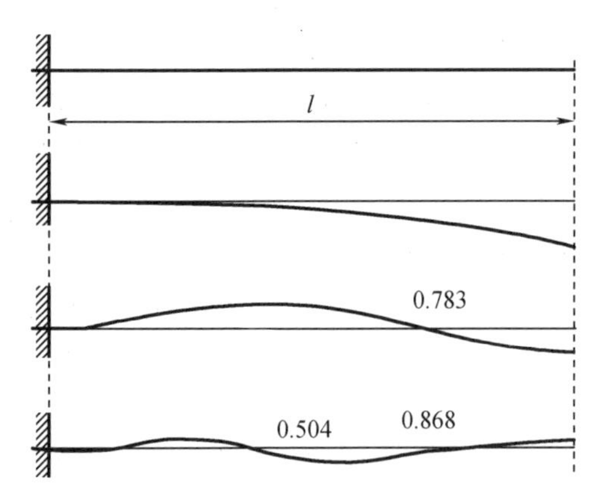

图 3.2.2 各边界条件下悬臂梁的振型

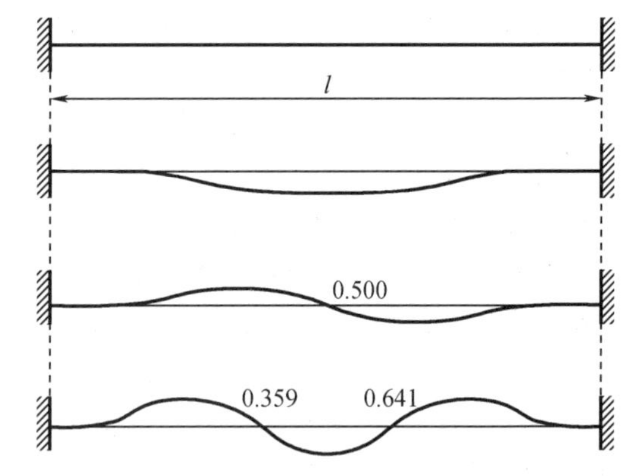

图 3.2.3 各边界条件下两端刚性固定的梁的振型

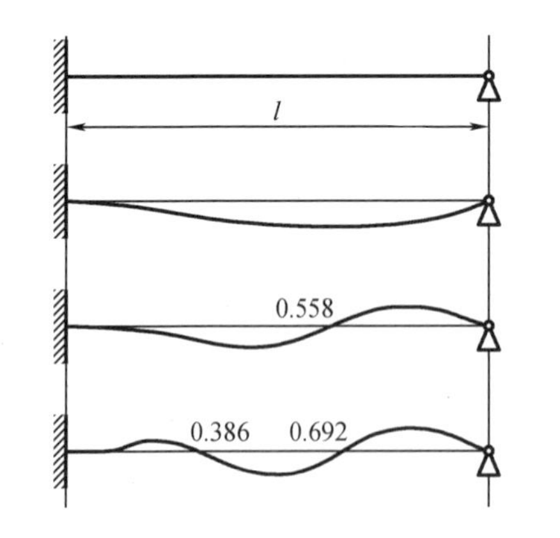

图 3.2.4 各边界条件下一端刚性固定而另一端简支的梁的振型

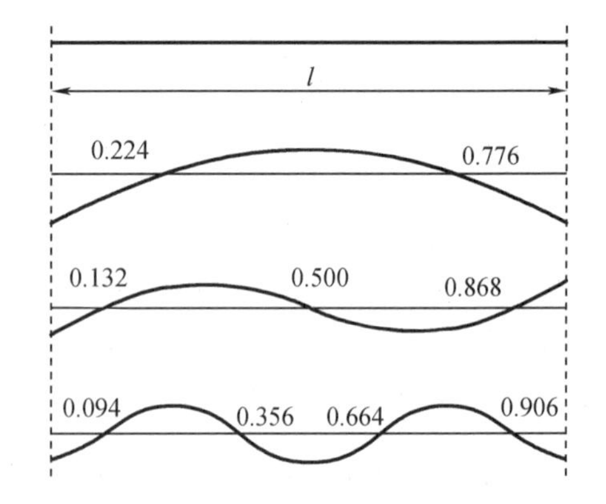

图 3.2.5 各边界条件下全自由梁的振型

综上所述，可得如下结论：

对于全自由梁，根据频率方程 $\sin\mu=0$ 求得频率为 0 的根为 $\mu_0=0$。由式(3.2.26)存在非振动运动的可能解可得

$$\varphi_0(x)=\beta x+\delta \tag{3.2.42}$$

式中,δ 表示刚体位移;β 表示刚体转动。该式表示全自由梁对应零频率时的刚体位移,此刚体位移可与横向弯曲振动相叠加,使振动时的平衡位置相对于原来的平衡位置有偏移。

在全自由梁严格按某阶振型振动时,梁上只有自身惯性力的作用,根据振动时固有载荷及其力矩的平衡条件可得

$$\int_0^l \varphi_j(x)\,\mathrm{d}x = 0 \tag{3.2.43}$$

$$\int_0^l x\varphi_j(x)\,\mathrm{d}x = 0 \quad (j = 1,2,3,4,\cdots) \tag{3.2.44}$$

这两个条件称为动平衡条件(动态平衡),它们是满足梁的微分方程和边界条件的必然结果,也表示了刚体运动与振型之间的正交性。

从节点的角度来看,对于简支梁,第一阶振型为 1 个半波,节点数为 0;第二阶振型为 2 个半波,节点数为 1,节点位于中点;第三阶振型为 3 个半波,节点数为 2,节点位置从中点向两侧移动。总之,第 j 阶固有振型为 j 个半波,节点数为 $j-1$,且相邻两固有振型的各节点位置不会重合而是互相交错排列的,这就是固有振型的节点定理。除了梁发生刚体位移的情况之外,这个结论都是正确的。

在求得固有频率 ω_j 及固有振型 $\varphi_j(x)$ 之后,将它们叠加在一起,则可得等直梁自由振动的全解的一般形式为

$$w(x,t) = \sum_{j=1}^{\infty} \varphi_j(x) p_j(t) = \sum_{j=1}^{\infty} \varphi_j(x) p_j \sin(\omega_j t + \beta_j) \tag{3.2.45}$$

式(3.2.45)也可写成等价形式:

$$w(x,t) = \sum_{j=1}^{\infty} [A_j \cos(\omega_j t) + B_j \sin(\omega_j t)] \varphi_j(x) \tag{3.2.46}$$

式(3.2.46)中,

$$\begin{cases} A_j = p_j \sin \beta_j \\ B_j = p_j \cos \beta_j \end{cases} \tag{3.2.47}$$

A_j、B_j、p_j 及 β_j 均为常数,由初始条件确定。

前面已经讲过有关初始条件的表达式,将 $t=0$ 代入式(3.2.16)中,并应用初始条件的表达式得

$$w(x,0) = \sum_{j=1}^{\infty} A_j \varphi_j(x) = \xi(x) \tag{3.2.48}$$

$$\dot{w}(x,0) = \sum_{j=1}^{\infty} B_j \omega_j \varphi_j(x) = \eta(x) \tag{3.2.49}$$

将式(3.2.48)与式(3.2.49)的等号两边均乘以 $\varphi_s(x)$,沿全梁积分,并根据正交条件可得

$$\begin{cases} A_j = \dfrac{\int_0^l \xi(x) \varphi_j(x)\,\mathrm{d}x}{\int_0^l \varphi_j^2(x)\,\mathrm{d}x} \\ B_j = \dfrac{\int_0^l \eta(x) \varphi_j(x)\,\mathrm{d}x}{\omega_j \int_0^l \varphi_j^2(x)\,\mathrm{d}x} \end{cases} \tag{3.2.50}$$

这样便可得梁自由振动的全解的一般表达形式：

$$w(x,t)=\sum_{j=1}^{\infty}\left[\frac{\int_0^l \xi(x)\varphi_j(x)\,\mathrm{d}x}{\int_0^l \varphi_j^2(x)\,\mathrm{d}x}\cos(\omega_j t)+\frac{\int_0^l \eta(x)\varphi_j(x)\,\mathrm{d}x}{\omega_j\int_0^l \varphi_j^2(x)\,\mathrm{d}x}\sin(\omega_j t)\right]\varphi_j(x) \quad (3.2.51)$$

需要指出的是:在某一特定的初始条件下,如当初始速度的分布函数 $\eta(x)=0$ 时,初始位置的形状等于某阶振型 $\varphi_s(x)$,因此,梁的位移表达式最终变为

$$w(x,t)=A_s\varphi_s(x)\cos(\omega_s t) \quad (3.2.52)$$

此时梁的自由振动严格呈第 s 阶振型。

前面已经讨论过关于多自由度系统的固有振型正交性的问题,这里讨论的连续体系统的固有振型依然存在正交性。下面先给出相关结论。

(1)第 i 阶模态中的惯性力对其他任何一阶模态中的虚位移都不做虚功。

$$\int_0^l \overline{m}(x)Y_i(x)Y_j(x)\,\mathrm{d}x=0 \quad (i\neq j) \quad (3.2.53)$$

(2)第 i 阶模态中的分布载荷在其他任何一阶模态中的虚位移都不做虚功。

$$\int_0^l [EI(x)Y_i''(x)]''Y_j(x)\,\mathrm{d}x=0 \quad (i\neq j) \quad (3.2.54)$$

(3)第 i 阶模态中的弯矩在其他任何一阶模态中的虚位移(转角)都不做功。

$$\int_0^l EI(x)Y_i''(x)Y_j''(x)\,\mathrm{d}x=0 \quad (i\neq j) \quad (3.2.55)$$

由功的互等定理可知,第 i 阶模态中的惯性力在其他任何一阶模态中(假设取第 j 阶模态)做的功 $\omega_i^2\overline{m}(x)Y_i(x)Y_j(x)$,与第 j 阶模态中的惯性力反过来在第 i 阶模态中做的功 $\omega_j^2\overline{m}(x)Y_j(x)Y_i(x)$,在全梁长度上的总和应当相同。对于连续体,求和应表示为积分形式,即

$$\int_0^l \omega_i^2\overline{m}(x)Y_j(x)Y_i(x)\,\mathrm{d}x=\int_0^l \omega_j^2\overline{m}(x)Y_j(x)Y_i(x)\,\mathrm{d}x \quad (i\neq j) \quad (3.2.56)$$

式中,ω_i^2、ω_j^2 为常量,可被提出积分符号外。移项可得

$$(\omega_i^2-\omega_j^2)\int_0^l \overline{m}(x)Y_j(x)Y_i(x)\,\mathrm{d}x=0 \quad (i\neq j) \quad (3.2.57)$$

这就是固有振型关于质量 $\overline{m}$ 的正交关系。

由前述弯曲振动的分析内容可知

$$EIY_i^{\mathrm{IV}}(x)=\omega_i^2\overline{m}Y_i(x) \quad (3.2.58)$$

在变截面梁中,相应方程为

$$[EI(x)Y_i''(x)]''=\omega_i^2\int_0^l \overline{m}(x)Y_i(x) \quad (3.2.59)$$

式(3.2.59)等号两边同时乘以 $Y_j(x)\mathrm{d}x$,再沿全梁长度积分,可得

$$\int_0^l [EI(x)Y_i''(x)]''Y_j(x)\,\mathrm{d}x=\omega_i^2\int_0^l \overline{m}(x)Y_i(x)Y_j(x)\,\mathrm{d}x \quad (3.2.60)$$

结合式(3.2.57)易发现等式右边等于0,这就是固有振型关于刚度 EI 的正交关系,这种正交关系还有另一种形式,可通过如下方法得到:

对等式(3.2.60)应用分部积分可得

$$\int_0^l Y_j(x)[EI(x)Y_i''(x)]''\mathrm{d}x = \{Y_j(x)[EI(x)Y_i''(x)]'\}\big|_0^l - \int_0^l Y_j'(x)[EI(x)Y_i''(x)]'\mathrm{d}x$$
$$= \{Y_j(x)[EI(x)Y_i''(x)]'\}\big|_0^l - \{Y_j'(x)EI(x)Y_i''(x)\}\big|_0^l$$
$$= \int_0^l EI(x)Y_i''(x)Y_j''(x)\mathrm{d}x \tag{3.2.61}$$

根据梁的端部支撑条件(固定端、简支端或自由端),可知式(3.2.61)等号右边前两项都为0。即

$$\begin{cases} Y_j(x)[EI(x)Y_i''(x)]'=0 & (x=0,l) \\ Y_j'(x)[EI(x)Y_i''(x)]=0 & (x=0,l) \end{cases} \tag{3.2.62}$$

实际上,根据固定端的边界条件

$$Y(x)=0 \quad (x=0,l)$$
$$Y'(x)=0 \quad (x=0,l) \tag{3.2.63}$$

即可验证上述结论。同理,简支端或自由端也满足上述结论。

将式(3.2.62)代入式(3.2.61)中即得

$$\int_0^l Y_j(x)[EI(x)Y_i''(x)]''\mathrm{d}x = \int_0^l EI(x)Y_i''(x)Y_j''(x)\mathrm{d}x = 0 \tag{3.2.64}$$

利用式(3.2.64),结合式(3.2.54),可推导出式(3.2.55),这就是振型二阶导数关于刚度 EI 的正交关系。

特别说明:以上导出的正交关系式都基于梁的弯曲振动情况,实际上,梁的剪切和扭转振动也有相应的正交关系。

利用式(3.2.60)和式(3.2.64),令 $i=j$,可得

$$\int_0^l Y_j(x)[EI(x)Y_i''(x)]''\mathrm{d}x = \int_0^l EI(x)[Y_i''(x)]^2\mathrm{d}x = \omega_i^2\int_0^l \overline{m}(x)[Y_i(x)]^2\mathrm{d}x \tag{3.2.65}$$

令

$$K_i = \int_0^l EI(x)[Y_i''(x)]^2\mathrm{d}x = \int_0^l Y_i(x)[EI(x)Y_i''(x)]''\mathrm{d}x \tag{3.2.66}$$

$$M_i = \int_0^l \overline{m}(x)[Y_i(x)]^2\mathrm{d}x \tag{3.2.67}$$

这里的 K_i、M_i 分别为第 i 阶振型的广义刚度和广义质量,与对应振型的振动频率的关系为

$$\omega_i = \sqrt{\frac{K_i}{M_i}} \tag{3.2.68}$$

实际上,除了横向载荷和弯曲变形外,其他载荷对梁的弯曲振动也有影响。其中,剪切变形和剖面转动惯量的影响对短梁和高阶振动来说必须计及。

如图3.2.6所示,取均匀梁上的一个微元段,x 轴平行于梁的中心线的初始位置,微元段所受的力、力矩及其位移、转角均以图示方向为正。设梁断面中心的垂向弯曲位移为 w,梁的横剖面因弯曲而有一个转角 θ,并产生转动惯量 $mr^2\ddot{\theta}\mathrm{d}x$($r$ 是梁剖面的回转半径)。除转动惯量外,微元段的左右两端还分别作用着剪力 N 和 $N+\left(\frac{\partial N}{\partial x}\right)\mathrm{d}x$ 与弯矩 M 和 $M+\left(\frac{\partial M}{\partial x}\right)\mathrm{d}x$。此外,微元段的垂向振动惯性力为 $-m\ddot{w}\mathrm{d}x$,外力为 $F(x,t)\mathrm{d}x$。

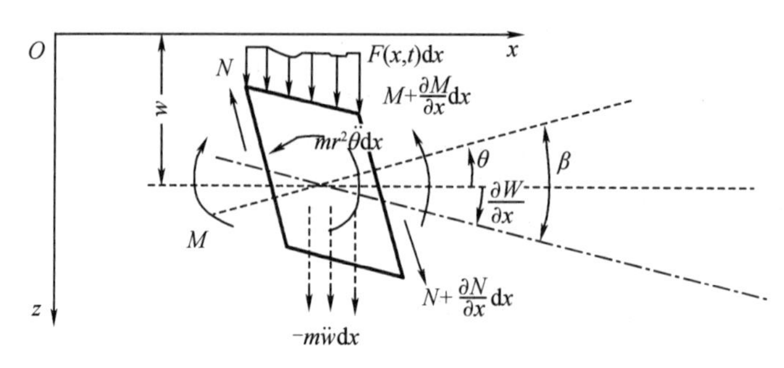

图 3.2.6　考虑剪切和截面转角的梁弯曲

若没有发生剪切变形,横剖面仍与弹性轴垂直,剖面转角 θ 就等于弹性轴的倾角$\dfrac{\partial w}{\partial x}$。若计及剪切变形,仍设横剖面保持平面,剪切角为 β,则梁的弹性轴和平衡位置的倾角$\dfrac{\partial w}{\partial x}=\beta-\theta$。由此可列出关系式:

$$\begin{cases} M=EI\dfrac{\partial \theta}{\partial x} \\ N=GA_e\left(\theta+\dfrac{\partial w}{\partial x}\right) \end{cases} \tag{3.2.69}$$

式中,E 为材料弹性模数;G 为材料剪切弹性模数;I 为梁剖面惯性矩;A_e 为等效剪切面积。

由微元段上力的平衡条件 $\sum y=0$ 可得

$$-N+\left(N+\frac{\partial N}{\partial x}\mathrm{d}x\right)-m\ddot{w}\mathrm{d}x-F(x,t)\mathrm{d}x=0 \tag{3.2.70}$$

整理得

$$\frac{\partial N}{\partial x}=m\ddot{w}-F(x,t) \tag{3.2.71}$$

由力矩的平衡条件 $\sum M=0$ 可得

$$-M+\left(M+\frac{\partial M}{\partial x}\mathrm{d}x\right)-N\mathrm{d}x-mr^2\ddot{\theta}\mathrm{d}x=0 \tag{3.2.72}$$

整理得

$$\frac{\partial M}{\partial x}=N+mr^2\ddot{\theta} \tag{3.2.73}$$

将式(3.2.69)代入式(3.2.71)中得

$$\frac{\partial^2 w}{\partial x^2}-\frac{m\ddot{w}-F(x,t)}{GA_e}+\frac{M}{EI}=0 \tag{3.2.74}$$

同样,如将式(3.2.71)对 x 进行偏微分,并将式(3.2.69)代入,可得

$$\frac{\partial^4 w}{\partial x^4}-\frac{mr^2}{EI}\frac{\partial^2 M}{\partial t^2}-m\ddot{w}+F(x,t)=0 \tag{3.2.75}$$

将式(3.2.74)代入式(3.2.75)中,令式(3.2.75)中除以 M,就可得到关于 w 的四阶偏微分方程:

$$\frac{\partial^4 w}{\partial x^4}-\frac{F-m\ddot{w}}{EI}-\frac{mr^2}{EI}\frac{\partial^4 w}{\partial x^2\partial t^2}+\frac{1}{GA_e}\frac{\partial^2}{\partial x^2}\left(F-m\frac{\partial^2 w}{\partial t^2}\right)-\frac{mr^2}{EIGA_e}\frac{\partial^2}{\partial t^2}\left(F-m\frac{\partial^2 w}{\partial t^2}\right)=0 \quad (3.2.76)$$

式(3.2.76)为计及剪切变形与剖面转动惯量影响的梁的横向振动微分方程,也可称为铁摩辛柯梁的振动方程。式(3.2.76)的前两项表示不计及剪切变形与剖面转动惯量的情况,第三项表示剖面转动惯量的影响,第四项表示剪切变形的影响,第五项表示剪切变形和剖面转动惯量的耦合影响。从物理意义上说,剪切变形使系统的刚度下降,剖面转动惯量使系统的有效质量增加,这两方面的影响均使系统的固有频率降低,且剪切变形的影响比剖面转动惯量的影响要大。

若令 $F(x,t)=0$,即可得自由振动方程:

$$\frac{\partial^4 w}{\partial x^4}+\frac{m\ddot{w}}{EI}-\frac{mr^2}{EI}\frac{\partial^4 w}{\partial x^2\partial t^2}-\frac{m}{GA_e}\frac{\partial^4 w}{\partial x^2\partial t^2}+\frac{m^2r^2}{EIGA_e}\frac{\partial^4 w}{\partial t^4}=0 \quad (3.2.77)$$

弹性基础梁和轴向力对梁的横向振动也有影响,如图 3.2.7 所示,设梁长为 l、刚度为 $EI(x)$、质量分布为 $m(x)$,置于刚度为 k 的均匀的弹性基础上,并因受横向分布载荷 $F(x,t)$ 和一个平行于 x 轴的常值压力 T(压为正)的作用而产生横向弯曲振动。

建立如图 3.2.7(a)所示的坐标体系,仍从梁上取一微元段,其受力分析如图 3.2.7(b)所示。

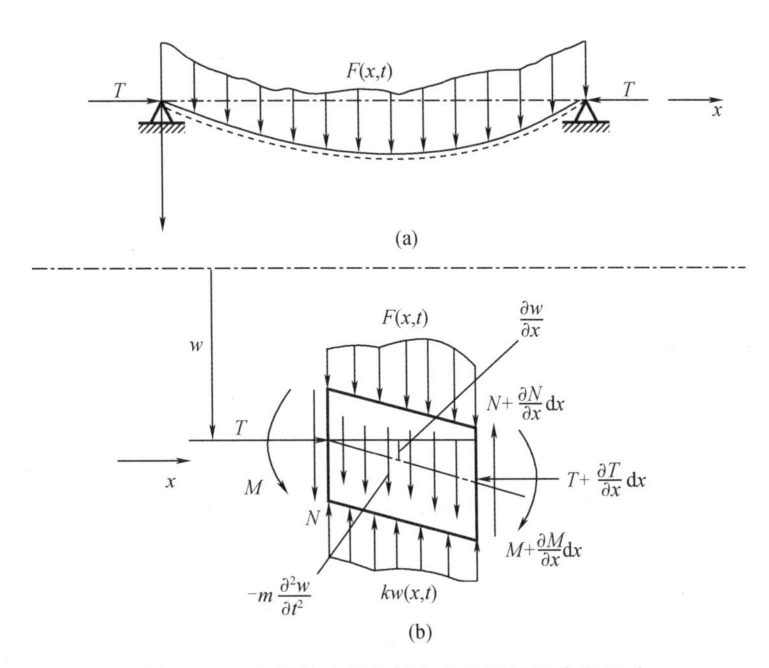

图 3.2.7 有弹性支承和轴向力作用的梁弯曲振动

此处与前面讨论的梁的纯弯曲振动相比多了 T 和 k 两项,故垂向力的平衡条件为

$$N-\left(N+\frac{\partial N}{\partial x}dx\right)-m(x)\frac{\partial^2 w}{\partial t^2}dx-kw(x,t)dx-F(x,t)dx=0 \quad (3.2.78)$$

则有

$$\frac{\partial N}{\partial x}=F(x,t)-m(x)\frac{\partial^2 w}{\partial t^2}-kw(x,t) \quad (3.2.79)$$

力矩的平衡条件为

$$M-\left(M+\frac{\partial M}{\partial x}\mathrm{d}x\right)-\left(T+\frac{\partial T}{\partial x}\right)\left(\mathrm{d}x\ \frac{\partial w}{\partial x}\right)-\left(N+\frac{\partial N}{\partial x}\right)\mathrm{d}x-kw(x,t)\,\mathrm{d}x\ \frac{\mathrm{d}x}{2}+F(x,t)\,\mathrm{d}x\ \frac{\mathrm{d}x}{2}+\frac{\partial^2 w}{\partial t^2}\mathrm{d}x\ \frac{\mathrm{d}x}{2}=0 \tag{3.2.80}$$

略去二阶小量得

$$N=\frac{\partial M}{\partial x}+T\ \frac{\partial w}{\partial x} \tag{3.2.81}$$

考虑到 $M=EI\ \dfrac{\partial^2 w}{\partial x^2}$,并将式(3.2.81)代入式(3.2.79)中,即可得到含有轴向压力 T 和弹性基础 k 作用时的梁的横向振动方程:

$$\frac{\partial^2}{\partial x^2}\left[EI(x)\frac{\partial^2 w}{\partial x^2}\right]+T\ \frac{\partial^2 w}{\partial x^2}+kw(x,t)+m(x)\frac{\partial^2 w}{\partial x^2}=F(x,t) \tag{3.2.82}$$

设 $EI(x)=EI$、$m(x)=m$,令解的形式为

$$w(x,t)=\varphi(x)\sin(\omega_n t+\beta) \tag{3.2.83}$$

用前面类似的方法可得

$$\omega_j=\left(\frac{j\pi}{l}\right)^2\sqrt{\frac{EI}{m}\left(1-\frac{Tl^2}{EIj^2\pi^2}+\frac{kl^4}{EIj^4\pi^4}\right)}\quad (j=1,2,3,\cdots) \tag{3.2.84}$$

即弹性基础相当于增加了弯曲刚度,故可使固有频率提高;轴向压力($T>0$)相当于减小了弯曲刚度,故可使固有频率降低,反之,轴向拉力会使固有频率提高。固有振型不受弹性基础和轴向力的影响。

3.2.2 梁的横向强迫振动

下面讨论均匀等直梁在任意分布力 $F(x,t)$ 的作用下的响应,不计剪切变形和剖面转动惯量,其振动偏微分方程为

$$EI\ \frac{\partial^4 w}{\partial x^4}+m\ \frac{\partial^2 w}{\partial t^2}=F(x,t) \tag{3.2.85}$$

这是一个非齐次偏微分方程,其全解同样包括两部分:一是对应于齐次方程的通解,即自由振动的解,前面已讨论过;二是对应于非齐次项的特解,在给定激励 $F(x,t)$ 后,可求得激励的响应。

设其全解即一般解为

$$w(x,t)=\sum_{s=1}^{\infty}\varphi_s(x)p_s(t) \tag{3.2.86}$$

式中,$\varphi_s(x)$ 是求解自由振动所得的梁的固有振型;$p_s(t)$ 为待求的强迫振动的广义坐标。将式(3.2.86)代入式(3.2.85)中,并令等式两边乘以 $\varphi_j(x)$,然后沿全梁积分可得

$$\int_0^l EI\varphi_j(x)\sum_{s=1}^{\infty}\frac{\mathrm{d}^4\varphi_s(x)}{\mathrm{d}x^4}p_s(t)\,\mathrm{d}x+\int_0^l m\varphi_j(x)\sum_{s=1}^{\infty}\varphi_s(x)\ \frac{\mathrm{d}^2 p_s(t)}{\mathrm{d}t^2}\mathrm{d}x=\int_0^l \varphi_j(x)F(x,t)\,\mathrm{d}x \tag{3.2.87}$$

应用正交条件,当 $s\neq j$ 时,正交部分均为 0,则在式(3.2.87)的和式中,只留下了 $s=j$ 的项,所以得

$$\int_0^l EI\varphi_j(x)\frac{\mathrm{d}^4\varphi_j(x)}{\mathrm{d}x^4}p_j(t)\mathrm{d}x+\int_0^l m\varphi_j^2(x)\frac{\mathrm{d}^2p_j(t)}{\mathrm{d}t^2}\mathrm{d}x=\int_0^l\varphi_j(x)F(x,t)\mathrm{d}x \quad (3.2.88)$$

又因式(3.2.21)可得

$$M_j\ddot{p}_j(t)+k_jp_j(t)=F_j(t)\quad(j=1,2,3,4,\cdots) \quad (3.2.89)$$

式中，$M_j=\int_0^l m\varphi_j^2(x)\mathrm{d}x$，为第 j 阶模态的模态质量；$k_j=M_j\omega_j^2=\omega_j^2\int_0^l m\varphi_j^2(x)\mathrm{d}x$，为第 j 阶模态刚度；$F_j(t)=\int_0^l F(x,t)\varphi_j(x)\mathrm{d}x$，为力载荷在第 j 阶模态的分量。

式(3.2.89)也可改写成

$$\ddot{p}_j(t)+\omega_j^2p_j(t)=f_j(t) \quad (3.2.90)$$

式中，$f_j(t)=\dfrac{F_j(t)}{M_j}$，为与单位模态质量对应的广义激振力。

式(3.2.90)为二阶非齐次方程，由它可求出模态坐标：

$$p_j(t)=a_j\cos(\omega_jt)+b_j\sin(\omega_jt)+\frac{1}{\omega_j}\int_0^t f_j(\tau)\sin[\omega_j(t-\tau)]\mathrm{d}\tau \quad (3.2.91)$$

式中，a_j、b_j 为积分常数，由初始条件确定。由于梁有无限多自由度，因此模态坐标方程及它的解有无限组，求得其解后代入式(3.2.86)中，即可求得梁的强迫振动的全解。

若激振力是一个集中激振力 $Q(t)$，作用梁上 $x=c$ 点处，则可得相应的广义力为

$$F_j(t)=Q(t)\varphi_j(c) \quad (3.2.92)$$

然后按前述同样的步骤求解。

若均匀直梁上受到的是分布简谐激振力

$$F(x,t)=F(x)\sin(\omega t) \quad (3.2.93)$$

则式(3.2.90)可化为

$$\ddot{p}_j+\omega_j^2p_j=f_j\sin(\omega t) \quad (3.2.94)$$

式中，

$$f_j=\frac{\int_0^l F(x)\varphi_j(x)\mathrm{d}x}{\int_0^l m\varphi_j^2(x)\mathrm{d}x} \quad (3.2.95)$$

于是得到稳态解

$$p_j(t)=\frac{f_j}{\omega_j^2-\omega^2}\sin(\omega t) \quad (3.2.96)$$

可得梁的稳态振动的动挠度

$$w(x,t)=\sum_{j=1}^{\infty}\varphi_j(x)p_j(t)=\sum_{j=1}^{\infty}\varphi_j(x)\frac{f_j}{\omega_j^2-\omega^2}\sin(\omega t)=\sin(\omega t)\sum_{j=1}^{\infty}\frac{f_j}{\omega_j^2}\varphi_j(x)\alpha_j \quad (3.2.97)$$

式中，

$$\alpha_j=\frac{1}{1-\left(\dfrac{\omega}{\omega_j}\right)^2} \quad (3.2.98)$$

为第 j 阶的无阻尼动力放大系数。

由式(3.2.97)和式(3.2.98)可见:当 $\omega=\omega_j$ 时,第 j 阶的动力放大系数趋向于无限大,即发生第 j 阶振型的共振现象。此时,除第 j 阶以外,其他各阶的振动可忽略不计,故梁的第 j 阶稳态振动近似为

$$w(x,t)\approx\frac{f_j}{\omega_j^2-\omega^2}\varphi_j(x)\sin(\omega t) \tag{3.2.99}$$

此时,梁的振动频率与激振力的频率相同,也就是第 j 阶固有频率,而其振型则近似为第 j 阶固有振型。

因为激振力的频率总是有限的,且随着阶数的提高,模态刚度也相应提高,在不发生共振的情况下,高阶分量占整个振动状态的比例较小,所以在对实际的梁进行分析时,其动力响应常近似取最初几阶。

前面所讨论的梁的振动问题都没有考虑梁在振动时的能量逸散,即梁在振动的过程中不受阻尼的作用,这种简化处理给一般的小阻尼自由振动的结构特征值的计算带来的误差是很小的。但是对于强迫振动问题,特别是接近共振时的动力响应计算,则必须计及阻尼的影响。实际阻尼分为内阻尼和外阻尼两类,其中最容易处理和通常遇到的是黏性阻尼问题,其他非黏性阻尼则采用等效阻尼来处理。图 3.2.8 表示了黏性外阻尼和黏性内阻尼这两种类型的黏性阻尼,它们分别导致了梁横向位移的黏性阻尼力与材料应变的黏性阻尼力。

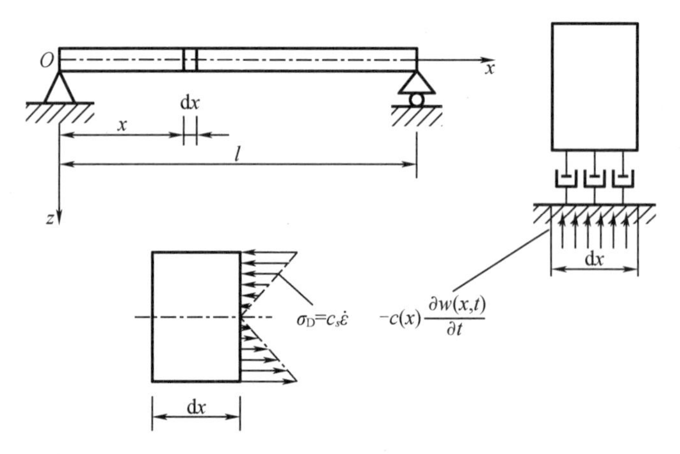

图 3.2.8 梁振动的阻尼

黏性外阻尼系数 $c(x)$ 表示在 x 处单位长度的梁上由该点的单位速度引起的阻尼力。由于外阻尼的存在,垂向力的平衡条件可改为

$$\frac{\partial N}{\partial x}=F(x,t)-m(x)\frac{\partial^2 w}{\partial t^2}-c(x)\frac{\partial w}{\partial t} \tag{3.2.100}$$

考虑材料的非弹性阻尼,设它与应变速度成正比,则应力应变关系变为

$$\sigma=E\varepsilon+c_s\dot{\varepsilon} \tag{3.2.101}$$

式中,c_s 为应变速度的阻尼系数。$\sigma_D=c_s\dot{\varepsilon}$,即为阻尼应力。

假设应变沿截面高度呈线性分布,距轴线高度为 z 处的应变为

$$\varepsilon=z\frac{\partial^2 w}{\partial x^2} \tag{3.2.102}$$

而

$$M = \int_{A_c} \sigma z \mathrm{d}A_c \tag{3.2.103}$$

式中,A_c 为梁的横剖面面积。将式(3.2.101)和式(3.2.102)代入式(3.2.103)中得

$$\begin{aligned} M &= \int_{A_c} (E\varepsilon + c_s\dot{\varepsilon}) z \mathrm{d}A_c \\ &= \int_{A_c} \left(E \frac{\partial^2 w}{\partial x^2} + c_s \frac{\partial^3 w}{\partial x^2 \partial t}\right) z^2 \mathrm{d}A_c \\ &= \left(E \frac{\partial^2 w}{\partial x^2} + c_s \frac{\partial^3 w}{\partial x^2 \partial t}\right) \int_{A_c} z^2 \mathrm{d}A_c \\ &= \left(E \frac{\partial^2 w}{\partial x^2} + c_s \frac{\partial^3 w}{\partial x^2 t}\right) I \\ &= EI \frac{\partial^2 w}{\partial x^2} + c_s I \frac{\partial^3 w}{\partial x^2 t} \end{aligned} \tag{3.2.104}$$

式中,前一项为弹性力矩项,后一项为非弹性阻尼力矩项,所以

$$N = \frac{\partial M}{\partial x} = \frac{\partial}{\partial x}\left(EI \frac{\partial^2 w}{\partial x^2} + c_s I \frac{\partial^3 w}{\partial x^2 \partial t}\right) \tag{3.2.105}$$

再将式(3.2.105)代入式(3.2.100)中得

$$\frac{\partial^2}{\partial x^2} EI \frac{\partial^2 w}{\partial x^2} + c_s I \frac{\partial^3 w}{\partial x^2 \partial t} + m \frac{\partial^2 w}{\partial t^2} + c \frac{\partial w}{\partial t} = F(x,t) \tag{3.2.106}$$

式(3.2.106)即为计及黏性内阻尼和黏性外阻尼时的等直梁强迫振动微分方程。该方程依然为四阶常系数线性偏微分方程,所以仍然可用振型叠加法求解。

设该微分方程的一般解为

$$w(x,t) = \sum_{s=1}^{\infty} \varphi_s(x) p_s(t) \tag{3.2.107}$$

式中,$\varphi_s(x)$ 为无阻尼自由振动的固有振型;$p_s(t)$ 为阻尼强迫振动的广义坐标。应该指出,该一般解虽与无阻尼时的一般解的形式完全一样,但其内容却有区别。这表示仍把强迫振动分解为一系列振型 $\varphi_s(x)p_s(t)$ 的级数和,将其代入式(3.2.106)中,可得

$$\begin{aligned} &\sum_{s=1}^{\infty} m(x)\varphi_s(x)\ddot{p}_s(t) + \sum_{s=1}^{\infty} c(x)\varphi_s(x)\dot{p}_s(t) + \sum_{s=1}^{\infty} \frac{\mathrm{d}^2}{\mathrm{d}x^2}\left[c_s I(x) \frac{\mathrm{d}^2\varphi_s(x)}{\mathrm{d}x^2}\right]\dot{p}_s(t) + \\ &\sum_{s=1}^{\infty} \frac{\mathrm{d}^2}{\mathrm{d}x^2}\left[EI(x) \frac{\mathrm{d}^2\varphi_s(x)}{\mathrm{d}x^2}\right] p_s(t) = F(x,t) \end{aligned} \tag{3.2.108}$$

将式(3.2.108)的等号两边乘以固有振型 $\varphi_j(x)$ $(j=1,2,3,\cdots,n)$,然后沿全梁积分,利用正交条件

$$\int \varphi_s(x)\varphi_j(x) = 0 \tag{3.2.109}$$

并考虑到

$$\frac{\mathrm{d}^2}{\mathrm{d}x^2}\left[EI(x) \frac{\mathrm{d}^2\varphi_j(x)}{\mathrm{d}x^2}\right] = m(x)\omega_j^2\varphi_j(x) \tag{3.2.110}$$

便可得到

$$M_j\ddot{p}_j(t)+\sum_{s=1}^{\infty}\int_0^l\varphi_j(x)\left\{c(x)\varphi_s(x)+\frac{\mathrm{d}^2}{\mathrm{d}x^2}\left[c_sI(x)\frac{\mathrm{d}^2\varphi_s(x)}{\mathrm{d}x^2}\right]\right\}\mathrm{d}x\dot{p}_s(t)+\omega_j^2M_jp_j(t)$$
$$=F_j(t)\quad(j=1,2,3,\cdots)\tag{3.2.111}$$

式中，

$$M_j=\int_0^l m(x)\varphi_j^2(x)\,\mathrm{d}x\tag{3.2.112}$$

$$F_j(t)=\int_0^l F(x,t)\varphi_j(x)\,\mathrm{d}x\tag{3.2.113}$$

式(3.2.110)~式(3.2.113)中，ω_j 为第 j 阶无阻尼振动的固有频率；M_j 为第 j 阶广义质量；$F_j(t)$ 为第 j 阶广义激振力。由式(3.2.111)可以看出：由于内阻尼和黏性阻尼的存在，系统不同振型的运动之间存在耦合作用，即不同阶的振型不能分离，因此 $p_j(t)$ 不是广义坐标。

假设阻尼系数与刚度、质量分布成正比，则式(3.2.111)中的不同振型的耦合可以拆分，即

$$\begin{cases}c(x)=\lambda m(x)\\c_s=\wp E\end{cases}\tag{3.2.114}$$

式中，λ 与 $\wp$ 是分别具有时间的倒数(1/s)和时间因次(s)的比例系数，可通过试验求得，代入式(3.2.111)中得

$$M_j\ddot{p}_j(t)+\sum_{s=1}^{\infty}\int_0^l\varphi_j(x)\left\{\lambda m(x)\varphi_s(x)+\frac{\mathrm{d}^2}{\mathrm{d}x^2}\left[\wp EI(x)\frac{\mathrm{d}^2\varphi_s(x)}{\mathrm{d}x^2}\right]\right\}\mathrm{d}x\dot{p}_s(t)+\omega_j^2M_jp_j(t)$$
$$=F_j(t)\quad(j=1,2,3,\cdots)\tag{3.2.115}$$

考虑正交条件，可知和式中仅 $j=s$ 项存在，结合 $EI\varphi_s^{\mathrm{IV}}=m\omega_s^2\varphi_s(x)$，得

$$M_j\ddot{p}_j(t)+(\lambda M_j+\wp\omega_j^2M_j)\dot{p}_j(t)+\omega_j^2M_jp_j(t)=F_j(t)\quad(j=1,2,3,\cdots)\tag{3.2.116}$$

在此情况下，耦合解除，此时的 $p_j(t)$ 为广义坐标。

将式(3.2.116)除以广义质量 M_j，并引入阻尼比 ζ_j，使

$$\zeta_j=\frac{\lambda}{2\omega_j}+\frac{\wp\omega_j}{2}\tag{3.2.117}$$

则式(3.2.116)变为

$$\ddot{p}_j(t)+(\lambda+\wp\omega_j^2)\dot{p}_j(t)+\omega_j^2p_j(t)=\frac{F_j(t)}{M_j}\tag{3.2.118}$$

$$\ddot{p}_j(t)+2\zeta_j\omega_j\dot{p}_j(t)+\omega_j^2p_j(t)=f_j(t)\tag{3.2.119}$$

式中，

$$f_j(t)=\frac{F_j(t)}{M_j}\tag{3.2.120}$$

式(3.2.119)即为单自由度系统有阻尼强迫振动的标准形式，其解为

$$p_j(t)=\mathrm{e}^{-\zeta_j\omega_jt}[a_j\sin(\omega_{\mathrm{d}j}t)+b_j\cos(\omega_{\mathrm{d}j}t)]+\frac{1}{\omega_{\mathrm{d}j}}\int_0^l f_j(\tau)\mathrm{e}^{-\zeta_j\omega_j(t-\tau)}\sin[\omega_{\mathrm{d}j}(t-\tau)]\mathrm{d}\tau\tag{3.2.121}$$

式中，

$$\omega_{\mathrm{d}j}=\omega_j\sqrt{1-\zeta_j^2}\tag{3.2.122}$$

当分布力为简谐激振力时，式(3.2.119)变为

$$\ddot{p}_j(t)+2\zeta_j\omega_j\dot{p}_j(t)+\omega_j^2p_j(t)=f_j\sin(\omega t) \tag{3.2.123}$$

式中,

$$f_j=\frac{\int_0^l F(x)\varphi_j(x)\,\mathrm{d}x}{\int_0^l m\varphi_j^2(x)\,\mathrm{d}x} \tag{3.2.124}$$

令频率比为$\dfrac{\omega}{\omega_j}=\gamma_j$,不难得到式(3.2.123)(系统强迫振动)的稳态特解:

$$p_j(t)=A_j\sin(\omega t-\beta_j) \tag{3.2.125}$$

式中,

$$A_j=\frac{f_j}{\omega_j^2}\frac{1}{\sqrt{(1-\gamma_j^2)^2+4\zeta_j^2\gamma_j^2}} \tag{3.2.126}$$

$$\beta_j=\arctan\frac{2\zeta_j\gamma_j}{1-\gamma_j^2} \tag{3.2.127}$$

于是系统强迫振动的稳态解为

$$w(x,t)=\sum_{j=1}^{\infty}\varphi_j(x)p_j(t)=\sum_{j=1}^{\infty}\frac{f_j}{\omega_j^2}\frac{\varphi_j(x)}{\sqrt{(1-\gamma_j^2)^2+4\zeta_j^2\gamma_j^2}}\sin(\omega t-\beta_j) \tag{3.2.128}$$

当$\omega=\omega_j$且j很小(即系统发生阶次较低的第j阶共振)时,系统的共振响应近似为

$$w(x,t)\approx-\frac{f_j}{\omega_j^2}\frac{\varphi_j(x)}{2\zeta_j}\cos(\omega t) \tag{3.2.129}$$

这表明有阻尼系统的实际共振振幅响应不会趋于无穷大,而是趋向于一个较大的有限值。

3.2.3 梁的剪切振动

若梁的长度l与高度h的比值小到一定程度,则梁主要发生剪切变形,弯曲变形大大减小,相对于剪切变形可忽略不计,这种梁称为高腹梁,这种运动称为剪切振动。图3.2.9为高腹板梁的剪切变形。

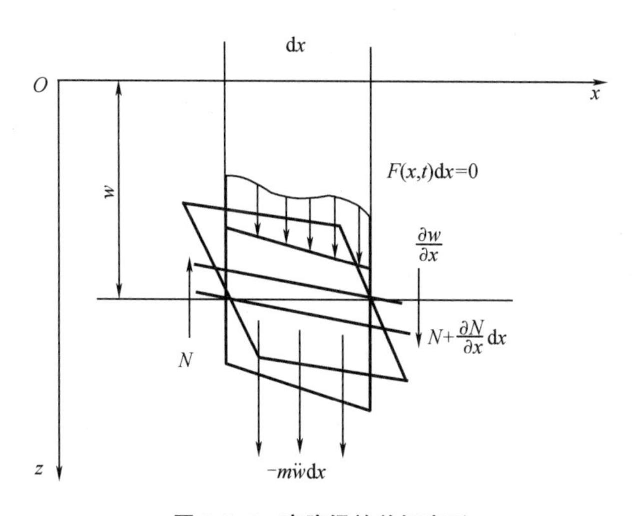

图3.2.9 高腹梁的剪切变形

在梁上取一微元段 dx,不考虑梁上的弯矩及由它引起的剖面转动,若令 $F(x,t)=0$,则根据达朗贝尔原理,可由其垂向力的平衡条件 $\sum F=0$ 得

$$N+\frac{\partial N}{\partial x}dx-N-m\ddot{w}dx=0 \tag{3.2.130}$$

进一步得

$$\frac{\partial N}{\partial x}-m\ddot{w}=0 \tag{3.2.131}$$

则有

$$\frac{\partial N}{\partial x}=m\frac{\partial^2 w}{\partial t^2} \tag{3.2.132}$$

式(3.2.132)可改写成

$$\frac{\partial N}{\partial x}=\frac{\gamma A_c}{g}\frac{\partial^2 w}{\partial t^2} \tag{3.2.133}$$

式中,A_c 为梁的横剖面面积;γ 为梁的材料重度(即单位体积材料所受的重力);g 为重力加速度。

由剪力公式得

$$N=k_0GA_c\frac{\partial w}{\partial x} \tag{3.2.134}$$

式中,k_0 为与横剖面形状尺寸有关的系数。

将式(3.2.134)代入式(3.2.133)中得

$$\frac{\partial}{\partial x}k_0GA_c\frac{\partial w}{\partial x}=\frac{\gamma A_c}{g}\frac{\partial^2 w}{\partial t^2} \tag{3.2.135}$$

即有

$$\frac{k_0Gg}{\gamma}\frac{\partial^2 w}{\partial x^2}=\frac{\partial^2 w}{\partial t^2} \tag{3.2.136}$$

由于$\frac{\gamma}{g}=\rho$,为梁材料的密度,因此将其代入式(3.2.136)中得

$$\frac{k_0G}{\rho}\frac{\partial^2 w}{\partial x^2}=\frac{\partial^2 w}{\partial t^2} \tag{3.2.137}$$

再令 $c^2=\frac{k_0G}{\rho}$,即 $c=\sqrt{\frac{k_0G}{\rho}}$,此处,$c$ 为高腹梁剪切波的传播速度。

这样式(3.2.137)便变为

$$\frac{\partial^2 w}{\partial t^2}=c^2\frac{\partial^2 w}{\partial x^2} \tag{3.2.138}$$

即为剪切振动方程。该方程与纵向振动方程(3.1.7)类似,求解方法与解的形式也类似。

3.3 能 量 法

本节主要讨论结构自振频率求解中常用的近似算法的一种——能量法。能量法包括假设模态法、瑞利法和瑞利-里茨法等，三者的理论基础同为系统能量守恒、动能和势能的相互转化，因此统称为能量法。能量法主要用于求解多自由度系统或连续体系统自振频率的近似值。

3.3.1 假设模态法

假设模态法的核心是将结构响应表示为与空间有关的函数和与时间有关的函数的乘积，再逐项求和，得到近似的振动形式。实际上是一种将连续体振动离散化处理的方法。

以梁的弯曲振动为例，设其振动形式为

$$w(x,t)=\sum_{j=1}^{n}\tilde{\varphi}_j(x)q_j(t) \tag{3.3.1}$$

式中，$\tilde{\varphi}_j(x)$是假设的满足几何边界条件的基函数，也称假设模态；$q_j(t)$为相应的广义坐标。

以不计剖面转动惯量影响的梁为例，弯曲振动动能为

$$T=\frac{1}{2}\int_0^l m(x)\dot{w}^2(x,t)\,\mathrm{d}x \tag{3.3.2}$$

不计剪切变形的梁弯曲势能为

$$V=\frac{1}{2}\int_0^l EI(x)w''^2(x,t)\,\mathrm{d}x \tag{3.3.3}$$

将式(3.3.1)分别代入式(3.3.2)和式(3.3.3)中得

$$\begin{cases}T=\dfrac{1}{2}\sum\limits_{j=1}^{n}\sum\limits_{s=1}^{n}M_{js}\dot{q}_j(t)\dot{q}_s(t)\\ V=\dfrac{1}{2}\sum\limits_{j=1}^{n}\sum\limits_{s=1}^{n}K_{js}q_j(t)q_s(t)\end{cases} \tag{3.3.4}$$

式中，

$$\begin{cases}M_{js}=\int_0^l m(x)\tilde{\varphi}_j(x)\tilde{\varphi}_s(x)\,\mathrm{d}x\\ K_{js}=\int_0^l EI(x)\tilde{\varphi}''_j(x)\tilde{\varphi}''_s(x)\,\mathrm{d}x\end{cases} \tag{3.3.5}$$

式中，M_{js}为质量影响系数，取决于系统的质量分布，并与所假设的模态有关，且有对称性($M_{js}=M_{sj}$)；K_{js}为刚度影响系数，取决于系统的刚度分布，也与所假设的模态有关，且也有对称性($K_{js}=K_{sj}$)。K_{js}中包括$\tilde{\varphi}_j(x)$导数的阶数是连续系统微分方程导数的阶数的一半。例如，若弯曲振动方程为四阶，则刚度影响系数K_{js}为二阶。

为方便体现振动方程的特点，将式(3.3.4)中的动能和势能写成矩阵形式：

$$\begin{cases}\boldsymbol{T}=\dfrac{1}{2}\dot{\boldsymbol{q}}^{\mathrm{T}}\boldsymbol{M}\dot{\boldsymbol{q}}\\ \boldsymbol{V}=\dfrac{1}{2}\boldsymbol{q}^{\mathrm{T}}\boldsymbol{K}\boldsymbol{q}\end{cases} \tag{3.3.6}$$

式中，$\boldsymbol{q}=[q_1,\quad q_2,\quad \cdots,\quad q_n]^{\mathrm{T}}$，为广义坐标向量；$\boldsymbol{M}$ 为以质量影响系数 M_{js} 为元素的对称质量阵；$\boldsymbol{K}$ 为以刚度影响系数 K_{js} 为元素的对称刚度阵。

对于保守系统，在自由振动条件下，将动能与势能的表达式代入拉格拉日第二类方程中即可得到振动方程：

$$\boldsymbol{M}\ddot{\boldsymbol{q}}+\boldsymbol{K}\boldsymbol{q}=\boldsymbol{0} \tag{3.3.7}$$

可以看到方程(3.3.7)的形式和多自由度系统振动方程是完全相同的。那么，对梁的振动问题的求解即可转化为对式(3.3.7)所示多自由度系统的振动问题的求解。

对于梁的强迫弯曲振动，需要用虚功原理来计算广义力。实际激振力既可以是分布的横向力 $F(x,t)$，也可以是集中力 $Q_r(t)(r=1,2,3,\cdots,h)$，集中力的作用点标记为 $x=x_r(r=1,2,3,\cdots,h)$。则外力的虚功可表示为

$$\delta W=\int_0^l F(x,t)\delta w(x,t)\mathrm{d}x+\sum_{r=1}^{h}Q_r(t)\delta w(x_r,t) \tag{3.3.8}$$

将式(3.3.1)代入式(3.3.8)中有

$$\delta W=\sum_{j=1}^{n}\left[\int_0^l F(x,t)\widetilde{\varphi}_j(x)\mathrm{d}x+\sum_{r=1}^{h}Q_r(t)\widetilde{\varphi}_j(x_r)\right]\delta q_j(t) \tag{3.3.9}$$

则广义力可表示为

$$F_j(t)=\int_0^l F(x,t)\widetilde{\varphi}_j(x)\mathrm{d}x+\sum_{r=1}^{h}Q_r(t)\widetilde{\varphi}_j(x_r)\quad(j=1,2,3,\cdots,n) \tag{3.3.10}$$

用矢量表示则为

$$\boldsymbol{F}=[F_1(t)\quad F_2(t)\quad \cdots\quad F_n(t)]^{\mathrm{T}} \tag{3.3.11}$$

将式(3.3.11)与动能、势能的表达式一起代入非保守系统的拉格朗日方程，就得到了矩阵形式的无阻尼强迫振动的振动方程：

$$\boldsymbol{M}\ddot{\boldsymbol{q}}+\boldsymbol{K}\boldsymbol{q}=\boldsymbol{F} \tag{3.3.12}$$

这样，弹性体的强迫振动问题就被转化为 n 个自由度系统的强迫振动问题。

使用假设模态法时应注意以下几点：

(1)质量影响系数与刚度影响系数因问题的不同而不同。下面给出任意条件下的计算公式。如图 3.3.1 所示，在一根弹性梁上的 $x=c$ 处有一个集中质点 M，在 $x=d$ 处设有一个刚度为 k 的弹性支承，可得此时的质量影响系数及刚度影响系数为

$$\begin{cases}M_{js}=\int_0^l m(x)\widetilde{\varphi}_j(x)\widetilde{\varphi}_s(x)\mathrm{d}x+M\widetilde{\varphi}_j(c)\widetilde{\varphi}_s(c)\\K_{js}=\int_0^l EI(x)\widetilde{\varphi}''_j(x)\widetilde{\varphi}''_s(x)\mathrm{d}x+k\widetilde{\varphi}''_j(d)\widetilde{\varphi}''_s(d)\end{cases} \tag{3.3.13}$$

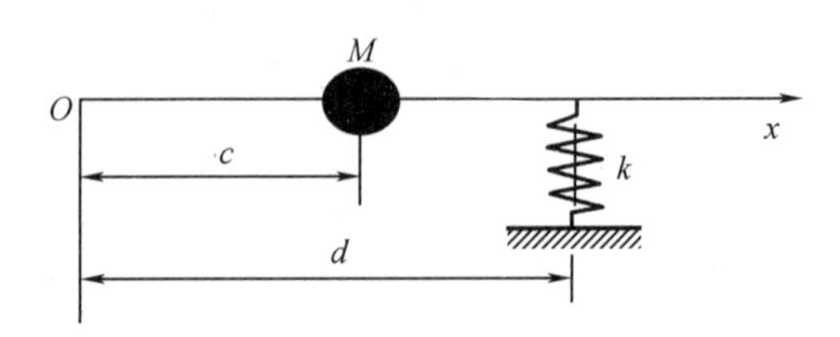

图 3.3.1　具有集中质点和弹性支承的梁

(2)如果在动能和势能的表达式中，令质量影响系数 M_{js} 及刚度影响系数 $K_{js}(j\neq s)$ 为 0，即令广义坐标的正交乘项的系数为 0，则可得梁弯曲振动的正交条件：

$$\begin{cases} M_{js} = \int_0^l m(x)\widetilde{\varphi}_j(x)\widetilde{\varphi}_s(x)\mathrm{d}x = 0 \\ K_{js} = \int_0^l EI(x)\widetilde{\varphi}_j''(x)\widetilde{\varphi}_s''(x)\mathrm{d}x = 0 \end{cases} \quad (j \neq s) \tag{3.3.14}$$

式(3.3.14)与前面所推导过的梁弯曲振动的刚度及质量正交条件是完全一致的,可见用假设模态法能够更容易地推导正交条件。

(3)在假设模态满足正交条件的基础上,若 $\widetilde{\varphi}_j(x)$ 为系统的固有振型 $\varphi(x)$,而 $q(t)$ 为系统的广义坐标,则可得式(3.3.7)与式(3.3.12)所包含的各方程是相互独立且不耦合的。

(4)实际上,在一般情况下,假设模态 $\widetilde{\varphi}_j(x)$ 并不满足正交条件,但人为地认为它是"正交"的,这样对每一假设的近似振型 $\widetilde{\varphi}_j(x)$,均可引出一个近似等效的系统,此时强迫振动的矩阵可写为

$$M_j\ddot{q}_j + K_jq_j = F_j \quad (j=1,2,3,\cdots,n) \tag{3.3.15}$$

式中,$M_j = M_{jj}$;$K_j = K_{jj}$

3.3.2 瑞利法

瑞利法的出发点是能量守恒原理,即假设系统内部没有阻尼,系统的动能和势能始终相互转换,总和不变。

如果级数式(3.3.1)仅取一项

$$w(x,t) = \widetilde{\varphi}(x)q(t) \tag{3.3.16}$$

则式(3.3.7)所示的矩阵方程就变为单自由度系统的振动方程:

$$M\ddot{q} + Kq = 0 \tag{3.3.17}$$

进一步求出单自由度系统的固有频率:

$$\omega^2 = \frac{K}{M} \tag{3.3.18}$$

若不计剪切变形和剖面转动惯量的影响,则对于梁的弯曲振动有

$$\begin{cases} M_j = \int_0^l m(x)\widetilde{\varphi}_j^2(x)\mathrm{d}x \\ K_j = \int_0^l EI(x)\widetilde{\varphi}_j''^2(x)\mathrm{d}x \end{cases} \tag{3.3.19}$$

将式(3.3.19)代入式(3.3.18)中,便可求得第 j 阶固有频率的近似值:

$$\omega_j^2 = \frac{\int_0^l EI(x)\widetilde{\varphi}_j''^2(x)\mathrm{d}x}{\int_0^l m(x)\widetilde{\varphi}_j^2(x)\mathrm{d}x} \tag{3.3.20}$$

瑞利固有频率还可以由另一种方法推得。仍考虑梁的横振动问题,当梁做第 j 阶振型的振动时,其振动位移为

$$w(x,t) = \widetilde{\varphi}_j(x)\sin(\omega_j t + \theta) \tag{3.3.21}$$

式中,$\widetilde{\varphi}_j(x)$ 为假定第 j 阶振动的近似振型(假设模态)。

根据能量守恒定律,在振动时有

$$T_{\max} = V_{\max} \tag{3.3.22}$$

将式(3.3.21)分别代入动能和势能的表达式(式(3.3.2)和式(3.3.3))中得

$$\begin{cases} V_{\max} = \dfrac{1}{2}\displaystyle\int_0^l EI(x)\widetilde{\varphi}_j''^2(x)\,\mathrm{d}x \\ T_{\max} = \dfrac{1}{2}\omega_j^2\displaystyle\int_0^l m(x)\widetilde{\varphi}_j^2(x)\,\mathrm{d}x = \omega_j^2 T^* \end{cases} \tag{3.3.23}$$

式中,

$$T^* = \frac{1}{2}\int_0^l m(x)\varphi_j^2(x)\,\mathrm{d}x \tag{3.3.24}$$

得

$$\omega_j^2 = R(\widetilde{\varphi}) = \frac{V_{\max}}{T^*} = \frac{\displaystyle\int_0^l EI(x)\widetilde{\varphi}_j''^2(x)\,\mathrm{d}x}{\displaystyle\int_0^l m(x)\widetilde{\varphi}_j^2(x)\,\mathrm{d}x} \tag{3.3.25}$$

式(3.3.25)与式(3.3.20)的表达形式完全一致。此处,$R(\widetilde{\varphi})$便称为瑞利商或瑞利函数。

通过以上推导方式可知:

(1)式(3.3.25)对于所有弹性体系统振动都是成立的。对于弹性体系统,只要写出其动能和势能的表达式,就不难求得相应的瑞利商。

(2)在弹性体系统某固有振型$\varphi(x)$已知的情况下,由式(3.3.25)即可求得该谐调的固有频率的精确值。

(3)如果事先不知系统的固有振型,则需用假设模态$\widetilde{\varphi}(x)$来代替真实振型$\varphi(x)$,然后计算瑞利商,进而求得某一谐调的固有频率的近似值。

(4)设定假设模态时,若使其满足系统几何边界条件和力边界条件,则能得到比较好的近似值。若两者很难同时满足,则至少要满足几何边界条件,否则会使计算结果误差过大。

(5)实际上,只有当假设模态$\widetilde{\varphi}(x)$恰为固有振型$\varphi(x)$时,它才满足平衡微分方程。

(6)瑞利商在固有振型附近有比较稳定的解,而且此稳定解是一个极小值。

(7)由于高阶近似振型较难选取,因此瑞利法一般仅用来求系统的一阶固有频率(即基频)。对于梁振动问题,通常选用静挠度曲线作为首谐振型函数,可得到较好的计算结果,一般误差不大于5%。

(8)假定振型函数时,由于假设的振型往往取无穷级数的前几项,舍去了一些振型,相当于给系统增加了约束(即增加了刚度),因此使频率的计算值偏高,而且永远大于真实值,故在选用不同的振型函数而得到不同的计算结果时,应取最低的数值以逼近真实值。

(9)应用瑞利法求固有频率时,集中质点不影响系统的最大势能,仅影响系统的最大动能,如图3.3.2所示。

若在梁上$x=c$处有集中质点M,则梁的最大动能为

$$T_{\max} = \frac{1}{2}\omega_j^2\int_0^l m(x)\widetilde{\varphi}_j^2(x)\,\mathrm{d}x + \frac{1}{2}\omega_j^2 M\widetilde{\varphi}_j^2(c) \tag{3.3.26}$$

同样,在应用瑞利法计算固有频率时,弹性支承仅影响系统的势能。若在梁上$x=d$处有刚度为k及扭转刚度为k_φ的弹性支承,则梁的最大势能为

$$V_{\max}=\frac{1}{2}\int_0^l EI(x)\widetilde{\varphi}_j''^2(x)\mathrm{d}x+\frac{1}{2}k\widetilde{\varphi}_j''^2(d)+\frac{1}{2}k_\varphi\widetilde{\varphi}_j'^2(d) \tag{3.3.27}$$

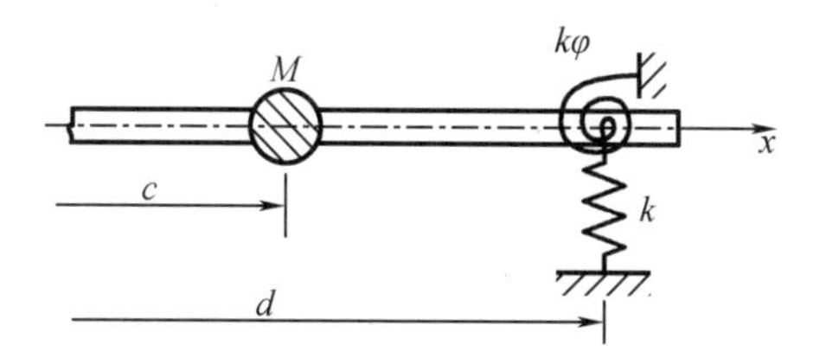

图 3.3.2 具有集中质点的弹性支承梁

3.3.3 瑞利-里茨法

相比于瑞利法,瑞利-里茨法可以求解最初几个固有频率及振型的近似值。瑞利-里茨法描述振型的假设函数是一组假设函数的多项式之和,其中每个独立的项都有未知系数。仍以梁的弯曲振动为例,设其振型为

$$\widetilde{\varphi}(x)=\sum_{j=1}^{n}A_j\psi_j(x) \tag{3.3.28}$$

式中,A_j 为待定系数,对应前面章节中的广义坐标;$\psi_j(x)$ 为空间坐标 x 的已知函数,称为基函数。基函数必须满足梁的 $\widetilde{\varphi}(x)$ 几何边界条件,但不必满足微分方程,要求相互独立且连续可导。通过使瑞利商为极小来选取参数 A_j,从而使近似振型与固有振型接近。因此,一旦 $\psi_j(x)$ 取定后,即将求的问题转化为求 n 个待定参数 A_j 的问题,这样就将无限自由度系统问题转化为多自由度系统问题。这个离散化方法相当于不计较高次的项,即相当于将约束 $A_{n+1}=0$、$A_{n+2}=0$……强加给系统。与瑞利法同理,约束会使系统的刚度增加,所以求得的固有频率始终比系统真实的固有频率高。因此,增加求解时参与计算的级数项可以从上侧逼近真实解。

将级数的一般式(3.3.28)代入瑞利商的一般式(3.3.25)中,可得

$$\omega^2=R(\widetilde{\varphi})=\frac{V_{\max}(\widetilde{\varphi})}{T^*(\widetilde{\varphi})}=\frac{V_{\max}(A_1,A_2,\cdots,A_n)}{T^*(A_1,A_2,\cdots,A_n)} \tag{3.3.29}$$

其极值条件为

$$\frac{\partial R}{\partial A_j}=0\quad(j=1,2,3,\cdots,n) \tag{3.3.30}$$

故由式(3.3.29)得

$$\frac{1}{T^{*2}}\left(\frac{\partial V_{\max}}{\partial A_j}T^*-V_{\max}\frac{\partial T^*}{\partial A_j}\right)=0 \tag{3.3.31}$$

$$\frac{\partial V_{\max}}{\partial A_j}-\frac{V_{\max}}{T^*}\frac{\partial T^*}{\partial A_j}=0 \tag{3.3.32}$$

$$\frac{\partial V_{\max}}{\partial A_j}-\omega^2\frac{\partial T^*}{\partial A_j}=0\quad(j=1,2,3,\cdots,n) \tag{3.3.33}$$

或

$$\frac{\partial}{\partial A_j}(V_{\max}-\omega^2 T^*)=0 \quad (j=1,2,3,\cdots,n) \tag{3.3.34}$$

记 $\tilde{s}=V_{\max}-\omega^2 T^*$，则

$$\frac{\partial \tilde{s}}{\partial A_j}=0 \quad (j=1,2,3,\cdots,n) \tag{3.3.35}$$

此时

$$\tilde{s}=\int_0^l EI(x)\tilde{\varphi}_j''^2 \mathrm{d}x-\omega^2\int_0^l m(x)\tilde{\varphi}_j^2 \mathrm{d}x \tag{3.3.36}$$

将 $\tilde{\varphi}(x)=\sum_{j=1}^{n} A_j\psi_j(x)$ 代入式(3.3.36)中得

$$\tilde{s}(A_1,A_2,\cdots A_n)=\sum_{j=1}^{n}\sum_{s=1}^{n} K_s A_j A_s-\omega^2\sum_{j=1}^{n}\sum_{s=1}^{n} M_{js}A_jA_s \tag{3.3.37}$$

式中，

$$\begin{cases} K_{js}=\int_0^l EI(x)\psi_j''(x)\psi_s''(x)\mathrm{d}x \\ M_{js}=\int_0^l m(x)\psi_j(x)\psi_s(x)\mathrm{d}x \end{cases} \quad (s,j=1,2,3,\cdots,n) \tag{3.3.38}$$

式中，系数 K_{js} 和 M_{js} 均是常系数，并具有对称性。将式(3.3.37)代入式(3.3.35)中得

$$\begin{aligned} \frac{\partial \bar{s}}{\partial A_j} &= \frac{\partial}{\partial A_j}\left(\sum_{j=1}^{n}\sum_{s=1}^{n} K_{js}A_jA_s-\omega^2\sum_{j=1}^{n}\sum_{s=1}^{n} M_{js}A_jA_s\right) \\ &= \sum_{s=1}^{n} K_{js}A_s-\omega^2\sum_{s=1}^{n} M_{js}A_s \\ &= \sum_{s=1}^{n}(K_{js}A_s-\omega^2 M_{js})A_s \\ &= 0 \end{aligned} \tag{3.3.39}$$

进一步推得关于 A_j 的线性齐次代数方程组：

$$\sum_{j=1}^{n}(K_{sj}-\omega^2 M_{sj})A_j=0 \quad (s=1,2,3,\cdots,n) \tag{3.3.40}$$

式中，A_j 为未知的待定常数；ω^2 为固有频率的平方（特征值）。将方程（3.3.40）写为矩阵形式：

$$(\boldsymbol{K}-\omega^2\boldsymbol{M})\boldsymbol{A}=0 \tag{3.3.41}$$

式(3.3.41)与求多自由度系统固有频率的矩阵形式相同。这样问题就归结为求 n 个自由度系统的特征值问题。由此解出 n 个特征值 ω_j^2，与相应的特征矢量 $\boldsymbol{A}_j(j=1,2,3,\cdots)$。第 s 谐调固有振型为

$$\tilde{\varphi}^{(s)}(x)=\sum_{j=1}^{n} A_j^{(s)}\psi_j(x) \quad (s=1,2,3,\cdots,n) \tag{3.3.42}$$

将用瑞利-里茨法解出的特征值按次序排列，即

$$\omega_1^2(n)<\omega_2^2(n)<\cdots<\omega_n^2(n) \tag{3.3.43}$$

需要说明的是，越高阶的固有频率与真实值的误差就越大。所以应用瑞利-里茨法计算各谐次的固有频率时，所取振型函数的项数应比所求的固有频率的阶数多一倍以上，才能得到较好的计算结果，且取的项数越多，越趋近于固有频率的准确值。

3.4 波动分析方法

实际上,振动分析是指对孤立的质点的振动形态进行分析,而波动分析则是指考虑弹性体结构中不同质点在弹性力的作用下连携振动后,整体宏观形成的波动传播分析。如果能够求得整个系统中弹性波的数学表达式,就能够确定任意一个质点在任意时刻的振动形态,这种方法就是波动分析方法。

关于波动(行波)动力学分析方法(即波动分析方法)的研究始于20世纪60年代,其基本思想是将结构的振动看成不同形式、不同频率弹性波的叠加,从单元连续体方程出发,考虑节点协调条件,通过组集得到结构的波导和传输方程,建立结构的行波模型,获得其动力学响应。相比于其他方法,波动分析方法使用单元和节点的连续模型,大多数情况下不存在离散误差和模态截断误差,因而能更好地描述结构的中高频特性。

目前对波传播行为的分析计算方法主要分为解析法、有限元法、有限差分法、离散元法、特征线法和谱有限元法等,其中解析法对复杂结构无法求解,但对理解波动分析方法很有意义。

3.4.1 波传播方法

利用解析法一般能够得到显式的解析表达式,能够更方便地帮助人们认识波传播的规律和机理。对于简单几何结构如规则几何的杆、板结构等中波的传播问题可以推导出解析解。解析法目前主要用于求解简单几何和简单边界条件结构中波的传播问题,对于复杂波的传播问题还很难求解。

在前面的讨论中,我们得到了梁的横向振动的控制方程:

$$EI\frac{\partial^4 w}{\partial x^4}+\rho A\frac{\partial^2 w}{\partial t^2}=q(x,t) \tag{3.4.1}$$

讨论了无限长梁中可能存在的弯曲波动模式。对于不计剪切变形和转动惯量的欧拉梁,其横向位移为

$$w(x,t)=A\mathrm{e}^{\mathrm{i}(kx-\omega t)} \tag{3.4.2}$$

将波动解代入控制方程,设分布载荷为0,得

$$\left(k^4-\frac{\rho A}{EI}\omega^2\right)A\mathrm{e}^{\mathrm{i}(kx-\omega t)}=0 \tag{3.4.3}$$

式(3.4.3)有非零解的条件是

$$k^4-\frac{\rho A}{EI}\omega^2=0 \tag{3.4.4}$$

令 $a^4=\dfrac{\rho A}{EI}>0$,则 $k^2=\pm a^2\omega$,因此波数 k 有4种可能的取值,即

$$\begin{aligned}k_1&=-k_2=a\sqrt{\omega}=k'\\k_3&=-k_4=\mathrm{i}a\sqrt{\omega}=\mathrm{i}k'\end{aligned} \tag{3.4.5}$$

波动解可以一般的表示为

$$w(x,t)=A_1\mathrm{e}^{\mathrm{i}(k_1x-\omega t)}+A_2\mathrm{e}^{\mathrm{i}(k_2x-\omega t)}+A_3\mathrm{e}^{\mathrm{i}(k_3x-\omega t)}+A_4\mathrm{e}^{\mathrm{i}(k_4x-\omega t)}$$

$$=A_1 e^{i(k'x-\omega t)}+A_2 e^{i(-k'x-\omega t)}+A_3 e^{-k'x-i\omega t}+A_4 e^{k'x-i\omega t} \tag{3.4.6}$$

式(3.4.6)表明,2 种弯曲波有 4 个:其中 2 个是行波,但传播方向相反;另外 2 个是迅速衰减的波,衰减方向也相反。2 个行波的传播速度相同,为

$$C_1=C_2=\frac{\omega}{k}=\frac{\omega}{a\sqrt{\omega}}=\frac{\sqrt{\omega}}{a} \tag{3.4.7}$$

由于传播速度依赖于频率,因此两种行波都是色散波。波动解也可表示为

$$w(x,t)=e^{-i\omega t}[C_1\cos(k'x)+C_2\sin(k'x)+C_3\text{sh}(k'x)+C_4\text{ch}(k'x)] \tag{3.4.8}$$

式中,

$$\begin{cases}\text{sh}(k'x)=\dfrac{e^{k'x}-e^{k'x}}{2}\\ \text{ch}(k'x)=\dfrac{e^{k'x}+e^{k'x}}{2}\end{cases} \tag{3.4.9}$$

对于双曲正弦函数和双曲余弦函数,存在如下关系:

$$\begin{cases}\dfrac{d}{dx}\text{sh }x=\text{ch }x\\ \dfrac{d}{dx}\text{ch }x=\text{sh }x\\ \text{ch}^2x-\text{sh}^2x=1\\ \text{sh }x|_{x=0}=0\\ \text{ch }x|_{x=0}=1\end{cases} \tag{3.4.10}$$

对于波动解,下面以固定端和自由端为例说明边界条件。

(1)自由端

如果杆的右端($x=l$)是自由端,则该端在任意时刻的应力必须为 0。当波向右运动到杆的右端时,为了满足应力为 0 的条件,必须有第二个波向左传播,与前一个波叠加以后方可消去杆右端的截面应力。显然,当波的每一部分经过杆端时,向左传播的位移波的斜率必然等于向右传播的位移波的斜率的负值。

入射波在自由端与来自杆端外部的一个向左传播的波的叠加概念使我们易于设想满足边界条件的机理。但是应该理解,这个波是在向右传播的波到达右端时在那里真实产生的反射波,即入射波在自由端被反射了。反射波具有和入射波相同的位移,因为行进方向相反,所以应力大小相等、正负号相反。特别注意的是,自由端的两个应力分量相互抵消了,而由于入射波和反射波的叠加,因此总位移增加了一倍。

(2)固定端

现在考虑杆右端是固定端的情况,任何时刻位移为 0,可以想到两个方向的位移波在杆端位移大小相等而正负号相反,二者相互抵消。同时入射的应力波和反射的应力波大小相等而正负号相同,二者相互叠加。因此,在满足位移为 0 的条件下,反射波使得杆固定端的应力增大了一倍。

3.4.2 时域谱单元法

谱单元法主要分为频域谱单元法和时域谱单元法两种。

频域谱单元法最早由普渡大学的 Doyle 教授于 1989 年提出,其核心思路是通过快速傅

里叶变换(FFT)在频域内求解弹性波的传播。这种方法具有求解速度快、精度高等特点。后来,Igawa 等不断完善这种方法,通过拉普拉斯变换改善傅里叶变换(FT)带来的截断误差,并将这种方法的应用对象从无限或半无限的杆、梁结构推广到有限尺寸的三维框架结构等。然而,频域谱单元法在求解大型复杂实际结构中波的传播问题时,仍存在诸多未解决的问题。

时域谱单元法最早由麻省理工学院的 Patera 提出。这种方法结合了谱单元法和经典有限元法的优点。谱单元法常用于求解各类连续介质中波的传播、干涉和衍射等问题。这种方法通过正交切比雪夫多项式(Chebyshev polynomial)或高阶洛巴托多项式(Lobatto polynomial)进行波场插值逼近。随着插值阶次 n 的提高,计算误差 $\varepsilon \approx O\left(\frac{1}{n}\right)^n$ 呈指数型降低,从而实现了数值算法的快速收敛。然而,这种方法不太适合求解复杂几何结构中的动力学问题。有限元法是目前在各个领域被广泛应用的一种数值算法。这种方法将求解域离散为有限个单元,在每个单元内通过插值函数去近似位移场,易于算法的实现,并且适合复杂多样的几何边界。然而,经典有限元法在求解波的传播问题时受限于龙格(Runge)效应,其单元插值函数往往取线性函数或二次函数。因此,在用经典有限元法求解高频导波在结构中的传播行为时,对网格密度要求高,求解效率低。

时域谱单元法结合了谱单元法的高阶多项式快速收敛的特性和有限元法的复杂几何适应性的优点,能够以较小的计算耗费求解复杂结构中波的传播问题。如图 3.4.1 所示,不同于经典有限元法,这种单元的内插节点在空间坐标中是非等距分布的,其坐标可通过洛巴托多项式、切比雪夫多项式或拉盖尔多项式(Laguerre polynomial)求解。在谱单元内,插值函数的取值点在单元边界处分布得更加密集,从而提高了单元边界处的插值精度,有效抑制了龙格效应。因此,时域谱单元法能够通过单元内的高阶插值实现对动力学方程的快速高精度求解。

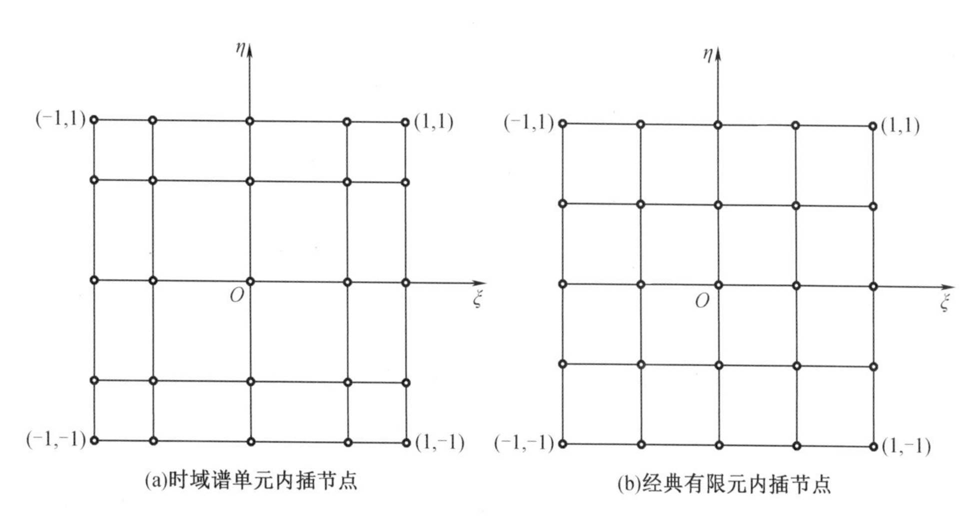

图 3.4.1 内插节点

采用时域谱单元法求解弹性波的传播问题的步骤如下:

(1)将结构离散为有限个单元,这些单元称为谱单元。根据结构形式选择合适的单元类型,如卫星壁板结构选择板、壳单元,桁架结构选择空间杆单元等。

(2)结合单元的材料属性选择合适的插值函数。

(3)计算单元的质量矩阵和刚度矩阵等单元矩阵。

(4)通过组装各单元矩阵,得到系统的控制方程。

(5)通过数值解法求解系统的响应。

与有限元法类似,当谱单元的插值函数满足以下两个条件时,所得的解是收敛的,并收敛于正确的解:一是完备性,即谱单元的插值函数能够反映单元的刚体位移,此外当单元尺寸趋于无穷小时,单元内的应变应为一常数;二是协调性,即在结构内,单元应是连续协调的,在相邻单元的重合边界上没有间隙与干涉,位移也应是连续的。

对于已经选好单元划分的结构来说,对形状插值函数的选取至关重要。在数学上,某一未知函数 $f(x)$ 在 $x\in[a,b]$ 上任意一点的值可通过该函数在 a 点处展开的泰勒公式来逼近,即

$$f(x)\approx f(a)+\frac{x-a}{1!}f^{(1)}(a)+\cdots+\frac{(x-a)^{n}}{n!}f^{(n)}(a) \tag{3.4.11}$$

函数 $f(x)$ 可被认为由一系列基函数 $\{p_n(x)\}$ 叠加而成,即

$$f(x)\approx a_0p_0(x)+a_1p_1(x)+\cdots+a_np_n(x) \tag{3.4.12}$$

式中,$a_i(i=0,1,\cdots,n)$ 为常系数。

$\{p_n(x)\}$ 一般选择三角函数、指数函数或多项式等。由于多项式天然满足上述对形状差值函数的两个条件要求,因此谱单元法和有限元法大多采用多项式来构建函数。不同于经典有限元法中常用的低阶插值,谱单元法可通过配置非等距插值节点来实现高精度的多项式插值。谱单元法中常用的多项式为洛巴托多项式、切比雪夫多项式和拉盖尔多项式等。

在得到时域谱单元的内插节点后,就可以表示单元内的位移场、应变场和应力场了。

单元位移场可以通过节点位移插值得到,即

$$\begin{cases} u(x,y,z)=\sum_{i=1}^{m}N_i(x,y,z)q_i^u \\ v(x,y,z)=\sum_{i=1}^{m}N_i(x,y,z)q_i^v \\ w(x,y,z)=\sum_{i=1}^{m}N_i(x,y,z)q_i^w \end{cases} \tag{3.4.13}$$

式中,m 为单元节点总数;$N_i(x,y,z)$ 为形状插值函数;q_i^u、q_i^v、q_i^w 分别为节点在 3 个主方向上的位移。以矩阵形式表示的式(3.4.13)为

$$\boldsymbol{q}^{\mathrm{e}}=\boldsymbol{N}^{\mathrm{e}}\boldsymbol{q}_n^{\mathrm{e}} \tag{3.4.14}$$

式中,$\boldsymbol{q}^{\mathrm{e}}=[u,v,w]^{\mathrm{T}}$,为单元的位移向量;$\boldsymbol{N}^{\mathrm{e}}$ 为单元的形状函数矩阵;$\boldsymbol{q}_n^{\mathrm{e}}$ 为节点位移向量。由形状函数的定义可知,$\boldsymbol{N}^{\mathrm{e}}$ 为定常函数,不随时间变化,因此也可用于速度与加速度的插值,即

$$\dot{\boldsymbol{q}}^{\mathrm{e}}=\boldsymbol{N}^{\mathrm{e}}\dot{\boldsymbol{q}}_n^{\mathrm{e}},\ddot{\boldsymbol{q}}^{\mathrm{e}}=\boldsymbol{N}^{\mathrm{e}}\ddot{\boldsymbol{q}}_n^{\mathrm{e}} \tag{3.4.15}$$

一般地,单元的应变场可表示为

$$\boldsymbol{\varepsilon}^{\mathrm{e}}=\boldsymbol{B}_1\boldsymbol{q}^{\mathrm{e}}+\boldsymbol{B}_n\boldsymbol{q}^{\mathrm{e}}=\boldsymbol{B}\boldsymbol{q}^{\mathrm{e}} \tag{3.4.16}$$

式中,$\boldsymbol{B}_1$ 为线性的几何矩阵;$\boldsymbol{B}_n$ 为非线性相关的几何矩阵。在仅考虑小变形假设时,$\boldsymbol{B}_n$ 可不考虑。

$$
\boldsymbol{B}_1=\begin{pmatrix}\frac{\partial}{\partial x} & 0 & 0\\ 0 & \frac{\partial}{\partial y} & 0\\ 0 & 0 & \frac{\partial}{\partial z}\\ \frac{\partial}{\partial y} & \frac{\partial}{\partial x} & 0\\ 0 & \frac{\partial}{\partial z} & \frac{\partial}{\partial y}\\ \frac{\partial}{\partial z} & 0 & \frac{\partial}{\partial x}\end{pmatrix} \tag{3.4.17}
$$

式中,微分算子

$$
\partial\alpha=\begin{pmatrix}\frac{\partial}{\partial\alpha} & 0 & 0\\ 0 & \frac{\partial}{\partial\alpha} & 0\\ 0 & 0 & \frac{\partial}{\partial\alpha}\end{pmatrix}\quad(\alpha=x,y,z) \tag{3.4.18}
$$

线弹性材料的物理方程可表示为

$$
\boldsymbol{\sigma}=\boldsymbol{D\varepsilon} \tag{3.4.19}
$$

式中,矩阵 $\boldsymbol{D}$ 称为弹性矩阵,为包含 36 个元素的满阵。对于完全弹性体而言,$\boldsymbol{D}$ 具有对称性,因此,矩阵中只有 21 个独立的材料系数。实际上,大多工程材料都有一个弹性对称平面,而在空间中任意一点的属性都相同的材料被定义为各向同性材料,这种材料的弹性矩阵被定义为

$$
\boldsymbol{D}=\begin{pmatrix}\lambda+2\mu & \lambda & \lambda & 0 & 0 & 0\\ \lambda & \lambda+2\mu & \lambda & 0 & 0 & 0\\ \lambda & \lambda & \lambda+2\mu & 0 & 0 & 0\\ 0 & 0 & 0 & \mu & 0 & 0\\ 0 & 0 & 0 & 0 & \mu & 0\\ 0 & 0 & 0 & 0 & 0 & \mu\end{pmatrix} \tag{3.4.20}
$$

式中,λ 和 μ 称为拉梅常量,由材料的杨氏模量和泊松比确定。

结合式(3.4.16)和(3.4.19),得

$$
\boldsymbol{\sigma}=\boldsymbol{D\varepsilon}=\boldsymbol{DBq}^{\mathrm{e}}=\boldsymbol{Sq}^{\mathrm{e}} \tag{3.4.21}
$$

式中,$\boldsymbol{S}$ 称为单元的应力矩阵。

采用时域谱单元将结构离散后,可得每个单元内的第二类拉格朗日方程:

$$
\frac{\mathrm{d}}{\mathrm{d}t}\left\{\frac{\partial L}{\partial\dot{\boldsymbol{q}}}\right\}-\left\{\frac{\partial L}{\partial\boldsymbol{q}}\right\}+\left\{\frac{\partial R}{\partial\dot{\boldsymbol{q}}}\right\}=0 \tag{3.4.22}
$$

式中,$L=T-V$,表示系统的拉格朗日函数;T、V、R 分别表示系统的动能、势能和黏性耗能系数。根据定义,这些系统参数可由式(3.4.23)计算得到。

$$\begin{cases} T = \dfrac{1}{2}\int_V \rho \dot{\boldsymbol{q}}^{\mathrm{T}} \dot{\boldsymbol{q}} \mathrm{d}V \\ V = \dfrac{1}{2}\int_V \boldsymbol{\varepsilon}^{\mathrm{T}} \boldsymbol{\sigma} \mathrm{d}V - \int_V \boldsymbol{q}^{\mathrm{T}} \boldsymbol{\psi}_V \mathrm{d}V - \int_A \boldsymbol{q}^{\mathrm{T}} \boldsymbol{\psi}_A \mathrm{d}A \\ R = \dfrac{1}{2}\int_V c \dot{\boldsymbol{q}}^{\mathrm{T}} \dot{\boldsymbol{q}} \mathrm{d}V \end{cases} \tag{3.4.23}$$

式中，ρ、c 分别为材料的质量密度和阻尼系数；$\boldsymbol{\psi}_V$、$\boldsymbol{\psi}_A$ 分别为结构受到的体积力和面力。由式(3.4.14)、式(3.4.16)和式(3.4.18)可知式(3.4.23)可写为

$$\begin{cases} T = \dfrac{1}{2}(\dot{\boldsymbol{q}}_n^{\mathrm{e}})^{\mathrm{T}} \left[\int_{V^{\mathrm{e}}} \rho (\boldsymbol{N}^{\mathrm{e}})^{\mathrm{T}} (\boldsymbol{N}^{\mathrm{e}}) \mathrm{d}V^{\mathrm{e}}\right] \dot{\boldsymbol{q}}_n^{\mathrm{e}} \\ V = \dfrac{1}{2}(\boldsymbol{q}_n^{\mathrm{e}})^{\mathrm{T}} \left[\int_{V^{\mathrm{e}}} \rho (\boldsymbol{B}^{\mathrm{e}})^{\mathrm{T}} \boldsymbol{D}^{\mathrm{e}} (\boldsymbol{B}^{\mathrm{e}}) \mathrm{d}V^{\mathrm{e}}\right] \boldsymbol{q}_n^{\mathrm{e}} - (\boldsymbol{q}_n^{\mathrm{e}})^{\mathrm{T}} \left[\int_{V^{\mathrm{e}}} (\boldsymbol{N}^{\mathrm{e}})^{\mathrm{T}} \boldsymbol{\psi}_V \mathrm{d}V^{\mathrm{e}} + \int_{A^{\mathrm{e}}} (\boldsymbol{N}^{\mathrm{e}})^{\mathrm{T}} \boldsymbol{\psi}_A \mathrm{d}A^{\mathrm{e}} + \boldsymbol{f}_c^{\mathrm{e}}\right] \\ R = \dfrac{1}{2}(\dot{\boldsymbol{q}}_n^{\mathrm{e}})^{\mathrm{T}} \left[\int_{V^{\mathrm{e}}} \mu (\boldsymbol{N}^{\mathrm{e}})^{\mathrm{T}} (\boldsymbol{N}^{\mathrm{e}}) \mathrm{d}V^{\mathrm{e}}\right] \dot{\boldsymbol{q}}_n^{\mathrm{e}} \end{cases} \tag{3.4.24}$$

式中，$\boldsymbol{f}_c^{\mathrm{e}}$为单元所受的集中力。定义

$$\begin{cases} \boldsymbol{M}^{\mathrm{e}} = \int_{V^{\mathrm{e}}} \rho (\boldsymbol{N}^{\mathrm{e}})^{\mathrm{T}} (\boldsymbol{N}^{\mathrm{e}}) \mathrm{d}V^{\mathrm{e}} \\ \boldsymbol{K}^{\mathrm{e}} = \int_{V^{\mathrm{e}}} \rho (\boldsymbol{B}^{\mathrm{e}})^{\mathrm{T}} \boldsymbol{D}^{\mathrm{e}} (\boldsymbol{B}^{\mathrm{e}}) \mathrm{d}V^{\mathrm{e}} \\ \boldsymbol{C}^{\mathrm{e}} = \int_{V^{\mathrm{e}}} c (\boldsymbol{B}^{\mathrm{e}})^{\mathrm{T}} \boldsymbol{D}^{\mathrm{e}} (\boldsymbol{B}^{\mathrm{e}}) \mathrm{d}V^{\mathrm{e}} \\ \boldsymbol{f}_V^{\mathrm{e}} = \int_{V^{\mathrm{e}}} (\boldsymbol{N}^{\mathrm{e}})^{\mathrm{T}} \boldsymbol{\psi}_V \mathrm{d}V^{\mathrm{e}} \\ \boldsymbol{f}_A^{\mathrm{e}} = \int_{A^{\mathrm{e}}} (\boldsymbol{N}^{\mathrm{e}})^{\mathrm{T}} \boldsymbol{\psi}_A \mathrm{d}A^{\mathrm{e}} \end{cases} \tag{3.4.25}$$

那么单元的动能、势能和黏性耗能系数可写为

$$\begin{cases} T = \dfrac{1}{2}(\dot{\boldsymbol{q}}_n^{\mathrm{e}})^{\mathrm{T}} \boldsymbol{M}^{\mathrm{e}} \dot{\boldsymbol{q}}_n^{\mathrm{e}} \\ V = \dfrac{1}{2}(\boldsymbol{q}_n^{\mathrm{e}})^{\mathrm{T}} \boldsymbol{K}^{\mathrm{e}} \boldsymbol{q}_n^{\mathrm{e}} - (\boldsymbol{q}_n^{\mathrm{e}})^{\mathrm{T}} (\boldsymbol{f}_V^{\mathrm{e}} + \boldsymbol{f}_A^{\mathrm{e}} + \boldsymbol{f}_c^{\mathrm{e}}) \\ R = \dfrac{1}{2}(\dot{\boldsymbol{q}}_n^{\mathrm{e}})^{\mathrm{T}} \boldsymbol{C}^{\mathrm{e}} \dot{\boldsymbol{q}}_n^{\mathrm{e}} \end{cases} \tag{3.4.26}$$

将式(3.4.26)代入单元内的第二类拉格朗日方程可得

$$\boldsymbol{M}^{\mathrm{e}} \ddot{\boldsymbol{q}}^{\mathrm{e}} + \boldsymbol{C}^{\mathrm{e}} \dot{\boldsymbol{q}}_n^{\mathrm{e}} + \boldsymbol{K}^{\mathrm{e}} \boldsymbol{q}_n^{\mathrm{e}} = \boldsymbol{f}_n^{\mathrm{e}}(t) \tag{3.4.27}$$

式(3.4.27)称为单元的运动方程。式中，$\boldsymbol{M}^{\mathrm{e}}$、$\boldsymbol{K}^{\mathrm{e}}$、$\boldsymbol{C}^{\mathrm{e}}$ 分别为单元的质量矩阵、刚度矩阵和阻尼矩阵；$\boldsymbol{f}_n^{\mathrm{e}}(t)$为单元的等效节点力。在全局坐标系下，组装各单元的矩阵即可得到整个结构系统的运动方程为

$$\boldsymbol{M}\ddot{\boldsymbol{q}} + \boldsymbol{C}\dot{\boldsymbol{q}}_n + \boldsymbol{K}\boldsymbol{q}_n = \boldsymbol{f}_n(t) \tag{3.4.28}$$

通过求解上述偏微分方程(式(3.4.28))即可得到结构系统的动力学响应。

在求解结构系统的运动方程时，先根据式(3.4.25)求解各单元矩阵，式中的矩阵积分形式可统一表示为

$$A^e = \int_{V^e} \boldsymbol{F}(x,y,z)\,\mathrm{d}V^e \tag{3.4.29}$$

式中,$\boldsymbol{A}^e$ 可代表质量矩阵,此时 $\boldsymbol{F}(x,y,z)$ 代表的就是形状函数;$\boldsymbol{A}^e$ 也可代表刚度矩阵,此时 $\boldsymbol{F}(x,y,z)$ 代表的就是几何函数。一般说来,由于积分域 V^e 可以是任意形状,直接在全局坐标系下积分很困难,因此采用参数化单元的思路将全局坐标系映射到标准坐标系(ξ,η,ζ)中,积分域 V^e 也映射为规则的$(\xi,\eta,\zeta)\in[-1,+1]$。则积分通式可写为

$$\boldsymbol{A}^e = \int_{-1}^{1}\int_{-1}^{1}\int_{-1}^{1} \boldsymbol{F}(\xi,\eta,\zeta)\det(\boldsymbol{J})\,\mathrm{d}\xi\mathrm{d}\eta\mathrm{d}\zeta \tag{3.4.30}$$

式中,$\boldsymbol{J}$ 为雅可比矩阵,是坐标系间映射关系的一种矩阵。

$$\boldsymbol{J}=\begin{pmatrix} \dfrac{\partial x}{\partial \xi} & \dfrac{\partial y}{\partial \xi} & \dfrac{\partial z}{\partial \xi} \\ \dfrac{\partial x}{\partial \eta} & \dfrac{\partial y}{\partial \eta} & \dfrac{\partial z}{\partial \eta} \\ \dfrac{\partial x}{\partial \zeta} & \dfrac{\partial y}{\partial \zeta} & \dfrac{\partial z}{\partial \zeta} \end{pmatrix} \tag{3.4.31}$$

为了区别于物理场的插值函数 $\boldsymbol{N}^e$,选用 $\boldsymbol{T}^e$ 表示单元几何插值函数。雅可比矩阵可表示为

$$\boldsymbol{J}=\begin{pmatrix} \sum_{i=1}^{p}\dfrac{\partial T_i}{\partial \xi}x_i & \sum_{i=1}^{p}\dfrac{\partial T_i}{\partial \xi}x_i & \sum_{i=1}^{p}\dfrac{\partial T_i}{\partial \xi}x_i \\ \sum_{i=1}^{p}\dfrac{\partial T_i}{\partial \eta}x_i & \sum_{i=1}^{p}\dfrac{\partial T_i}{\partial \eta}x_i & \sum_{i=1}^{p}\dfrac{\partial T_i}{\partial \eta}x_i \\ \sum_{i=1}^{p}\dfrac{\partial T_i}{\partial \zeta}x_i & \sum_{i=1}^{p}\dfrac{\partial T_i}{\partial \zeta}x_i & \sum_{i=1}^{p}\dfrac{\partial T_i}{\partial \zeta}x_i \end{pmatrix} \tag{3.4.32}$$

与有限元法的定义类似,如果 $T_i(i=1,2,\cdots,p)$ 的插值节点数与物理场插值函数 $N_i(i=1,2,\cdots,m)$ 的插值节点数相同,则这类单元称为等参数单元;如果 $p>m$,则这类单元称为超参数单元,反之则称为亚参数单元。在实际使用谱单元时,对位移场一般采用高阶插值形式,但是对单元几何形状,为了方便前处理,一般采用亚参数单元。

当采用数值积分求解式(3.4.30)时,对积分法则的选择取决于单元所使用的正交多项式的形式。当选择洛巴托多项式时,选用的积分法则称为 GLL(Gauss-Lobatto-Legendre)积分;当选择切比雪夫多项式时,选用 Gauss-Legendre 积分法则;当选择勒让德多项式(Legendre polynomial)时,选用的积分法则同前者。无论选用哪种积分法则,式(3.4.30)都通过叠加积分权重因子与离散函数值的乘积计算。

$$\boldsymbol{A}^e = \int_{-1}^{1}\int_{-1}^{1}\int_{-1}^{1} \boldsymbol{F}(\xi,\eta,\zeta)\det(\boldsymbol{J})\,\mathrm{d}\xi\mathrm{d}\eta\mathrm{d}\zeta = \sum_{i=1}^{q_1}\sum_{i=1}^{q_2}\sum_{i=1}^{q_3}\omega_i\omega_j\omega_k\boldsymbol{F}(a_i,a_j,a_k)\det(\boldsymbol{J}) \tag{3.4.33}$$

式中,ω_i、ω_j、ω_k 分别表示 3 个方向的积分权重因子。

在确定正交多项式及单元的积分方法后,即可得到系统运动方程(3.4.28)的具体常微分方程,进一步可采取数值积分方法如中心差分法等得到系统的动力学响应。在采用显式动力学计算方法时,t 时刻的速度和加速度可通过 $t+\Delta t$ 与 $t-\Delta t$ 时刻的位移插值得到,即

$$\begin{cases}\dot{\boldsymbol{q}}_n(t)=\dfrac{\boldsymbol{q}_n(t+\Delta t)-\boldsymbol{q}_n(t-\Delta t)}{2\Delta t}\\ \ddot{\boldsymbol{q}}_n(t)=\dfrac{\boldsymbol{q}_n(t+\Delta t)-2\boldsymbol{q}_n(t)+\boldsymbol{q}_n(t-\Delta t)}{\Delta t^2}\end{cases} \tag{3.4.34}$$

式中，Δt 表示积分的时间步长，则式(3.4.28)的迭代格式为

$$\left(\frac{1}{\Delta t^2}\boldsymbol{M}+\frac{1}{2\Delta t}\boldsymbol{C}\right)\boldsymbol{q}_{t+\Delta t}=\boldsymbol{F}-\left(\boldsymbol{K}-\frac{2}{\Delta t^2}\boldsymbol{M}\right)\boldsymbol{q}_t-\left(\frac{1}{\Delta t^2}\boldsymbol{M}-\frac{1}{2\Delta t}\boldsymbol{C}\right)\boldsymbol{q}_{t-\Delta t} \tag{3.4.35}$$

若采用中心差分法求解系统运动方程，则算法的稳定条件为

$$\Delta t \ll \Delta t_{\mathrm{cr}}=\frac{T_n}{\pi} \tag{3.4.36}$$

实际上，谱单元法为适应计算机运算，利用质量矩阵和刚度矩阵的一些性质及化矩阵为向量来参与存储和运算的技巧，能大大减少存储空间，提高运算速度。因此，时域谱单元法能以极小的计算耗费求解弹性波在结构中的传播问题。

在工程中，对于杆构件，在只考虑其特征方向上的波传播行为时，可利用相应的结构力学理论，结合谱单元法，建立相应的结构单元来求解。

下面对一维问题的基本方程进行介绍。

如图 3.4.2 所示有一杆件结构，对长度为 dx 的一段微元体进行受力分析。

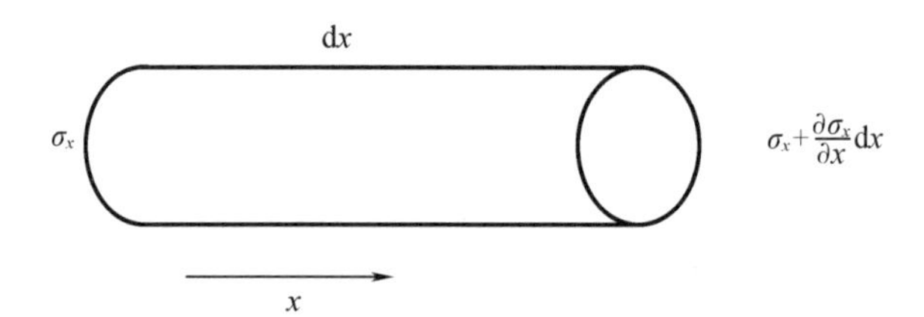

图 3.4.2　杆的受力分析

由达朗贝尔原理可知，单元的平衡方程为

$$\frac{\partial \sigma_x}{\partial x}+f_x=\rho A\frac{\partial^2 u}{\partial t^2} \tag{3.4.37}$$

并且一维单元中材料的本构方程为

$$\sigma_x=EA\varepsilon_x \tag{3.4.38}$$

单元的几何方程为

$$\varepsilon_x=\frac{\partial^2 u}{\partial x^2} \tag{3.4.39}$$

式中，f_x 为体力沿杆轴线方向的分力；σ_x 为单元的应力；ε_x 为单元的应变；E 为杨氏模量；ρ 为密度；A 为横截面积；u 为单元位移。

联立式(3.4.37)～式(3.4.38)，得到单元的运动方程为

$$E\frac{\partial^2 u}{\partial x^2}+f_x=\rho A\frac{\partial^2 u}{\partial t^2} \tag{3.4.40}$$

当不考虑 f_x 时，式(3.4.40)表示一维波动方程。

下面对一维谱杆单元的质量矩阵与刚度矩阵进行介绍。

考虑在标准域 $\Lambda[-1,+1]$ 中有一等参数谱杆单元。单元内部的节点称为 GLL 点，在空间上非等间距分布，其坐标由式(3.4.41)确定：

$$(1-\xi^2)p_n'(\xi)=0 \tag{3.4.41}$$

式中，$p_n'(\xi)$ 为 ξ 方向的 n 阶勒让德多项式的一阶导数。根据所得各插值节点的坐标进行拉格朗日插值，即可得到单元的位移场插值函数：

$$\varphi_i(\xi_i)=\delta_{ij}\quad(i,j=1,2,\cdots,n+1) \tag{3.4.42}$$

式中，δ_{ij} 为克罗内克函数；φ_i 为第 i 个节点对应的拉格朗日插值函数。

单元中的位移场可表示为节点位移和形状函数的插值形式，即

$$\boldsymbol{u}=[\varphi_1\quad\varphi_2\quad\cdots\quad\varphi_i\quad\cdots\quad\varphi_n\quad\varphi_{n+1}]\times\begin{bmatrix}u_1\\u_2\\\vdots\\u_i\\\vdots\\u_n\\u_{n+1}\end{bmatrix}=\boldsymbol{Nq} \tag{3.4.43}$$

式中，u_i 为节点位移；$\boldsymbol{N}$ 为单元的插值函数；$\boldsymbol{q}$ 为位移场向量。

根据几何方程(3.4.39)，单元的应变可表示为

$$\boldsymbol{\varepsilon}=\boldsymbol{Bq} \tag{3.4.44}$$

式中，$\boldsymbol{B}=[\boldsymbol{B}_1\quad\boldsymbol{B}_2\quad\cdots\quad\boldsymbol{B}_k\quad\cdots\quad\boldsymbol{B}_m]$，称为几何矩阵，每个子矩阵 $\boldsymbol{B}_k=\frac{\partial}{\partial x}\boldsymbol{N}$。

由物理方程可知，单元的应力可表示为

$$\boldsymbol{\sigma}=EA\boldsymbol{Bq} \tag{3.4.45}$$

根据哈密顿原理，一维谱杆单元的质量矩阵和刚度矩阵可分别表示为

$$\begin{aligned}\boldsymbol{M}^{\mathrm{e}}&=\sum_{i=1}^{n}\omega_i\rho A\boldsymbol{N}^{\mathrm{T}}(\xi_i)\boldsymbol{N}(\xi_i)\det(\boldsymbol{J}^{\mathrm{e}})\\ \boldsymbol{K}^{\mathrm{e}}&=\sum_{i=1}^{n}\omega_i\boldsymbol{B}^{\mathrm{T}}(\xi_i)\boldsymbol{DB}(\xi_i)\det(\boldsymbol{J}^{\mathrm{e}})\end{aligned} \tag{3.4.46}$$

式中，$\boldsymbol{J}^{\mathrm{e}}$ 表示坐标映射的雅可比矩阵；ω_i 为积分权重系数。

有了质量矩阵和刚度矩阵，就可以按照前文所述的方法，通过插值迭代求得近似解。在实践中，运算都是依靠计算机完成的。

3.5　传递矩阵法

传递矩阵法(又称为迁移矩阵法)是一种非常适合计算机运算求解的数值方法，其基本思想是将复杂的弹性系统看作一些简单的部件通过结合点组合而成的整体系统，再对结合点处的动力学性质进行考察，然后根据不同的问题列出各结合点处的状态矢量，利用弹性体的振动传递关系列出传递矩阵，最后根据系统的边界条件进行求解。

传递矩阵法很适合分析工程中常见的链式结构，如连续梁、曲轴及船体梁等。在这类问题中，矩阵的阶数只取决于微分方程的阶数，结构的自由度和结合情况不会对求解本身

造成极大困难。传递矩阵法广泛用于计算各类船体振动的固有频率及振型。本节主要介绍了这种方法的理论基础。

传递矩阵法的求解过程是从微元段的微分方程出发,列出剖面的状态参数,构成状态矢量,并与边界条件相结合,最终求得其数值解。

3.5.1 场迁移矩阵

传递矩阵中的状态矢量具有方向性,因此有必要规定方向性。本节应用右手坐标系,令外法线的方向沿坐标轴的正方向为正,反之为负;与坐标轴方向一致的位移矢量为正,反之为负。

状态矢量是由部件连接点的各项参数(挠度 W、转角 θ、弯矩 M 和剪力 N)构成的,一般会将位移参数放在上半列,将内力参数放在下半列,这样的书写方式方便对迁移矩阵的运算。

以端面变化的梁为例,利用离散的思想将其划分为多个等截面梁段,这样就在变截面梁上形成了若干断面。各断面有不同的状态矢量,这些状态矢量之间通过矩阵乘法表示相互的关系,该矩阵即为场迁移矩阵。

根据前面章节的内容,计及剪切变形与剖面转动惯量影响的等直梁弯曲振动微分方程为

$$\frac{\partial^4 w}{\partial x^4}+\frac{m}{EI}\frac{\partial^2 w}{\partial t^2}-\frac{m}{EI}\left(\frac{EI}{GA_c}+r^2\right)\frac{\partial^4 w}{\partial x^2\partial t^2}+\frac{m^2r^2}{EIGA_c}\frac{\partial^4 w}{\partial t^4}=0 \tag{3.5.1}$$

解的形式为

$$w(x,t)=w(x)\sin(\omega t+\varphi) \tag{3.5.2}$$

将式(3.5.2)代入式(3.5.1)中得

$$\frac{d^4 w}{dx^4}+\frac{m\omega^2}{EI}\left(\frac{EI_i}{GA_c}+r^2\right)\frac{d^2 w}{dt^2}-\frac{m\omega^2}{EI}\left(1-\frac{mr^2\omega^2}{GA_c}\right)w=0 \tag{3.5.3}$$

令

$$\sigma=\frac{m\omega^2}{GA_e}l^2,\tau=\frac{mr^2\omega^2}{EI}l^2,\beta^4=\frac{m\omega^2}{EI}l^4 \tag{3.5.4}$$

得

$$\frac{d^4 w}{dx^4}+\frac{\sigma+\tau}{l^2}\frac{d^2 w}{dx^2}-\frac{\beta^4-\sigma\tau}{l^4}w=0 \tag{3.5.5}$$

这是一个四阶常系数线性齐次微分方程,其解的形式为

$$w=\bar{c}e^{\frac{Sx}{l}} \tag{3.5.6}$$

将式(3.5.6)代入式(3.5.5)中得特征方程:

$$S^4+(\sigma+\tau)S^2-(\beta^4-\sigma\tau)=0 \tag{3.5.7}$$

设根为$\pm S_1$ 和$\pm iS_2$,则

$$S_{1,2}=\left\{\left[(\beta^4-\sigma\tau)+\frac{1}{4}(\sigma+\tau)^2\right]^{\frac{1}{2}}\mp\frac{1}{2}(\sigma+\tau)\right\}^{\frac{1}{2}} \tag{3.5.8}$$

则式(3.5.5)的全解可写成

$$w(x)=\bar{c}_1e^{\frac{S_1x}{l}}+\bar{c}_2e^{\frac{S_1x}{l}}+\bar{c}_3e^{\frac{iS_2x}{l}}+\bar{c}_4e^{\frac{iS_2x}{l}} \tag{3.5.9}$$

写成以三角函数与双曲函数表示的等价形式为

$$w(x)=c_1\mathrm{ch}\left(\frac{S_1x}{l}\right)+c_2\mathrm{sh}\left(\frac{S_1x}{l}\right)+c_3\cos\left(\frac{S_2x}{l}\right)+c_4\sin\left(\frac{S_2x}{l}\right) \tag{3.5.10}$$

依据前面章节的内容,容易理解挠度 W、转角 θ、弯矩 M 和剪力 N 这 4 个参量之间有线性关系,互相可以计算求得。本节从剪力出发,推得状态矢量和场迁移矩阵。

以自由振动为例,剪力可表示为

$$N(x,t)=N(x)\sin(\omega_n t+\varphi) \tag{3.5.11}$$

式中,$N(x)$用双曲函数和双曲三角函数表示的形式为

$$N(x)=c_1\mathrm{ch}\left(\frac{S_1x}{l}\right)+c_2\mathrm{sh}\left(\frac{S_1x}{l}\right)+c_3\cos\left(\frac{S_2x}{l}\right)+c_4\sin\left(\frac{S_2x}{l}\right) \tag{3.5.12}$$

由式(3.2.71)及式(3.5.2)得

$$\frac{\partial N(x,t)}{\partial x}=m\frac{\partial^2 w}{\partial t^2}=-\omega_n^2 mw(x)\sin(\omega_n t+\varphi) \tag{3.5.13}$$

因此

$$\frac{\mathrm{d}N(x)}{\mathrm{d}x}=-\omega_n^2 mw(x) \tag{3.5.14}$$

由式(3.5.4)可得

$$w(x)=-\frac{1}{m\omega_n^2}\frac{\mathrm{d}N(x)}{\mathrm{d}x}=\frac{l^4}{\beta^4 EI}\frac{\mathrm{d}N(x)}{\mathrm{d}x} \tag{3.5.15}$$

将式(3.5.12)代入式(3.5.15)中得

$$w(x)=-\frac{l^4}{\beta^4 EI}\left[A_1\frac{S_1}{l}\mathrm{sh}\left(\frac{S_1x}{l}\right)+A_2\frac{S_1}{l}\mathrm{ch}\left(\frac{S_1x}{l}\right)-A_3\frac{S_2}{l}\sin\left(\frac{S_2x}{l}\right)+A_4\frac{S_2}{l}\cos\left(\frac{S_2x}{l}\right)\right] \tag{3.5.16}$$

而由式(3.2.69)的第二式及式(3.5.4)可得

$$\theta(x)=\frac{N(x)}{GA_{\mathrm{e}}}-\frac{\partial w}{\partial x}=\frac{\sigma l^2}{\beta^4 EI}N(x)-\frac{\partial w}{\partial x} \tag{3.5.17}$$

所以转角可表示为

$$\begin{aligned}\theta(x)=&\frac{\sigma l^2}{\beta^4 EI_i}\left[A_1\mathrm{ch}\left(\frac{S_1x}{l}\right)+A_2\mathrm{sh}\left(\frac{S_1x}{l}\right)+A_3\cos\left(\frac{S_2x}{l}\right)+A_4\sin\left(\frac{S_2x}{l}\right)\right]+\\&\frac{l^4}{\beta^4 EI}\left[A_1\frac{S_1^2}{l^2}\mathrm{ch}\left(\frac{S_1x}{l}\right)+A_2\frac{S_1^2}{l^2}\mathrm{sh}\left(\frac{S_1x}{l}\right)-A_3\frac{S_2^2}{l^2}\cos\left(\frac{S_2x}{l}\right)-A_4\frac{S_2^2}{l^2}\sin\left(\frac{S_2x}{l}\right)\right]\\=&\frac{l^2}{\beta^4 EI}\left\{(\sigma+S_1^2)\left[A_1\mathrm{ch}\left(\frac{S_1x}{l}\right)+A_2\mathrm{sh}\left(\frac{S_1x}{l}\right)\right]+(\sigma-S_2^2)\left[A_3\cos\left(\frac{S_2x}{l}\right)+A_4\sin\left(\frac{S_2x}{l}\right)\right]\right\}\end{aligned} \tag{3.5.18}$$

由式(3.2.69)的第一式可将力矩表示为

$$M(x)=\frac{l^2}{\beta^4}\left\{(\sigma+S_1^2)\frac{S_1}{l}\left[A_1\mathrm{ch}\left(\frac{S_1x}{l}\right)+A_2\mathrm{ch}\left(\frac{S_1x}{l}\right)\right]-(\sigma-S_2^2)\frac{S_2}{l}\left[A_3\sin\left(\frac{S_2x}{l}\right)-A_4\cos\left(\frac{S_1x}{l}\right)\right]\right\} \tag{3.5.19}$$

将式(3.5.12)、式(3.5.18)和式(3.5.19)统一写成矩阵形式:

$$
\begin{Bmatrix} w(x) \\ \theta(x) \\ N(x) \\ M(x) \end{Bmatrix} = \begin{bmatrix} -\frac{l^3S_1}{\beta^4EI}\mathrm{sh}\left(\frac{S_1x}{l}\right) & -\frac{l^3S_1}{\beta^4EI}\mathrm{ch}\left(\frac{S_1x}{l}\right) & -\frac{l^3S_2}{\beta^4EI}\sin\left(\frac{S_2x}{l}\right) & -\frac{l^3S_2}{\beta^4EI}\cos\left(\frac{S_2x}{l}\right) \\ \frac{l^2(\sigma+S_1^2)}{\beta^4EI}\mathrm{ch}\left(\frac{S_1x}{l}\right) & \frac{l^2(\sigma+S_1^2)}{\beta^4EI}\mathrm{sh}\left(\frac{S_1x}{l}\right) & \frac{l^2(\sigma-S_2^2)}{\beta^4EI}\cos\left(\frac{S_2x}{l}\right) & \frac{l^2(\sigma-S_2^2)}{\beta^4EI}\sin\left(\frac{S_2x}{l}\right) \\ \frac{lS_1(\sigma+S_1^2)}{\beta^4EI}\mathrm{sh}\left(\frac{S_1x}{l}\right) & \frac{lS_1(\sigma+S_1^2)}{\beta^4EI}\mathrm{ch}\left(\frac{S_1x}{l}\right) & -\frac{lS_2(\sigma-S_2^2)}{\beta^4EI}\sin\left(\frac{S_2x}{l}\right) & \frac{lS_2(\sigma-S_2^2)}{\beta^4EI}\cos\left(\frac{S_2x}{l}\right) \\ \mathrm{ch}\left(\frac{S_1x}{l}\right) & \mathrm{sh}\left(\frac{S_1x}{l}\right) & \cos\left(\frac{S_2x}{l}\right) & \sin\left(\frac{S_2x}{l}\right) \end{bmatrix} \begin{Bmatrix} A_1 \\ A_2 \\ A_3 \\ A_4 \end{Bmatrix} \tag{3.5.20}
$$

简写为

$$
\boldsymbol{Z}(x)=\boldsymbol{B}(x)\boldsymbol{A} \tag{3.5.21}
$$

式中,

$$
\boldsymbol{A}=[A_1 \quad A_2 \quad A_3 \quad A_4]^{\mathrm{T}} \tag{3.5.22}
$$

$$
\boldsymbol{Z}(x)=[w(x) \quad \theta(x) \quad M(x) \quad N(x)] \tag{3.5.23}
$$

式中,$\boldsymbol{Z}(x)$为该截面上的力和变形列矢量,它描述了矢量所属节点的物理状态,故称为状态矢量。

若将一梁段的左端取为坐标原点($x=0$),则该处的状态矢量可写为

$$
\boldsymbol{Z}^{\mathrm{L}}=\boldsymbol{Z}(0) \tag{3.5.24}
$$

由式(3.5.21)得

$$
\boldsymbol{Z}^{\mathrm{L}}=\boldsymbol{B}(0)\boldsymbol{A} \tag{3.5.25}
$$

展开写成

$$
\begin{Bmatrix} w(0) \\ \theta(0) \\ M(0) \\ N(0) \end{Bmatrix} = \begin{bmatrix} 0 & \frac{-l^3s_1}{\beta^4EI} & 0 & \frac{-l^3s_2}{\beta^4EI} \\ \frac{l^2(\sigma+s_1^2)}{\beta^4EI} & 0 & \frac{l^2(\sigma+s_2^2)}{\beta^4EI} & 0 \\ 0 & \frac{lS_1(\sigma+S_1^2)}{\beta^4} & 0 & \frac{lS_2(\sigma-S_2^2)}{\beta^4} \\ 1 & 0 & 1 & 0 \end{bmatrix} \begin{Bmatrix} A_1 \\ A_2 \\ A_3 \\ A_4 \end{Bmatrix} \tag{3.5.26}
$$

由此可得

$$\boldsymbol{A}=\boldsymbol{B}(0)^{-1}\boldsymbol{Z}^{\mathrm{L}} \tag{3.5.27}$$

将式(3.5.27)代入式(3.5.21)中得

$$\boldsymbol{Z}(x)=\boldsymbol{B}(x)\boldsymbol{B}(0)^{-1}\boldsymbol{Z}^{\mathrm{L}} \tag{3.5.28}$$

若梁右端的状态矢量 $\boldsymbol{Z}^{\mathrm{R}}$,则 $x=l$ 处的状态矢量可表示为

$$\boldsymbol{Z}^{\mathrm{R}}=\boldsymbol{Z}(l) \tag{3.5.29}$$

由式(3.5.28)可知

$$\boldsymbol{Z}^{\mathrm{R}}=\boldsymbol{B}(l)\boldsymbol{B}(0)^{-1}\boldsymbol{Z}^{\mathrm{L}}=\boldsymbol{F}\boldsymbol{Z}^{\mathrm{L}} \tag{3.5.30}$$

由式(3.5.30)可知,梁段左右两侧的状态矢量可通过矩阵乘法联系起来,通过矩阵 $\boldsymbol{F}$ 将状态矢量从一个端面传递到另一个端面,这个矩阵 $\boldsymbol{F}$ 即称为场迁移矩阵。在求解矩阵时的重点是求解矩阵 $\boldsymbol{B}(0)^{-1}$。

为了演示方便,本节以梁的弯曲振动为例,因为此时矩阵 $\boldsymbol{B}(0)$ 中有规则的零元素,因此可分割为两个子矩阵来求逆矩阵 $\boldsymbol{B}(0)^{-1}$。

将式(3.5.26)分割为两个二阶的矩阵式,即

$$\begin{Bmatrix} w(0) \\ M(0) \end{Bmatrix}=\begin{bmatrix} b_{12} & b_{14} \\ b_{32} & b_{34} \end{bmatrix}\begin{Bmatrix} A_2 \\ A_4 \end{Bmatrix} \tag{3.5.31}$$

$$\begin{Bmatrix} \theta(0) \\ N(0) \end{Bmatrix}=\begin{bmatrix} b_{21} & b_{23} \\ b_{41} & b_{43} \end{bmatrix}\begin{Bmatrix} A_1 \\ A_3 \end{Bmatrix} \tag{3.5.32}$$

式中,$b_{ij}(i,j=1,2,3,4)$为矩阵 $\boldsymbol{B}(0)$ 的元素。

则

$$\begin{Bmatrix} A_2 \\ A_4 \end{Bmatrix}=\frac{1}{b_{12}b_{34}-b_{14}b_{32}}\begin{bmatrix} b_{34} & -b_{14} \\ -b_{41} & b_{12} \end{bmatrix}\begin{Bmatrix} w(0) \\ M(0) \end{Bmatrix} \tag{3.5.33}$$

$$\begin{Bmatrix} A_1 \\ A_4 \end{Bmatrix}=\frac{1}{b_{21}b_{43}-b_{23}b_{41}}\begin{bmatrix} b_{43} & -b_{32} \\ -b_{41} & b_{21} \end{bmatrix}\begin{Bmatrix} \theta(0) \\ N(0) \end{Bmatrix} \tag{3.5.34}$$

将式(3.5.33)和式(3.5.34)合并写成四阶方阵,并令

$$\Lambda=\frac{1}{S_1^2+S_2^2},\Lambda_1=\frac{\sigma+S_1^2}{S_1^2+S_2^2},\Lambda_2=\frac{S_2^2-\sigma}{S_1^2+S_2^2} \tag{3.5.35}$$

则得逆矩阵

$$\boldsymbol{B}(0)^{-1}=\begin{Bmatrix} 0 & \beta^4 EI\dfrac{\Lambda}{l^2} & 0 & \Lambda_2 \\ -\beta^4\dfrac{\Lambda_2 EI}{S_1 l^3} & 0 & \beta^4\dfrac{\Lambda}{S_1 l} & 0 \\ 0 & -\beta EI_i\dfrac{\Lambda}{l^2} & 0 & \Lambda_2 \\ -\beta^4\dfrac{\Lambda_1 EI}{S_2 l^3} & 0 & -\beta^4\dfrac{\Lambda}{S_2 l} & 0 \end{Bmatrix} \tag{3.5.36}$$

计算 $\boldsymbol{B}(l)\boldsymbol{B}(0)^{-1}$,可求得梁两端的迁移矩阵式为

$$
\boldsymbol{F}=\begin{Bmatrix}
C_0-\sigma C_2 & -l[C_1-(\sigma+\tau)C_3] & -aC_2 & \dfrac{-al}{\beta^4}[-\sigma C_1+(\beta^4+\sigma^2)C_3] \\
\dfrac{-\beta^4}{l}C_3 & C_0-\tau C_2 & \dfrac{a(C_1-\tau C_3)}{l} & aC_2 \\
\dfrac{-\beta^4}{a}C_2 & \dfrac{l}{a}[-\tau C_1+(\beta^4+\tau^2)C_3] & C_0-\tau C_2 & l[C_1-(\sigma+\tau)C_3] \\
\dfrac{-\beta^4}{al}(C_1-\sigma C_3) & \dfrac{\beta^4}{a}C_2 & \dfrac{\beta^4}{l}C_3 & C_0-\sigma C_2
\end{Bmatrix}
\tag{3.5.37}
$$

式中，

$$
\begin{cases}
C_0=\Lambda(S_2^2\text{ch } S_1+S_1^2\cos S_2) \\
C_1=\Lambda\left(\dfrac{S_2^2}{S_1}\text{sh } S_1+\dfrac{S_1^2}{S_2}\sin S_2\right) \\
C_2=\Lambda(\text{ch } S_1-\cos S_2) \\
C_3=\Lambda\left(\dfrac{1}{S_1}\text{sh } S_1-\dfrac{1}{S_2}\sin S_2\right) \\
a=\dfrac{l^2}{EI}
\end{cases}
\tag{3.5.38}
$$

以上就是一个梁单元段的两端状态矢量及其传递矩阵的表达式。不同的梁段的场迁移矩阵表达式是一样的，只是物理参数不同。

3.5.2 点迁移矩阵

除了单元内部的状态矢量传递之外，也需要求出单元之间状态矢量的变化关系，这个单元间的运算矩阵即为点迁移矩阵，即

$$\boldsymbol{Z}_{i+1}^{\mathrm{L}}=\boldsymbol{P}_i\boldsymbol{Z}_i^{\mathrm{R}} \tag{3.5.39}$$

式中，$\boldsymbol{Z}_i^{\mathrm{R}}$ 为第 i 梁段右端的状态矢量；$\boldsymbol{Z}_{i+1}^{\mathrm{L}}$ 为与之相邻的第 $i+1$ 梁段左端的状态矢量；$\boldsymbol{P}_i$ 为第 i 点的点迁移矩阵。

图 3.5.1 为两段梁单元节点。

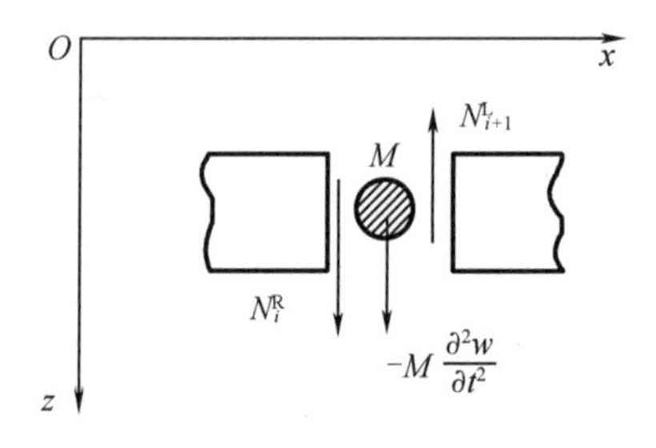

图 3.5.1 两段梁单元节点

假设两段梁单元节点上存在集中质量(这样更接近实际情况),则在自由振动时,节点两端的剪力关系式为

$$N_{i+1}^{\mathrm{L}}=N_i^{\mathrm{R}}-M\omega_n^2 w \tag{3.5.40}$$

式中,M 为节点处的质量;w 为节点处的位移。由节点连续条件和节点处力与力矩的平衡关系可得

$$\begin{cases} w_{i+1}^{\mathrm{L}}=w_i^{\mathrm{R}} \\ \theta_{i+1}^{\mathrm{L}}=\theta_i^{\mathrm{R}} \\ M_{i+1}^{\mathrm{L}}=M_i^{\mathrm{R}} \\ N_{i+1}^{\mathrm{L}}=N_i^{\mathrm{R}} \end{cases} \tag{3.5.41}$$

则点迁移矩阵式可表示为

$$\boldsymbol{P}=\begin{bmatrix} 1 & 0 & 0 & 0 \\ 0 & 1 & 0 & 0 \\ 0 & 0 & 1 & 0 \\ -M\omega_n^2 & 0 & 0 & 1 \end{bmatrix} \tag{3.5.42}$$

考虑节点上有集中质量 M、转动惯量 J,以及刚度系数 K 和扭转刚度系数 K_φ,则

$$M_{i+1}^{\mathrm{L}}=M_i^{\mathrm{R}}-K_\varphi\theta-J\frac{\partial^2\theta}{\partial t^2}=M_i^{\mathrm{R}}+(K_\varphi-J\omega_n^2)\theta \tag{3.5.43}$$

$$N_{i+1}^{\mathrm{L}}=N_i^{\mathrm{R}}+Kw+M\frac{\partial^2 w}{\partial t^2}=N_i^{\mathrm{R}}+(K-M\omega_n^2)w \tag{3.5.44}$$

可推得

$$\boldsymbol{P}=\begin{bmatrix} 1 & 0 & 0 & 0 \\ 0 & 1 & 0 & 0 \\ 0 & K_\varphi-J\omega_n^2 & 1 & 0 \\ K-M\omega_n^2 & 0 & 0 & 1 \end{bmatrix} \tag{3.5.45}$$

由式(3.5.45)可知,若节点上无任何集中质量且不具有刚度,则点迁移矩阵是一个单位矩阵。

3.5.3　梁的自由振动

应用传递矩阵法求解任意梁的振动的基本思路与前面章节相同,先将梁切分成若干单元,每个单元可看作等直梁单元,再假设段内质量均匀分布且无外力支撑。为了方便运算和标识,可按照顺序将梁的首端与尾端作为节点,分别编号为 0～n,这样,梁共有 n+1 个节点。使梁整体具有的集中质量和支撑结构都作用在梁单元连接的节点上。

在以上处理下,梁的各个节点和各个梁段、各状态矢量的关系式为

$$\begin{cases} \boldsymbol{Z}_1^{\mathrm{L}} = \boldsymbol{P}_0 \boldsymbol{Z}_0 \\ \boldsymbol{Z}_1^{\mathrm{R}} = \boldsymbol{F}_1 \boldsymbol{Z}_1^{\mathrm{L}} \\ \boldsymbol{Z}_2^{\mathrm{L}} = \boldsymbol{P}_1 \boldsymbol{Z}_1^{\mathrm{R}} \\ \boldsymbol{Z}_2^{\mathrm{R}} = \boldsymbol{F}_2 \boldsymbol{Z}_2^{\mathrm{L}} \\ \quad \vdots \\ \boldsymbol{Z}_n^{\mathrm{L}} = \boldsymbol{P}_{n-1} \boldsymbol{Z}_{n-1}^{\mathrm{R}} \\ \boldsymbol{Z}_n^{\mathrm{R}} = \boldsymbol{F}_n \boldsymbol{Z}_n^{\mathrm{L}} \\ \boldsymbol{Z}_n = \boldsymbol{P}_2 \boldsymbol{Z}_n^{\mathrm{R}} \end{cases} \tag{3.5.46}$$

式中，$\boldsymbol{Z}_0$、$\boldsymbol{Z}_n$ 分别为梁首、尾两端的状态矢量；$\boldsymbol{Z}_n^{\mathrm{L}}$、$\boldsymbol{Z}_n^{\mathrm{R}}$ 分别为第 n 段梁左端、右端的状态矢量；$\boldsymbol{F}_n$ 为第 n 段梁的场迁移矩阵；$\boldsymbol{P}_n$ 为第 n 段梁的点迁移矩阵。

依次计算式(3.5.46)中的各式，并从上到下依次代入，可得

$$\boldsymbol{Z}_n = \boldsymbol{P}_n \boldsymbol{F}_n \boldsymbol{P}_{n-1} \boldsymbol{F}_{n-1} \cdots \boldsymbol{P}_j \boldsymbol{F}_j \boldsymbol{P}_{j-1} \boldsymbol{F}_{j-1} \cdots \boldsymbol{P}_1 \boldsymbol{F}_1 \boldsymbol{P}_0 \boldsymbol{Z}_0 \tag{3.5.47}$$

或

$$\boldsymbol{Z}_n = \boldsymbol{\Pi} \boldsymbol{Z}_0 \tag{3.5.48}$$

式中，

$$\boldsymbol{\Pi} = \boldsymbol{P}_n \boldsymbol{F}_n \boldsymbol{P}_{n-1} \boldsymbol{F}_{n-1} \cdots \boldsymbol{P}_j \boldsymbol{F}_j \boldsymbol{P}_{j-1} \boldsymbol{F}_{j-1} \cdots \boldsymbol{P}_1 \boldsymbol{F}_1 \boldsymbol{P}_0 \tag{3.5.49}$$

通过式(3.2.49)可看出中间节点的状态矢量都因为连乘运算而被消去，整个连乘矩阵 $\boldsymbol{\Pi}$ 称为整体传递矩阵，最后在式(3.5.48)中出现的仅仅是首、尾端的状态矢量和 $\boldsymbol{\Pi}$ 矩阵。

特别的，在梁的弯曲振动问题中，首、尾端的状态矢量为 4×1 阶列阵，因而 $\boldsymbol{\Pi}$ 矩阵为 4×4 的方阵。利用梁端的边界条件，代入首位状态矢量中的对应参数值，利用非零解条件即可求得频率方程。

对于简单的全自由梁的情况，由 $\boldsymbol{Z}_n = \boldsymbol{\Pi} \boldsymbol{Z}_0$ 得

$$\begin{Bmatrix} w \\ \theta \\ M \\ N \end{Bmatrix}_n = \begin{bmatrix} \pi_{11} & \pi_{12} & \pi_{13} & \pi_{14} \\ \pi_{21} & \pi_{22} & \pi_{23} & \pi_{24} \\ \pi_{31} & \pi_{32} & \pi_{33} & \pi_{34} \\ \pi_{41} & \pi_{42} & \pi_{43} & \pi_{44} \end{bmatrix} \begin{Bmatrix} w \\ \theta \\ M \\ N \end{Bmatrix}_0 \tag{3.5.50}$$

全自由梁的边界条件为

$$\begin{cases} M_n = M_0 = 0 \\ N_n = N_0 = 0 \end{cases} \tag{3.5.51}$$

将式(3.2.51)代入式(3.5.50)中有

$$\begin{cases} \pi_{31} w_0 + \pi_{32} \theta_0 = 0 \\ \pi_{41} w_0 + \pi_{42} \theta_0 = 0 \end{cases} \tag{3.5.52}$$

化为矩阵表达为

$$\begin{bmatrix} \pi_{31} & \pi_{32} \\ \pi_{41} & \pi_{42} \end{bmatrix} \begin{Bmatrix} w_0 \\ \theta_0 \end{Bmatrix} = \begin{Bmatrix} 0 \\ 0 \end{Bmatrix} \tag{3.5.53}$$

由于 w_0 和 θ_0 不能同时为 0，因此方程组(3.5.53)的系数行列式为 0，即

$$C = \begin{vmatrix} \pi_{31} & \pi_{32} \\ \pi_{41} & \pi_{42} \end{vmatrix} = 0 \tag{3.5.54}$$

式(3.5.54)即为梁的频率方程,满足该方程的根 ω_j 即为所求梁振动的固有频率。

求得 ω_j 后,可由式(3.5.52)求出相应的首端状态矢量。

由于

$$\theta_0=-\frac{\pi_{31}}{\pi_{32}}w_0=-\frac{\pi_{41}}{\pi_{42}}w_0 \tag{3.5.55}$$

令 $w_0=1$ 时,有 $\theta_0=-\frac{\pi_{31}}{\pi_{32}}$,故首端状态矢量为

$$\boldsymbol{Z}_0=\begin{bmatrix}1 & -\frac{\pi_{31}}{\pi_{32}} & 0 & 0\end{bmatrix} \tag{3.5.56}$$

将由式(3.5.54)求得的 ω_j 代入式(3.5.56)中,然后利用式(3.5.46)求出各点的状态矢量 $\boldsymbol{Z}_j$,即可得出以节点位移值表示的振动值。

3.6 有限元法

有限元法作为应用最广泛的数值方法,其基本思想是将结构看作有限个离散单元体的集合体,且将每个单元体看作连续的结构元件,各元件连接节点处满足位移的谐调条件与节点力的平衡条件。本节以梁的弯曲振动为例介绍有限元法的基本原理。

3.6.1 单元体矩阵

有限单元法对于结构振动问题的处理步骤大致分为结构理想化离散、对每个单元体用单独矩阵表示物理特性、整合单元体矩阵以得到整体矩阵并求解振动近似解。通过以上步骤,有限元法将一个复杂的连续弹性体结构离散化,并应用拉格朗日第二类方程得到以节点位移为广义坐标的弹性体振动微分方程。如果在弹性体结构上有外加激振力的作用,则还应该求出和节点位移相对应的广义激振力,并将其加到振动微分方程的右部,而形成强迫振动微分方程。对于上述处理步骤,有以下问题需要进行简单说明:

第一,将结构划分为多个单元体时,单元体数目越多,网格越细密,相当于结构的自由度数越多,则整体矩阵的元素就越多,计算量也就越大。但同时每个单元体越小,就越容易用简单的物理学假设模拟单元体的真实情况,则计算的结果越可能趋近于精确解。因此,应用有限元法求解结构振动的精度问题实际上是平衡精确性和计算成本的问题。

第二,在对单元体进行分析时,应用有限元分析方法时可选用结构力学中的力法和位移法,对于复杂结构一般用位移法分析比较容易。应用位移法分析的一般流程是:先设一个位移函数,并设单元体节点的坐标,用来表示单元体中各点的位移;然后在整个单元体内求得用节点变量表示的动能和势能;最后求得单元体的刚度矩阵、惯性矩阵和阻尼矩阵。

为体现有限元法对各类情况的普适性,本书使用一种推导各类单元体特性矩阵的通用方法来推导梁的单元体特性矩阵。在导出单元体特性矩阵时,先要形成以节点位移为广义坐标的位移插值函数。

以梁单元体的弯曲振动问题为例,取单元体各节点的横向位移与转角为广义坐标,即 $w(0,t)$、$w(l,t)$、$\frac{\partial w(0,t)}{\partial x}$和$\frac{\partial w(l,t)}{\partial x}$。如图3.6.1所示,其中 l 是单元体的长度。

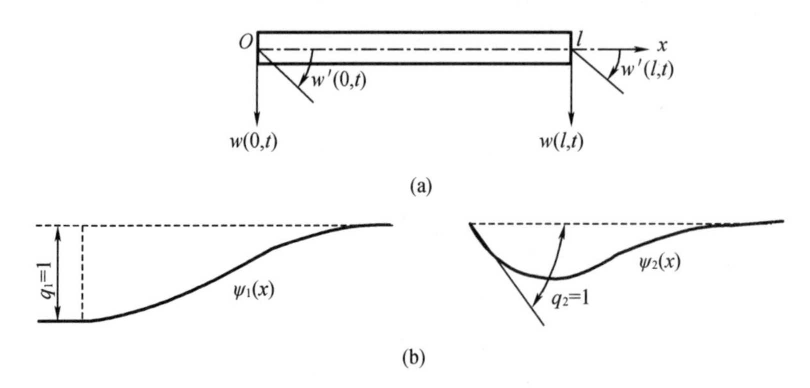

图 3.6.1　梁弯曲单元体的节点广义坐标与位移插值函数

实际上,任意单元体的插值函数的形成大体分为以下 4 个步骤:

(1)用一个关于单元体坐标 x 的多项式来表示元素内各点的位移场。对于梁弯曲单元体,可用一个关于 x 的三次方的函数来表示,即

$$w(x,t)=\alpha_1(t)+\alpha_2(t)x+\alpha_3(t)x^2+\alpha_4(t)x^3 \tag{3.6.1}$$

令

$$\begin{cases}\boldsymbol{H}(x)=[1,\quad x,\quad x^2,\quad x^3]\\ \boldsymbol{\alpha}(t)=[\alpha_1(t),\quad \alpha_2(t),\quad \alpha_3(t),\quad \alpha_4(t)]^{\mathrm{T}}\end{cases} \tag{3.6.2}$$

则式(3.6.1)可转化为

$$w(x,t)=\boldsymbol{H}(x)\boldsymbol{\alpha}(t) \tag{3.6.3}$$

式中,$\boldsymbol{H}(x)$为位移函数,既满足单元体内部位移协调性,也尽可能满足单元体之间的边界协调性;$\boldsymbol{\alpha}(t)$为广义坐标,独立坐标数应等于单元体独立节点位移分量数,对梁而言等于 4。

(2)计算用广义坐标 $\boldsymbol{\alpha}(t)$表示的节点位移 $\boldsymbol{q}(t)$。对于梁单元体的 4 个节点位移来说,其分别为 $w(0,t)=q_1(t)$、$w'(0,t)=q_2(t)$、$w(l,t)=q_3(t)$、$w'(l,t)=q_4(t)$。由式(3.6.3)可得广义坐标 $\boldsymbol{\alpha}(t)$和节点位移 $\boldsymbol{q}(t)$之间的关系式:

$$q_1(t)=w(0,t)=\boldsymbol{H}(0)\boldsymbol{\alpha}(t)=[1\quad 0\quad 0\quad 0][\alpha_1(t)\quad \alpha_2(t)\quad \alpha_3(t)\quad \alpha_4(t)]^{\mathrm{T}} \tag{3.6.4}$$

$$q_2(t)=w'(0,t)=\boldsymbol{H}'(0)\boldsymbol{\alpha}(t)=[0\quad 1\quad 0\quad 0][\alpha_1(t)\quad \alpha_2(t)\quad \alpha_3(t)\quad \alpha_4(t)]^{\mathrm{T}} \tag{3.6.5}$$

$$q_3(t)=w(l,t)=\boldsymbol{H}(l)\boldsymbol{\alpha}(t)=[1\quad l\quad l^2\quad l^3][\alpha_1(t)\quad \alpha_2(t)\quad \alpha_3(t)\quad \alpha_4(t)]^{\mathrm{T}} \tag{3.6.6}$$

$$q_4(t)=w'(l,t)=\boldsymbol{H}'(l)\boldsymbol{\alpha}(t)=[0\quad 1\quad 2l\quad 3l^2][\alpha_1(t)\quad \alpha_2(t)\quad \alpha_3(t)\quad \alpha_4(t)]^{\mathrm{T}} \tag{3.6.7}$$

写成矩阵的形式为

$$\boldsymbol{q}=\boldsymbol{A}\boldsymbol{\alpha} \tag{3.6.8}$$

式中,

$$\boldsymbol{A}=\begin{bmatrix}1 & 0 & 0 & 0\\ 0 & 1 & 0 & 0\\ 1 & l & l^2 & l^3\\ 0 & 1 & 2l & 3l^2\end{bmatrix} \tag{3.6.9}$$

$$\boldsymbol{q}=[q_1,\quad q_2,\quad q_3,\quad q_4]^{\mathrm{T}} \tag{3.6.10}$$

$$\boldsymbol{\alpha}=[\alpha_1,\quad \alpha_2,\quad \alpha_3,\quad \alpha_4]^{\mathrm{T}} \tag{3.6.11}$$

因为位移函数的数目正好等于梁的节点位移变量的数目,所以 $\boldsymbol{A}$ 是一个方阵。

(3)用节点位移坐标 $\boldsymbol{q}(t)$ 来表示广义坐标 $\boldsymbol{\alpha}(t)$。若 $\boldsymbol{A}\neq 0$,则 $\boldsymbol{A}$ 可逆,求逆即可得

$$\boldsymbol{\alpha}=\boldsymbol{A}^{-1}=\boldsymbol{Bq} \tag{3.6.12}$$

式中,

$$\boldsymbol{B}=\boldsymbol{A}^{-1}=\begin{bmatrix} 1 & 0 & 0 & 0 \\ 0 & 1 & 0 & 0 \\ -\dfrac{3}{l^2} & -\dfrac{2}{l} & \dfrac{3}{l^2} & -\dfrac{1}{l} \\ \dfrac{2}{l^2} & \dfrac{1}{l^2} & -\dfrac{2}{l^2} & \dfrac{1}{l^2} \end{bmatrix} \tag{3.6.13}$$

若 $\boldsymbol{A}=0$,则单元体的坐标系或单元体的位移函数需要重新修正。

(4)将单元体内各点的位移用节点位移坐标来表示,即写成插值函数的形式。以梁为例,由式(3.6.3)和式(3.6.12)可知

$$w(x,t)=\boldsymbol{H}(x)\boldsymbol{\alpha}(t)=\boldsymbol{H}(x)\boldsymbol{Bq}(t)=\boldsymbol{\psi}(x)\boldsymbol{q}(t) \tag{3.6.14}$$

式中,$\boldsymbol{\psi}(x)=\boldsymbol{H}(x)\boldsymbol{B}$。

再由式(3.6.2)的第一式和式(3.6.13)便可求得

$$\begin{aligned}\boldsymbol{\psi}(x)&=[1,\quad x,\quad x^2,\quad x^3]\begin{bmatrix} 1 & 0 & 0 & 0 \\ 0 & 1 & 0 & 0 \\ -\dfrac{3}{l^2} & -\dfrac{2}{l} & \dfrac{3}{l^2} & -\dfrac{1}{l} \\ \dfrac{2}{l^3} & \dfrac{1}{l^2} & -\dfrac{2}{l^3} & \dfrac{1}{l^2} \end{bmatrix} \\ &=\left[1-\frac{3x^2}{l^2}+\frac{2x^3}{l^3},\quad x-\frac{2x^2}{l}+\frac{x^3}{l^2},\quad \frac{3x^2}{l^2}-\frac{2x^3}{l^3},\quad -\frac{x^2}{l}+\frac{x^3}{l^2}\right] \\ &=[\psi_1(x),\quad \psi_2(x),\quad \psi_3(x),\quad \psi_4(x)]\end{aligned} \tag{3.6.15}$$

式中,

$$\begin{cases}\psi_1(x)=1-\dfrac{3x^2}{l^2}+\dfrac{2x^3}{l^3} \\ \psi_2(x)=x-\dfrac{2x^2}{l}+\dfrac{x^3}{l^2} \\ \psi_3(x)=\dfrac{3x^2}{l^2}-\dfrac{2x^3}{l^3} \\ \psi_4(x)=-\dfrac{x^2}{l}+\dfrac{x^3}{l^2}\end{cases} \tag{3.6.16}$$

这样便求得了梁单元体的具体插值函数。因为它们描述了单元体的变形形状,故又称其为形状函数。

由以上内容可知,有限元法实际上仍是一种离散方法,相比于瑞利-里茨法的假设整体函数,有限元法在每个单元体中单独假设一个形状插值函数,仅将得到的节点广义坐标作

为参量用以参与其他相关单元体的计算,因此克服了瑞利-里茨法中假设函数难以贴合实际的困难,这是有限元法的一个优点。

有了以上准备,接下来就可以确立单元体的刚度矩阵 $\boldsymbol{K}_e$。要先写出以相应的单元体节点位移为广义坐标的单元体的弯曲势能,即

$$V_e = \frac{1}{2}\int_0^l EIw''^2(x,t)\,dx \tag{3.6.17}$$

将式(3.6.14)代入式(3.6.17)中得

$$V_e = \frac{1}{2}\int_0^l \boldsymbol{q}^T\boldsymbol{\psi}''^T EI\boldsymbol{\psi}''\boldsymbol{q}\,dx = \frac{1}{2}\boldsymbol{q}^T\boldsymbol{K}_e\boldsymbol{q} \tag{3.6.18}$$

式中,

$$\boldsymbol{K}_e = \frac{1}{2}\int_0^l \boldsymbol{\psi}''^T EI\boldsymbol{\psi}''\,dx = \boldsymbol{B}^T\left[\frac{1}{2}\int_0^l \boldsymbol{H}''^T EI\boldsymbol{H}''\,dx\right]\boldsymbol{B} \tag{3.6.19}$$

此矩阵中的元素

$$K_{js} = \int_0^l EI\psi_j''(x)\psi_s''(x)\,dx \tag{3.6.20}$$

将式(3.6.2)的第一式和式(3.6.13)代入式(3.6.20)中得

$$\boldsymbol{K}_e = \frac{EI}{l^3}\begin{bmatrix} 12 & 6l & -12 & 6l \\ 6l & 4l^2 & -6l & 2l^2 \\ -12 & -6l & 12 & -6l \\ 6l & 6l & -6l & 4l^2 \end{bmatrix} \tag{3.6.21}$$

此矩阵即为梁弯曲单元体的等效刚度矩阵。

同理,要求得相应的梁弯曲单元体的质量矩阵,也要先写出以单元体节点位移为广义坐标的单元体的动能,即

$$T_e = \frac{1}{2}\int_0^l m\dot{w}^2(x,t)\,dx \tag{3.6.22}$$

将式(3.6.14)代入式(3.6.22)中得

$$T_e = \frac{1}{2}\int_0^l \dot{\boldsymbol{q}}^T\boldsymbol{\psi}^T m\dot{\boldsymbol{q}}\boldsymbol{\psi}\,dx = \frac{1}{2}\dot{\boldsymbol{q}}^T\boldsymbol{M}_e\dot{\boldsymbol{q}} \tag{3.6.23}$$

式中,

$$\boldsymbol{M}_e = \frac{1}{2}\int_0^l \boldsymbol{\psi}^T m\boldsymbol{\psi}\,dx = \boldsymbol{B}^T\left(\int_0^l \boldsymbol{H}^T m\boldsymbol{H}\,dx\right)\boldsymbol{B} \tag{3.6.24}$$

此矩阵中的元素

$$M_{js} = \int_0^l m\psi_j''(x)\psi_s''(x)\,dx \tag{3.6.25}$$

将式(3.6.2)的第一式和式(3.6.13)代入式(3.6.25)中即可得梁弯曲单元的等效质量矩阵:

$$\boldsymbol{M}_e = \frac{ml}{420}\begin{bmatrix} 156 & 22l & 54 & -13l \\ 22l & 4l^2 & 13l & -3l^2 \\ 54 & 13l & 156 & -22l \\ -13l & -3l^2 & -22l & 4l^2 \end{bmatrix} \tag{3.6.26}$$

每个单元体的受力情况需要用外力矢量来表示,因此需要写出单元体的节点外力矢

量。设$f(x,t)$为单元体所受的分布的非保守力,所考察的梁单元体的相邻单元体加于该单元体的节点力矢量为

$$\boldsymbol{F}^*(t)=[F_1^*(t) \quad F_2^*(t) \quad F_3^*(t) \quad F_4^*(t)]^{\mathrm{T}} \tag{3.6.27}$$

则它们做的虚功为

$$\begin{aligned}\delta W_{\mathrm{e}} &= \int_0^l f(x,t)\delta w(x,t)\,\mathrm{d}x + \delta\boldsymbol{q}^{\mathrm{T}}\boldsymbol{F}^* \\ &= \int_0^l \delta\boldsymbol{q}^{\mathrm{T}} f(x,t)\boldsymbol{\psi}(x)\,\mathrm{d}x + \delta\boldsymbol{q}^{\mathrm{T}}\boldsymbol{F}^* \\ &= \delta\boldsymbol{q}^{\mathrm{T}}\boldsymbol{F}_{\mathrm{e}}\end{aligned} \tag{3.6.28}$$

式中,$\boldsymbol{F}_{\mathrm{e}}$ 为与节点广义坐标 $\boldsymbol{q}$ 相应的等效的节点外力矢量。

$$\boldsymbol{F}_{\mathrm{e}}=[F_1(t) \quad F_2(t) \quad F_3(t) \quad F_4(t)]^{\mathrm{T}} \tag{3.6.29}$$

式中,

$$F_j(t) = \int_0^l f(x,t)\psi_j(x)\,\mathrm{d}x + F_j^*(t) \quad (j=1,2,3,\cdots) \tag{3.6.30}$$

而广义坐标 $\boldsymbol{q}$ 则由式(3.6.8)确定。

很容易看出,如果在单元体的节点上只有与广义坐标 q_i 相对应的集中外力 $Pf(t)$,且不计元素间的作用力 $F_j^*(t)$,则单元体的节点外力矢量为

$$\boldsymbol{F}_{\mathrm{e}} \approx [Pf(t) \quad 0 \quad 0 \quad 0]^{\mathrm{T}} \tag{3.6.31}$$

若在梁单元体上作用着单位长度上强度为 $P_0f(t)$ 的均布外载荷,则由式(3.6.30)和式(3.6.16)可得

$$\begin{aligned}F_1(t) &= \int_0^l f(x,t)\psi_1(x)\,\mathrm{d}x + F_1^*(t) \\ &= \int_0^l P_0f(t)\left(1-\frac{3x^2}{l^2}+\frac{2x^3}{l^3}\right)\mathrm{d}x + 0 \\ &= \frac{1}{2}P_0f(t)l\end{aligned} \tag{3.6.32}$$

$$\begin{aligned}F_2(t) &= \int_0^l f(x,t)\psi_2(x)\,\mathrm{d}x + F_2^*(t) \\ &= \int_0^l P_0f(t)\left(x-\frac{2x^2}{l}+\frac{x^3}{l^2}\right)\mathrm{d}x + 0 \\ &= \frac{1}{12}P_0f(t)l^2\end{aligned} \tag{3.6.33}$$

$$\begin{aligned}F_3(t) &= \int_0^l f(x,t)\psi_3(x)\,\mathrm{d}x + F_3^*(t) \\ &= \int_0^l P_0f(t)\left(\frac{3x^2}{l^2}-\frac{2x^3}{l^3}\right)\mathrm{d}x + 0 \\ &= \frac{1}{2}P_0f(t)l\end{aligned} \tag{3.6.34}$$

$$\begin{aligned}F_4(t) &= \int_0^l f(x,t)\psi_4(x)\,\mathrm{d}x + F_4^*(t) \\ &= \int_0^l P_0f(t)\left(-\frac{x^2}{l}+\frac{x^3}{l^2}\right)\mathrm{d}x + 0\end{aligned}$$

$$=-\frac{1}{12}P_0 f(t)l^2 \tag{3.6.35}$$

则单元体上的等效节点外力矢量可表示为

$$\boldsymbol{F}_e=f(t)\left[\frac{1}{2}P_0 l \quad \frac{1}{12}P_0 l^2 \quad \frac{1}{2}P_0 l \quad -\frac{1}{12}P_0 l^2\right]^T \tag{3.6.36}$$

在单元体特性分析的步骤中，为了方便书写和计算，使用了对标每个独立单元体的局部坐标系，显然这样的局部坐标系对于不同的单元体来说是不同的，所以在进行结构分析之前，必须将表征单元体特性的各个方程变换到和整个结构系统对标的总体坐标系中。

假定任一空间梁单元体的局部坐标系（$Oxyz$）和结构的总体坐标系（$\overline{Oxyz}$）如图 3.6.2 所示，梁单元体两端点沿局部坐标的位移用 q_1、q_2、q_3、q_4、q_5 和 q_6 来表示，而梁单元两端点在总体坐标系中的相应的位移分量为 $\bar{q}_1$、$\bar{q}_2$、$\bar{q}_3$、$\bar{q}_4$、$\bar{q}_5$ 和 $\bar{q}_6$。

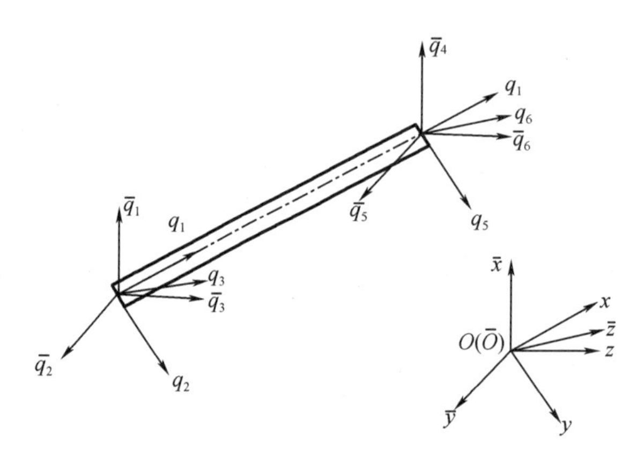

图 3.6.2　梁单元体的局部坐标系和结构的总体坐标系

在结构静力学的有限元分析中，局部坐标和总体坐标之间的变换关系为

$$\begin{Bmatrix} x \\ y \\ z \end{Bmatrix}=\begin{bmatrix} l_{x\bar{x}} & l_{x\bar{y}} & l_{x\bar{z}} \\ l_{y\bar{x}} & l_{y\bar{y}} & l_{y\bar{z}} \\ l_{z\bar{x}} & l_{z\bar{y}} & l_{z\bar{z}} \end{bmatrix}\begin{Bmatrix} \bar{x} \\ \bar{y} \\ \bar{z} \end{Bmatrix}=\boldsymbol{l}\begin{Bmatrix} \bar{x} \\ \bar{y} \\ \bar{z} \end{Bmatrix} \tag{3.6.37}$$

式中，$l_{x\bar{x}}$ 表示 x 轴与 $\bar{x}$ 轴之间夹角的余弦，其余各项依次类推。将坐标变换矩阵 $\boldsymbol{l}$ 应用于位移分量可得

$$\boldsymbol{q}=\boldsymbol{L}\bar{\boldsymbol{q}} \tag{3.6.38}$$

式中，

$$\boldsymbol{q}=\{q_1,\quad q_2,\quad q_3,\quad q_4,\quad q_5,\quad q_6\}^T \tag{3.6.39}$$

$$\bar{\boldsymbol{q}}=\{\bar{q}_1,\quad \bar{q}_2,\quad \bar{q}_3,\quad \bar{q}_4,\quad \bar{q}_5,\quad \bar{q}_6\}^T \tag{3.6.40}$$

$$\boldsymbol{L}=\begin{bmatrix} \boldsymbol{l} & 0 \\ 0 & \boldsymbol{l} \end{bmatrix} \tag{3.6.41}$$

式中，变换矩阵 $\boldsymbol{L}$ 根据坐标的具体取法而定。

由式(3.6.38)可得

$$\dot{\boldsymbol{q}}=\boldsymbol{L}\dot{\bar{\boldsymbol{q}}},\delta\boldsymbol{q}=\boldsymbol{L}\delta\bar{\boldsymbol{q}} \tag{3.6.42}$$

将这些关系式分别代入单元体的动能表达式(3.6.23)、势能表达式(3.6.18)、外力虚

功表达式(3.6.28)中则有

$$T_e=\frac{1}{2}\dot{\boldsymbol{q}}^T\boldsymbol{M}_e\dot{\boldsymbol{q}}=\frac{1}{2}\dot{\overline{\boldsymbol{q}}}^T\boldsymbol{L}^T\boldsymbol{M}_e\boldsymbol{L}\dot{\overline{\boldsymbol{q}}}=\frac{1}{2}\dot{\overline{\boldsymbol{q}}}^T\overline{\boldsymbol{M}}_e\dot{\overline{\boldsymbol{q}}} \tag{3.6.43}$$

可得

$$\overline{\boldsymbol{M}}_e=\boldsymbol{L}^T\boldsymbol{M}_e\boldsymbol{L} \tag{3.6.44}$$

$$V_e=\frac{1}{2}\boldsymbol{q}^T\boldsymbol{K}_e\boldsymbol{q}=\frac{1}{2}\overline{\boldsymbol{q}}^T\boldsymbol{L}^T\boldsymbol{K}_e\boldsymbol{L}\overline{\boldsymbol{q}}=\frac{1}{2}\overline{\boldsymbol{q}}^T\overline{\boldsymbol{K}}_e\overline{\boldsymbol{q}} \tag{3.6.45}$$

$$\overline{\boldsymbol{K}}_e=\boldsymbol{L}^T\boldsymbol{K}_e\boldsymbol{L} \tag{3.6.46}$$

$$\delta W_e=\delta\boldsymbol{q}^T\boldsymbol{F}_e=\delta\overline{\boldsymbol{q}}^T\boldsymbol{L}^T\boldsymbol{F}_e=\delta\overline{\boldsymbol{q}}^T\overline{\boldsymbol{F}}_e \tag{3.6.47}$$

$$\overline{\boldsymbol{F}}_e=\boldsymbol{L}^T\boldsymbol{F}_e \tag{3.6.48}$$

式(3.6.44)、式(3.6.46)和式(3.6.48)即为将局部坐标系变换到总体坐标系中后，相应的单元体的质量矩阵、刚度矩阵和广义力矩阵的变换式。

3.6.2　整体矩阵

将单元体矩阵整合为整体矩阵后，应得到总体位移矢量、总体刚度矩阵、总体质量矩阵、总体外力矢量和总体阻尼矩阵，下面将分别说明。

(1)结构节点的总体位移矢量

设将整个结构划分成 m 个单元体，其全部节点位移分量，包括线位移和角位移共有 n 个，在总体坐标系中可用一个新的位移矢量 $\overline{\boldsymbol{U}}$(总体位移矢量)来表示，则第 r 个单元体用总体坐标系表示的节点位移矢量 $\overline{\boldsymbol{q}}^{(r)}$ 与整个结构的节点位移矢量 $\overline{\boldsymbol{U}}$ 之间有如下关系：

$$\overline{\boldsymbol{q}}^{(r)}=\boldsymbol{A}^{(r)}\overline{\boldsymbol{U}}\quad(r=1,2,3,\cdots,m) \tag{3.6.49}$$

式中，$\boldsymbol{A}^{(r)}$ 是一矩阵，使 $\overline{\boldsymbol{q}}^{(r)}$ 与整个结构的节点位移矢量 $\overline{\boldsymbol{U}}$ 中的若干个分量一一对应。因此，$\boldsymbol{A}^{(r)}$ 每一行的元素中除了有一个元素等于 1 以外，其余均为 0，而该非零元素在 $\boldsymbol{A}^{(r)}$ 的每一行中应放在使式(3.6.49)成为一恒等式的地方。

(2)结构的总体刚度矩阵

在静力学中，结构的总体刚度矩阵常可根据各单元体的刚度矩阵对整个结构上的各节点是否有贡献来叠加得到，这种方法称为直接刚度法。

下面从能量的角度来介绍结构的总体刚度矩阵。若用结构的总体坐标系的节点坐标来写出各单元体的势能(式(3.6.18))，各单元体相互协调而变形无耦合，则结构的总势能 V 是各单元体的势能 V_e 之和，可表示为

$$V=\sum_{r=1}^{m}V_e^{(r)}=\frac{1}{2}\sum_{r=1}^{m}\overline{\boldsymbol{q}}^{(r)T}\overline{\boldsymbol{K}}_e^{(r)}\overline{\boldsymbol{q}}^{(r)} \tag{3.6.50}$$

式中，上标 (r) 表示第 r 个单元体。将式(3.6.49)代入式(3.6.50)中可得

$$V=\frac{1}{2}\sum_{r=1}^{m}\overline{\boldsymbol{U}}^T\boldsymbol{A}^{(r)T}\overline{\boldsymbol{K}}_e^{(r)}\boldsymbol{A}^{(r)}\overline{\boldsymbol{U}}=\frac{1}{2}\overline{\boldsymbol{U}}^T\overline{\boldsymbol{K}}\overline{\boldsymbol{U}} \tag{3.6.51}$$

式中，

$$\overline{\boldsymbol{K}}=\sum_{r=1}^{m}\boldsymbol{A}^{(r)T}\overline{\boldsymbol{K}}_e^{(r)}\boldsymbol{A}^{(r)} \tag{3.6.52}$$

式(3.6.52)即为整个结构的总体刚度矩阵,具有以下性质:

①总体刚度矩阵是对称的,$K_{js}=K_{sj}$。

②因为当节点位移中有非零位移时,弹性势能恒为正,所以若结构没有刚体运动自由度,则总体刚度矩阵是正定的。

③总体刚度矩阵仅与线性结构的弹性性质有关,而与结构的位移和受力状态无关。

(3)结构的总体质量矩阵

与势能相同,可以用各单元体的动能 $T_{\mathrm{e}}^{(r)}$ 之和来求得结构的总动能 T,即

$$T=\sum_{r=1}^{m}T_{\mathrm{e}}^{(r)}=\frac{1}{2}\sum_{r=1}^{m}\dot{\boldsymbol{q}}^{(r)\mathrm{T}}\overline{\boldsymbol{M}}_{\mathrm{e}}^{(r)}\dot{\boldsymbol{q}}^{(r)} \tag{3.6.53}$$

由式(3.6.49)可得

$$\dot{\boldsymbol{q}}^{(r)}=\boldsymbol{A}^{(r)}\dot{\overline{\boldsymbol{U}}}\quad(r=1,2,3,\cdots,m) \tag{3.6.54}$$

将式(3.6.54)代入式(3.6.53)中有

$$T=\frac{1}{2}\sum_{r=1}^{m}\dot{\overline{\boldsymbol{U}}}^{\mathrm{T}}\boldsymbol{A}^{(r)\mathrm{T}}\overline{\boldsymbol{M}}_{\mathrm{e}}^{(r)}A^{(r)}\dot{\overline{\boldsymbol{U}}}=\frac{1}{2}\dot{\overline{\boldsymbol{U}}}^{\mathrm{T}}\overline{\boldsymbol{M}}\dot{\overline{\boldsymbol{U}}} \tag{3.6.55}$$

式中,

$$\overline{\boldsymbol{M}}=\sum_{r=1}^{m}\boldsymbol{A}^{(r)\mathrm{T}}\overline{\boldsymbol{M}}_{\mathrm{e}}^{(r)}\boldsymbol{A}^{(r)} \tag{3.6.56}$$

式(3.6.56)即为整个结构的总体质量矩阵,具有以下性质:

①总体质量矩阵是对称的,$K_{js}=K_{sj}$。

②因为当节点速度中有非零速度时,它的动能恒为正,所以若结构广义坐标的选取没有造成无惯性(质量)的节点,则总体质量矩阵是正定的。

③总体质量矩阵仅与结构的惯性性质有关,而与结构的运动和受力状态无关。

(4)结构的总体外力矢量

结构的总外力虚功等于各单元体的外力虚功之和,即

$$\delta W=\sum_{r=1}^{m}\delta W^{(r)}=\sum_{r=1}^{m}\delta\overline{\boldsymbol{q}}^{(r)\mathrm{T}}\overline{\boldsymbol{F}}_{\mathrm{e}}^{(r)} \tag{3.6.57}$$

由式(3.6.49)可得

$$\delta\overline{\boldsymbol{q}}^{(r)}=\boldsymbol{A}^{(r)}\delta\overline{\boldsymbol{U}}\quad(r=1,2,3,\cdots,m) \tag{3.6.58}$$

将式(3.6.58)代入式(3.6.57)中有

$$\delta W=\sum_{r=1}^{m}\delta\overline{\boldsymbol{U}}^{\mathrm{T}}\boldsymbol{A}^{(r)\mathrm{T}}\overline{\boldsymbol{F}}_{\mathrm{e}}^{(r)}=\delta\overline{\boldsymbol{U}}^{\mathrm{T}}\sum_{r=1}^{m}\boldsymbol{A}^{(r)\mathrm{T}}\overline{\boldsymbol{F}}_{\mathrm{e}}^{(r)}=\delta\overline{\boldsymbol{U}}^{\mathrm{T}}\overline{\boldsymbol{F}} \tag{3.6.59}$$

式中,

$$\overline{\boldsymbol{F}}=\sum_{r=1}^{m}\boldsymbol{A}^{(r)\mathrm{T}}\overline{\boldsymbol{F}}_{\mathrm{e}}^{(r)} \tag{3.6.60}$$

式(3.6.60)即为整个结构和节点位移相对应的总体外力矢量,也称为一致节点载荷。

(5)结构的总体阻尼矩阵

当结构存在阻尼时,还需要考虑阻尼的影响,因此必须引入结构的总体阻尼矩阵。

设梁单元体单位长度上的黏性阻尼系数为 $c(x)$,如将黏性阻尼力视为一个非保守力,则可得单元阻尼矩阵$\boldsymbol{C}_{\mathrm{e}}$ 的元素为

$$c_{js}=\int_0^l c(x)\psi_j(x)\psi_s(x)\,\mathrm{d}x \tag{3.6.61}$$

依次类推，整个结构的总体阻尼矩阵为

$$\overline{\boldsymbol{C}}=\sum_{r=1}^{m}\boldsymbol{A}^{(r)\mathrm{T}}\overline{\boldsymbol{C}}_{\mathrm{e}}^{(r)}\boldsymbol{A}^{(r)}=\sum_{r=1}^{m}\boldsymbol{A}^{(r)\mathrm{T}}\boldsymbol{L}^{(r)\mathrm{T}}\overline{\boldsymbol{C}}_{\mathrm{e}}^{(r)}\boldsymbol{L}^{(r)}\boldsymbol{A}^{(r)} \tag{3.6.62}$$

式中，$\overline{\boldsymbol{C}}_{\mathrm{e}}^{(r)}$ 是第 r 个单元体在其局部坐标系中的对称阻尼系数矩阵。

3.6.3 运动方程及约束

将整个结构用节点位移的广义坐标来表示的动能、势能、外力与阻尼力虚功代入拉格朗日方程，便可得到整个结构以节点位移为广义坐标的运动方程：

$$\overline{\boldsymbol{M}}\ddot{\overline{\boldsymbol{U}}}+\overline{\boldsymbol{C}}\dot{\overline{\boldsymbol{U}}}+\overline{\boldsymbol{K}\boldsymbol{U}}=\overline{\boldsymbol{F}} \tag{3.6.63}$$

这就是弹性体结构用有限元法离散成有限自由度系统后的振动微分方程。

上面的振动微分方程是以节点位移为广义坐标列出的，未考虑边界的约束条件。实际上，许多结构都具有几何约束条件，由于存在这些约束条件，因此位移矢量$\overline{\boldsymbol{U}}$ 中的某些元素是可以提前确定的。

对于某些结构，如船舶结构，因为其实际应用中的约束情况特殊，所以会发生刚体位移，从而导致其刚度矩阵是奇异的，这样便无法求得弹性体振动的固有频率。为此，必须对系统及其方程进行处理。

(1)附加弹簧约束法

首先，确定一组足以阻止产生刚体位移的最低限度的约束。其次，用一些附加弹簧按上述所需的约束将结构与地连接，从而消去刚度矩阵的奇异性。附加弹簧的刚度与原来系统的刚性系数相比是小量，因而对结构的频率和振型的影响可以忽略，而原来刚体运动的零频率将变为一个比弹性体振动频率小得多的频率。

(2)特征值移位法

对于第 j 阶的特征值问题，有

$$\boldsymbol{K}\boldsymbol{A}^{(j)}=\omega_j^2\boldsymbol{M}\boldsymbol{A}^{(j)} \tag{3.6.64}$$

如果引入特征值移位式

$$\mu_s=\omega_j^2-\delta_{sj} \tag{3.6.65}$$

式中，μ_s 是移位常数；δ_{sj} 是移位后的特征值。则式(3.6.64)可写为

$$\boldsymbol{K}_s\boldsymbol{A}^{(j)}=\delta_{sj}\boldsymbol{M}\boldsymbol{A}^{(j)} \tag{3.6.66}$$

式中，

$$\boldsymbol{K}_s=\boldsymbol{K}-\mu_s\boldsymbol{M} \tag{3.6.67}$$

很显然，移位后的刚度矩阵 $\boldsymbol{K}_s$ 一般是非奇异的。若质量矩阵为对角阵，则引入一个负移位常数，在刚度矩阵的对角元素上加上一个正数，相当于各自由度都有附加弹簧。

3.7 例　　题

例 3.1　试求一端固定、一端自由的杆的各阶固有频率和各阶振型。假定在杆的自由端作用有轴向力 P(图 3.7.1),若在 $t=0$ 时突然释放,求杆的自由振动响应。设杆长为 l,线密度为 ρ,弹性模量为 E,横截面积为 A。

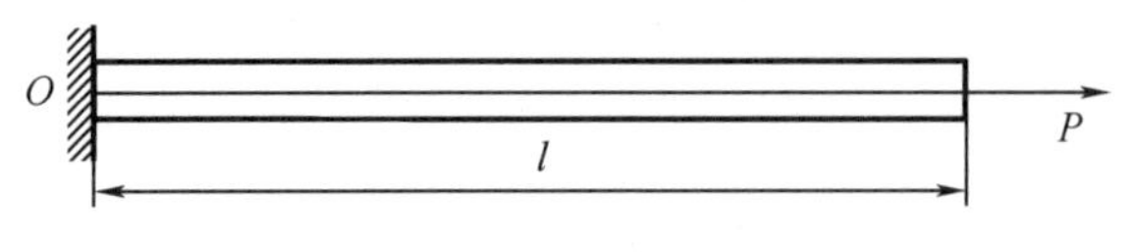

图 3.7.1　例 3.1 图

解　由题知图 3.7.1 所示的杆的边界条件为

$$u\big|_{x=0}=0,\frac{\mathrm{d}u}{\mathrm{d}x}\bigg|_{x=l}=0 \tag{1}$$

将式(1)代入振型函数

$$\varphi(x)=A\sin\left(\frac{\omega}{a}x\right)+B\cos\left(\frac{\omega}{a}x\right)$$

得待定常数

$$B=0,A\frac{\omega}{a}\cos\left(\frac{\omega}{a}l\right)=0$$

得频率方程

$$\cos\left(\frac{\omega}{a}l\right)=0$$

解此方程得

$$\frac{\omega}{a}l=\frac{n\pi}{2}\quad(n=1,3,5,\cdots)$$

得各阶固有频率为

$$\omega_n=\frac{n\pi a}{2l}=\frac{n\pi}{2l}\sqrt{\frac{E}{\rho}}\quad(n=1,3,5,\cdots)$$

各阶振动响应的表达式为

$$u_n(x,t)=A_n\sin\left(\frac{n\pi}{2l}x\right)\sin(\omega t+\varphi_n)\quad(n=1,3,5,\cdots)$$

其中前两阶振型如图 3.7.2 所示。

(a)一阶振型　　(b)二阶振型

图 3.7.2　前两阶振型

一般情况下,振动可表示为各阶振动的叠加,即

$$u_n(x,t)=\sum_{n}^{\infty}A_n\sin\left(\frac{n\pi}{2l}x\right)\sin(\omega t+\varphi_n)\quad(n=1,3,5,\cdots)\tag{2}$$

当 $t=0$ 时,各点应变 $\varepsilon=\dfrac{P}{AE}$是常数,这样各点的初始条件为

$$u\big|_{t=0}=\varepsilon x,\ \frac{\partial u}{\partial t}\bigg|_{t=0}=0$$

将初始条件代入式(2)中得

$$\sum_{n}^{\infty}A_n\sin\left(\frac{n\pi}{2l}x\right)\sin\varphi_n=\varepsilon x\quad(n=1,3,5,\cdots)\tag{3}$$

$$\sum_{n}^{\infty}A_n\omega_n\sin\left(\frac{n\pi}{2l}x\right)\cos\varphi_n=0\quad(n=1,3,5,\cdots)\tag{4}$$

要使式(3)得到满足,必须有 $\cos\varphi_n=0$,这样 $\sin\varphi_n=1$ 或 $\sin\varphi_n=-1$,代入式(3)中得

$$\sum_{n}^{\infty}A_n\sin\left(\frac{n\pi}{2l}x\right)=\varepsilon x\quad(n=1,3,5,\cdots)\tag{5}$$

为得到 A_n,在式(5)等号两边均乘以 $\sin\left(\dfrac{m\pi}{2l}x\right)$($m$ 为正整数)并在全杆长上积分。注意到正交性:

$$\int_0^l\sin\left(\frac{m\pi}{2l}x\right)\sin\left(\frac{n\pi}{2l}x\right)\mathrm{d}x=y=\begin{cases}0 & (m\neq n)\\ \dfrac{l}{2} & (m=n)\end{cases}$$

即

$$\sum_{n}^{\infty}\int_0^l\sin\left(\frac{m\pi}{2l}x\right)\sin\left(\frac{n\pi}{2l}x\right)\mathrm{d}x=\int_0^l\varepsilon x\sin\left(\frac{m\pi}{2l}x\right)\mathrm{d}x\quad(n=1,3,5,\cdots)$$

可得

$$A_n=\frac{2}{l}\varepsilon\int_0^l x\sin\left(\frac{n\pi}{2l}x\right)\mathrm{d}x$$

通过分部积分可得

$$\begin{aligned}\int_0^l x\sin\left(\frac{n\pi}{2l}x\right)\mathrm{d}x&=-\frac{2l}{n\pi}\left\{\left[x\cos\left(\frac{n\pi}{2l}x\right)\right]\bigg|_0^l-\int_0^l\cos\left(\frac{n\pi}{2l}x\right)\mathrm{d}x\right\}\\&=-\frac{2l}{n\pi}\left[\frac{2l}{n\pi}\sin\left(\frac{n\pi}{2}\right)-l\cos\left(\frac{n\pi}{2}\right)\right]\end{aligned}$$

当 $n=1,3,5,\cdots$时,$\cos\left(\dfrac{n\pi}{2}\right)=0$,于是

$$\int_0^l x\sin\left(\frac{n\pi}{2l}x\right)\mathrm{d}x=\frac{4l^2}{n^2\pi^2}\sin\left(\frac{n\pi}{2}\right)=\frac{4l^2}{n^2\pi^2}(-1)^{\frac{n-1}{2}}$$

$$A_n=\frac{8l}{n^2\pi^2}(-1)^{\frac{n-1}{2}}$$

得

$$u(x,t)=\frac{8l}{\pi^2}\varepsilon\sum_{n}^{\infty}\frac{(-1)^{\frac{n-1}{2}}}{n^2}\sin\left(\frac{n\pi}{2l}x\right)\cos\left(\frac{n\pi a}{2l}t\right)\quad(n=1,3,5,\cdots)$$

特别指出：杆纵向振动的固有频率与声波在介质中的传播速度 $a\left(a=\sqrt{E/\rho}\right)$ 成比例，它取决于杆材料的性质和杆的长度，与其横剖面尺寸无关。这是杆纵向振动和横向振动的一个显著不同之处。

例 3.2 图 3.7.3 中有一端固定的等直杆，其另一端装有一转动惯量为 I 的圆盘，设杆长为 l，密度为 ρ，剪切弹性模量为 G，试求杆的固有频率。

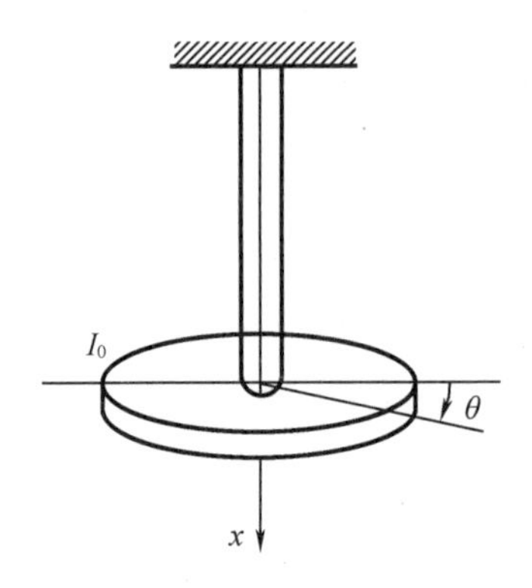

图 3.7.3 带圆盘的轴

解 这种情况的边界条件为

$$\begin{cases}\theta\big|_{x=0}=0\\ GJ_\rho\dfrac{\partial\theta}{\partial x}\bigg|_{x=l}=-I_0\dfrac{\partial^2\theta}{\partial t^2}\bigg|_{x=l}\end{cases}\tag{1}$$

式(1)表示作用在圆杆下端的扭矩应等于圆盘的惯性力矩，将上述边界条件代入式(3.1.43)中得

$$\begin{cases}B'=0\\ GJ_\rho\dfrac{\omega}{a}\cos\left(\dfrac{\omega l}{a}\right)=I_0\omega^2\sin\left(\dfrac{\omega l}{a}\right)\end{cases}$$

解得

$$\frac{\omega l}{a}\tan\left(\frac{\omega l}{a}\right)=\frac{GJ_\rho l}{a^2I_0}\tag{2}$$

式(2)是一个关于频率 ω 的超越方程，解此方程就可得到各阶固有频率。此超越方程可以通过计算机求数值解，或通过图解法求近似解。

例 3.3 求均匀简支梁的固有振型及固有频率。

由前文可知均匀简支梁固有振型的一般表达式（式(3.2.35)），式中的积分常数由简支梁的边界条件来确定。在 $x=0$ 和 $x=l$ 处，简支梁的边界条件分别为

$$\begin{cases}\varphi(0)=0,\varphi''(0)=0\\ \varphi(l)=0,\varphi''(l)=0\end{cases}$$

将式(3.2.35)代入上述边界条件中，可得确定积分常数的 4 个线性齐次方程。由 $x=0$ 处的边界条件式可得

$$\begin{cases}\varphi(0)=A\cdot 0+B\cdot 1+C\cdot 0+D\cdot 1=0\\ \varphi''(0)=-A\left(\dfrac{\mu}{l}\right)^2\cdot 0-B\left(\dfrac{\mu}{l}\right)^2\cdot 1-C\left(\dfrac{\mu}{l}\right)^2\cdot 0+D\left(\dfrac{\mu}{l}\right)^2\cdot 1\end{cases}$$

由此得

$$\begin{cases} B+D=0 \\ -B+D=0 \end{cases}$$

进而得 $B=D=0$。而由 $x=l$ 处的边界条件可得

$$\begin{cases} \varphi(l)=A\sin\mu+B\cos\mu+C\mathrm{sh}\,\mu+D\mathrm{ch}\,\mu=0 \\ \varphi''(l)=-A\left(\dfrac{\mu}{l}\right)^2\sin\mu-B\left(\dfrac{\mu}{l}\right)^2\cos\mu-C\left(\dfrac{\mu}{l}\right)^2\mathrm{sh}\,\mu+D\left(\dfrac{\mu}{l}\right)^2\mathrm{ch}\,\mu=0 \end{cases}$$

因为 $B=D=0$,所以

$$\begin{cases} A\sin\mu+C\mathrm{sh}\,\mu=0 \\ -A\sin\mu+C\mathrm{sh}\,\mu=0 \end{cases} \tag{1}$$

改写成矩阵形式为

$$\begin{bmatrix} \sin\mu & \mathrm{sh}\,\mu \\ -\sin\mu & \mathrm{sh}\,\mu \end{bmatrix}\begin{Bmatrix} A \\ C \end{Bmatrix}=\begin{Bmatrix} 0 \\ 0 \end{Bmatrix}$$

因为 A、C 不能全为0,所以 A 和 C 的系数行列式为0,即得频率方程 $\begin{vmatrix} \sin\mu & \mathrm{sh}\,\mu \\ -\sin\mu & \mathrm{sh}\,\mu \end{vmatrix}=0$,即

$$2\sin\mu\,\mathrm{sh}\,\mu=0$$

由于 $\mathrm{sh}\,\mu\neq 0$,因此

$$\sin\mu=0$$

解得

$$\mu=j\pi\quad(j=1,2,3,\cdots)$$

可得简支梁的固有频率为

$$\omega_j=\left(\frac{\mu}{l}\right)^2\sqrt{\frac{EI}{m}}=\left(\frac{j\pi}{l}\right)^2\sqrt{\frac{EI}{m}}$$

可得 $C=0$。进而可求得第 j 阶固有振型为

$$\varphi_j(x)=A_j\sin\frac{j\pi x}{l}\quad(j=1,2,3,\cdots) \tag{2}$$

从理论上讲,这样的固有振型也有无限多个。图3.7.4是简支梁的最初三阶振型图,由于线性代数方程(1)中的未知数(A、C 和 μ)比方程的个数多一个,因此最后求得的振型式(2)中包含了一个代表振幅的待定常数 A_j,此常数由初始条件确定。

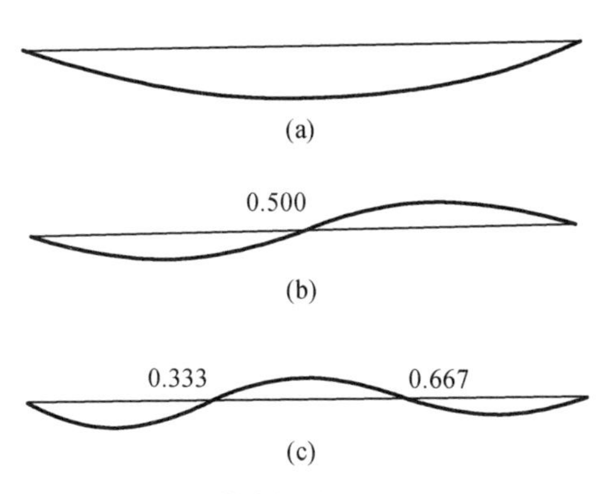

图3.7.4　简支梁的最初三阶振型图

例 3.4 等截面简支梁在跨中作用一正弦载荷$f\sin(\omega t)$，假定梁的初始位移和初始速度均为 0，计算等截面简支梁的动力响应。

解 由前文可知等截面简支梁的各阶频率和振型分别为

$$\omega_j=(j\pi)^2\sqrt{\frac{EI}{\overline{m}l^4}},\varphi_j(x)=\sin\frac{j\pi}{l}x$$

广义质量和广义载荷分别为

$$M_j=\int_0^l\overline{m}\varphi_j^2(x)\,\mathrm{d}x=\frac{1}{2}\overline{m}l$$

$$F_j=\int_0^l f(x,t)\varphi_j(x)\,\mathrm{d}x=\widetilde{f}\ \sin\frac{j\pi}{2}\sin\ \overline{\omega}t$$

广义坐标 p_j 的运动方程为

$$\ddot{p}_j+\omega_j^2p_j=\frac{2\hat{f}}{\overline{m}l}\sin\frac{j\pi}{2}\sin\ \overline{\omega}t$$

由杜哈梅积分表达式得出零初始条件下广义坐标 p_j 的响应为

$$\begin{aligned}p_j&=\frac{1}{\omega_j}\frac{2\hat{p}}{\overline{m}l}\sin\frac{j\pi}{2}\int_0^t\sin\ \overline{\omega}\tau\sin[\omega_j(t-\tau)]\,\mathrm{d}\tau\\&=\frac{2\hat{p}}{\overline{m}l(\omega_j^2-\overline{\omega}^2)}\sin\frac{j\pi}{2}\left[\sin(\overline{\omega}t)-\frac{\overline{\omega}}{\omega_j}\sin(\omega_jt)\right]\end{aligned}$$

位移响应为

$$u(x,t)=\sum_{j=1}^{\infty}\varphi_j(x)p_j(t)=\sum_{j=1}^{\infty}\frac{2\hat{f}}{\overline{m}l(\omega_j^2-\overline{\omega}^2)}\sin\frac{j\pi}{2}\sin\frac{j\pi x}{l}\left[\sin(\overline{\omega}t)-\frac{\overline{\omega}}{\omega_j}\sin(\omega_jt)\right]\quad(1)$$

式(1)括号中的第二项是载荷激起的自由振动，由于实际结构总存在阻尼，因此这部分自由振动将随时间的推移而很快消失，只剩下以载荷频率振动的项，即

$$u(x,t)=\sum_{j=1}^{\infty}\frac{2\hat{f}}{\overline{m}l(\omega_j^2-\overline{\omega}^2)}\sin\frac{j\pi}{2}\sin\frac{j\pi x}{l}\sin(\overline{\omega}t)$$

这便是等截面简支梁在正弦载荷作用下的无阻尼稳态响应。

例 3.5 应用瑞利法求均匀悬臂梁的一阶固有频率。

解 取某个给定荷重所产生的梁的静挠度曲线作为其近似振型，为比较所取的近似振型对计算固有频率的影响，取以下两种近似振型进行计算。

(1)取梁上受均布荷重 p 作用下所产生的静挠度为其近似振型，即

$$\widetilde{\varphi}(x)=\frac{pl^4}{24EI}\left(\frac{x^4}{l^4}-\frac{4x^3}{l^3}+\frac{6x^2}{l^2}\right)$$

将其代入式(3.3.25)中得

$$\widetilde{\omega}_1\approx\frac{3.530}{l^2}\sqrt{\frac{EI}{m}}$$

(2)取自由端受一集中荷重 Q_0 所产生的挠曲线为近似振型，即

$$\widetilde{\varphi}(x)=\frac{Q_0l^3}{6EI}\left(\frac{3x^2}{l^2}-\frac{x^3}{l^3}\right)$$

将其代入式(3.3.25)中可得

$$\widetilde{\omega}_1 \approx \frac{3.567}{l^2}\sqrt{\frac{EI}{m}}$$

已知其精确解为

$$\omega_1 \approx \frac{3.516}{l^2}\sqrt{\frac{EI}{m}}$$

故(1)中所设振型函数全部满足几何和力的边界条件,误差仅为0.4%,而(2)虽然也满足几何和力的边界条件,但是其误差达到1.45%。从总体上讲,二者均达到了工程上的要求。

例3.6 用瑞利-里茨法求单位宽度的楔形悬臂梁(图3.7.5)横振动的基频率。

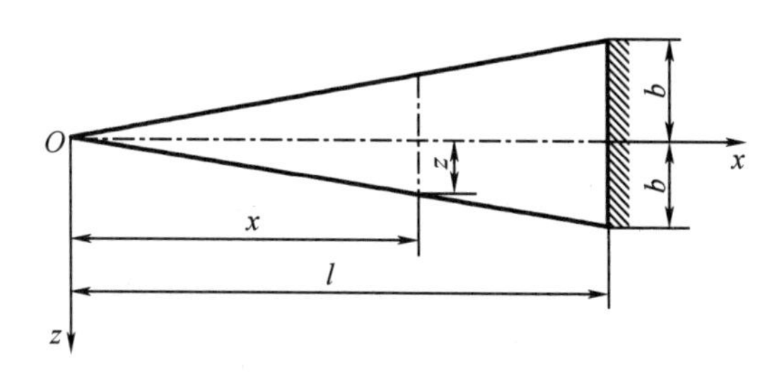

图3.7.5 楔形悬臂梁

解 取坐标如图3.7.5所示。

梁底端的横剖面面积 $A_0=2b\cdot 1$,可得

$$A(x)=A_0\frac{x}{l}=2b\frac{x}{l}$$

梁底端单位长度的质量 $m_0=2\rho b=\rho A_0$,可得

$$m(x)=\rho A(x)=m_0\frac{x}{l}=2b\rho\left(\frac{x}{l}\right)$$

梁底端的横剖面惯性矩 $I_0=\frac{(2b)^3}{12}=\frac{2}{3}b^3$,而 $z=\frac{bx}{l}$,可得

$$I(x)=\frac{(2z)^3}{12}=\frac{2}{3}\left(\frac{bx}{l}\right)^3=I_0\left(\frac{x}{l}\right)^3$$

按边界条件选取基函数 $\widetilde{\varphi}(x)$ 组成假设函数

$$\widetilde{\varphi}(x)=\sum_{j-1}^{n}A_j\psi_j(x)$$

只要求满足几何边界条件,即

$$x=l\psi_j(l)=0,\psi_j(l)=0$$

故取

$$\psi_j(x)=\left(1-\frac{x}{l}\right)^2\frac{x^{j-1}}{l^{j-1}}\quad(j=1,2,3,\cdots)$$

因为在 $x=0$ 处,$I(0)=0$,所以

$$EI(x)\psi_j''(x)\mid_{x=0}=0,EI(x)\psi_j(x)\mid_{x=0}=0 \tag{1}$$

式(1)同时也满足 $x=0$ 端的动力边界条件,故假设函数展开为

$$\widetilde{\varphi}(x)=A_1\left(1-\frac{x}{l}\right)^2-A_2\left(1-\frac{x}{l}\right)^2\frac{x}{l}+A_3\left(1-\frac{x}{l}\right)^2\frac{x^2}{l^2}+\cdots$$

若只取一项基函数作为近似振型,即瑞利法

$$\widetilde{\varphi}_1(x)=A_1\left(1-\frac{x}{l}\right)^2$$

则代入式(3.3.25)和式(3.3.27)中得

$$\omega_1=\frac{5.477}{l^2}\sqrt{\frac{EI_0}{m_0}}$$

若取两项基函数组成近似振型

$$\widetilde{\varphi}(x)=A_1\left(1-\frac{x}{l}\right)^2+A_2\left(1-\frac{x}{l}\right)^2\frac{x}{l}$$

则

$$\psi_1(x)=\left(1-\frac{x}{l}\right)^2=1-\frac{2x}{l}+\frac{x^2}{l^2},\psi_1(x)''=\frac{2}{l^2}$$

$$\psi_2(x)=\left(1-\frac{x}{l}\right)^2\frac{x}{l}=\frac{x}{l}-\frac{2x^2}{l^2}+\frac{x^3}{l^3},\psi_2(x)''=-\frac{4}{l^2}-\frac{6x}{l^3}$$

代入式(3.3.40)得

$$K_{11}=\int_0^1 EI(x)\psi_1''(x)\psi_1''(x)\mathrm{d}x=\int_0^1 EI_0\frac{x^3}{l^3}\cdot\frac{4}{l^4}\mathrm{d}x=\frac{EI_0}{l^3}$$

$$K_{12}=K_{21}=\int_0^1 EI(x)\psi_1''(x)\psi_2''(x)\mathrm{d}x=\int_0^1 EI_0\frac{x^3}{l^3}\left(-\frac{8}{l^4}+\frac{12x}{l^5}\right)\mathrm{d}x=\frac{2}{5}\frac{EI_0}{l^3}$$

$$\begin{aligned}K_{22}&=\int_0^1 EI(x)\psi_1''(x)\psi_2''(x)\mathrm{d}x\\&=\int_0^1 EI_0\frac{x^3}{l^3}\left(\frac{16}{l^4}+\frac{36x^2}{l^6}-\frac{48x}{l^5}\right)\mathrm{d}x\\&=\int_0^1 EI_0\frac{1}{l^3}\left(\frac{16x^3}{l^4}+\frac{36x^5}{l^6}-\frac{48x^4}{l^5}\right)\mathrm{d}x\\&=\frac{2}{5}\frac{EI_0}{l^3}\end{aligned}$$

$$\begin{aligned}M_{11}&=\int_0^1 m(x)\psi_1(x)\psi_1(x)\mathrm{d}x\\&=\int_0^1 m_0\frac{x}{l}\left(1-\frac{2x}{l}+\frac{x^2}{l^2}-\frac{2x}{l}+\frac{4x^2}{l^2}-\frac{2x^3}{l^3}+\frac{x^2}{l^2}-\frac{2x^3}{l^3}+\frac{x^4}{l^4}\right)\mathrm{d}x\\&=\frac{m_0 l}{30}\end{aligned}$$

同样

$$M_{12}=M_{21}=\frac{1}{105}m_0 l,M_{22}=\frac{1}{280}m_0 l$$

即

$$K=\frac{EI_0}{l^3}\begin{bmatrix}1 & \frac{2}{5}\\ \frac{2}{5} & \frac{2}{5}\end{bmatrix}$$

$$M=m_0\begin{bmatrix}\frac{1}{30} & \frac{1}{105}\\ \frac{1}{105} & \frac{1}{280}\end{bmatrix}$$

因此

$$\begin{vmatrix}\frac{EI_0}{l^3}-\omega^2\frac{m_0 l}{30} & \frac{2EI_0}{5l^3}-\omega^2\frac{m_0 l}{105}\\ \frac{2EI_0}{5l^3}-\omega^2\frac{m_0 l}{105} & \frac{2EI_0}{5l^3}-\omega^2\frac{m_0 l}{280}\end{vmatrix}=0$$

有

$$\widetilde{\omega}_1=\frac{5.319}{l^2}\sqrt{\frac{EI_0}{m_0}}$$

实际上的精确解为

$$\omega_1=\frac{5.315}{l^2}\sqrt{\frac{EI_0}{m_0}}$$

可计算出误差分别为3%和0.1%,可见瑞利-里茨法比瑞利法精确。

例3.7　一个悬臂梁上有3个集中质点,不计梁的质量(梁为等截面),试用瑞利商公式求系统的一阶固有频率。

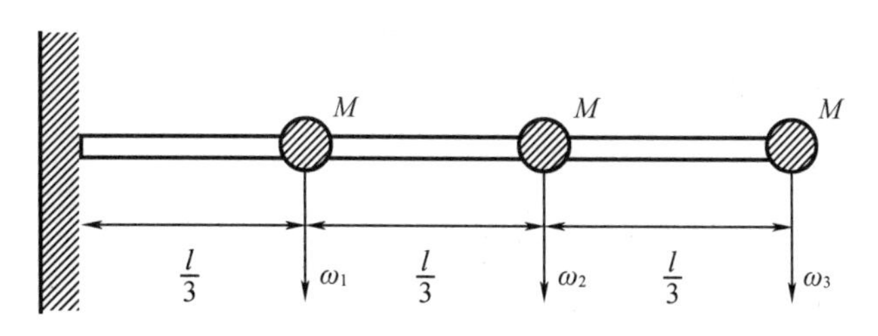

图3.7.6　例3.7图

解　各参数如图3.7.6所示。为计算方便,根据梁的边界条件取一阶振型$f(x)$为一抛物线:

$$f(x)=\frac{x^3}{\left(\frac{l}{3}\right)^2}$$

根据边界条件,在$x=0$处,$f(0)=0$,

$$\dot{f}(0)=0$$

对于3个集中质点处的位移w_1、w_2、w_3来说,其振型矢量为

$$\boldsymbol{\psi}=[1,\quad 4,\quad 9]^{\mathrm{T}}$$

根据材料力学公式得

$$w=\frac{pl^3}{3EI}\left[\frac{x^2}{l^2}\left(\frac{3}{2}-\frac{x}{2l}\right)\right]$$

将相应量代入可以求得相应的柔度矩阵：

$$\boldsymbol{\Gamma}=\frac{l^3}{162EI}\begin{bmatrix}2 & 5 & 8\\5 & 16 & 28\\8 & 28 & 54\end{bmatrix}$$

再根据式 $R(\psi)=\dfrac{\boldsymbol{\psi}^{\mathrm{T}}\boldsymbol{M}\boldsymbol{\psi}}{\boldsymbol{\psi}\boldsymbol{M}\boldsymbol{\Gamma}\boldsymbol{M}\boldsymbol{\psi}}$得

$$R(\psi)=\frac{[1,\ 4,\ 9]\begin{bmatrix}m & & 0\\ & m & \\0 & & m\end{bmatrix}\begin{bmatrix}1\\4\\9\end{bmatrix}}{\dfrac{l^3}{162EI}[1,\ 4,\ 9]\begin{bmatrix}m & & 0\\ & m & \\0 & & m\end{bmatrix}\begin{bmatrix}2 & 5 & 8\\5 & 16 & 28\\8 & 28 & 54\end{bmatrix}\begin{bmatrix}m & & 0\\ & m & \\0 & & m\end{bmatrix}\begin{bmatrix}1\\4\\9\end{bmatrix}}=\frac{98m}{\dfrac{6\ 832}{162}\cdot\dfrac{m^2l^3}{EI}}$$

因为

$$R(\psi)\approx\omega_r^2$$

所以

$$\omega_1\approx\sqrt{R}=1.524\sqrt{\frac{EI}{ml^3}}$$

3.8 习　　题

1. 一均匀直杆的一端固定，其另一端附加一轴向弹性支承(图 3.8.1)，弹簧刚度系数为 k，试推导其纵向振动的频率方程。

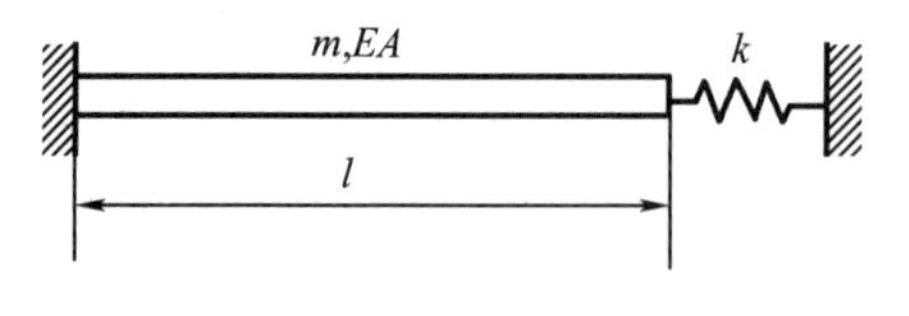

图 3.8.1　1 题图

2. 如图 3.8.2 所示，在一均匀悬臂梁自由端放置一集中质量球 M，相关条件已给出，求该系统弯曲振动频率方程并讨论 $M\gg m$ 时的基本频率，以及集中质量球半径 R 不可忽略时的影响。

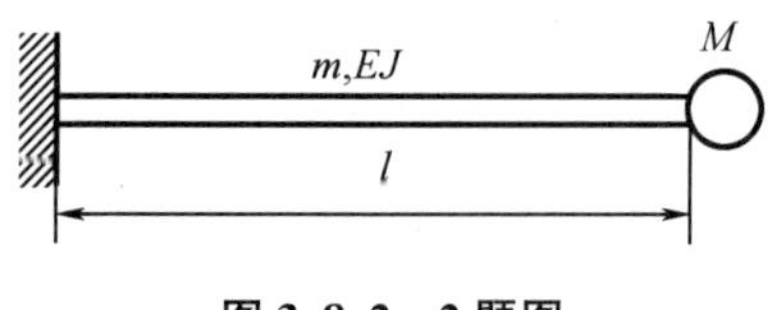

图 3.8.2　2 题图

3. 试求图 3.8.3 所示的两跨梁的前两阶固有频率和振型。

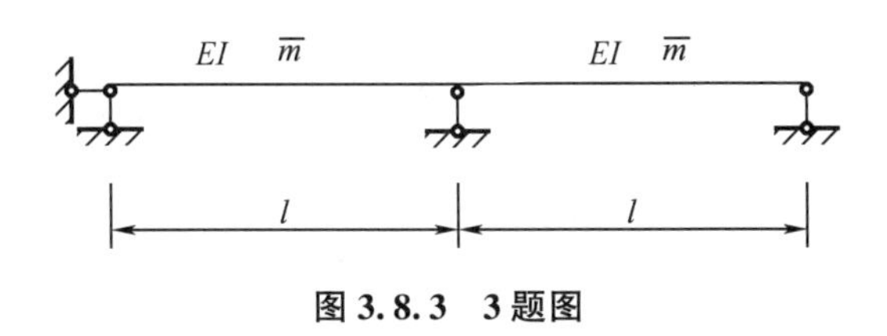

图 3.8.3 3 题图

4. 用瑞利法求悬臂梁(弯曲刚度 EI,单位长度的质量为 m)的一阶固有频率。

5. 用瑞利-里茨法求两端固支梁(弯曲刚度 EI,单位长度的质量为 m)的前两阶固有频率。

第4章 随机振动

前面章节研究的振动都属于确定性振动,即这些振动的规律都可以用一个确定的函数来描述,如单自由度简谐振动的时间历程可写为 $x(t)=A\sin(\omega t+a)$,如果已知振幅 A、频率 ω 和相位 a,则可求出任意时刻质点振动的位移、速度和加速度。这种确定性振动是可以预知的,即已知振动规律后,可以预知还没有发生的振动。然而自然界和工程中常见的是另一种类型的振动——随机振动。随机振动的产生和发展受到某些偶然因素的影响,振动的规律不能用一个确定的函数来描述。例如,由固体接触面凹凸不平引起的振动、流体对固体表面的作用及地震作用等。

随机振动的特点是:第一,无法预判振动规律。第二,试验条件相同,但各次测量波形不重复。第三,不能用周期函数或其组合来描述。

鉴于随机振动有着上述特点,振动的激励源不清晰,某一时刻的激励大小也不能反映整个过程激励的性质,对分析求解系统的响应没有参考价值,因此,可采用概率统计的方法对随机振动进行研究,得到振动的特征值,并用振动的特征值代替整个振动过程,再应用傅立叶分析,把时域信号转换到频域中去考虑。

4.1 随机过程

随机过程的不确定性和不规则性是就单个现象观测而言的,但是大量同一随机振动试验的结果却具有一定的统计规律。例如,停靠在岸边的船舶在一段时间内受到海浪的载荷是时刻变化的,但是载荷大小会服从统计规律,这是随机振动的一个特征,也是随机过程共有的一个特点。工程中的随机振动现象很多,除海浪载荷外,还有地震和风引起的结构振动,噪声激发的结构振动等。严格来说,现实中的一切振动都是随机振动,只不过有些振动中确定性振动成分占比较大,随机振动成分占比很小(可以忽略),因此可将这类振动当成确定性振动来研究。产生随机振动的原因很多,一般说来,对于一个振动系统,如果其本身各参数(如 m、k、c)都是确定的,而系统的输入(振源)是随机的,则其输出(响应)也是随机的,该系统产生的振动就是随机振动。大多数随机振动就是这样产生的,本章研究的随机振动也是这种形式的。

4.1.1 基本概念

1. 随机过程

随机过程可以分为平稳随机过程和非平稳随机过程两大类。假设存在这样一个随机过程 $x(t)$,其表达式为

$$x_i(t)=A\sin(\omega_0 t+\theta_i) \quad (i=1,2,3,\cdots) \tag{4.1.1}$$

式中,$x_i(t)$ 为集合的第 i 个元(或个体);A 为各简谐波形的固定振幅;ω_0 为固定的圆频率;θ_i 为随机相位角 θ 的第 i 个样本值,其中 θ 是在 $(0,2\pi)$ 范围内密度为 $1/(2\pi)$ 的均匀概率密

度函数的随机变量。虽然可以确定 $x(t)$ 是正弦曲线,但是由于 θ_i 不确定,因此不能确定每个 $x_i(t)$ 的形式,即 $x(t)$ 为一随机过程。由这个例子可以看出:是否是随机过程并不取决于波形的规则与否,而取决于这个波形能否被准确地确定下来。

对于一个随机过程,工程上更多关心的是其统计学上的量,如平均值、均方值、方差等,各量的值如下:

平均值:

$$E(x)=0$$

均方值:

$$E(x^2)=\frac{A^2}{2}$$

方差:

$$\sigma_x^2=\frac{A^2}{2}$$

可以发现,虽然 θ_i 不确定,但是其统计学上的量不与时间相关。类似于这种统计特性与时间无关的随机过程,称为平稳随机过程,反之则称为非平稳随机过程。

2. 平稳随机过程

平稳随机过程分为严格(狭义)平稳随机过程和广义平稳随机过程。严格平稳随机过程是指任何 n 维分布函数或概率密度函数与时间起点无关的随机过程,即随机过程的统计特性不随时间变化。广义平稳随机过程是指一个随机过程的数学期望及方差与时间无关,相关函数仅与时间间隔有关,即数学期望和方差等参数不随时间和位置变化。

在实际工程中,严格平稳随机过程并不存在,因此下面所指的平稳随机过程均是广义平稳随机过程。描述平稳随机过程 $x(t)$ 的统计特性的特征量有很多,其中最重要的有两个:一是均值 $\mu_x(t)$;二是相关函数 $R_x(t,\tau)$。

3. 各态历经过程

如果一个平稳随机过程的统计平均值等于时间平均值,统计自相关函数等于时间自相关函数,则称之为各态历经性的平稳随机过程。即如果用各个样本函数计算出来的时间平均统计特性都相等,则此过程是各态历经随机过程。如果一个随机过程是各态历经随机过程,那么就可以用一次试验的数据对整个随机过程进行研究。这种方法尤其适合对类似地震载荷等不可重复的数据的研究。根据上面的概念,可以将随机过程分类,如图 4.1.1 所示。

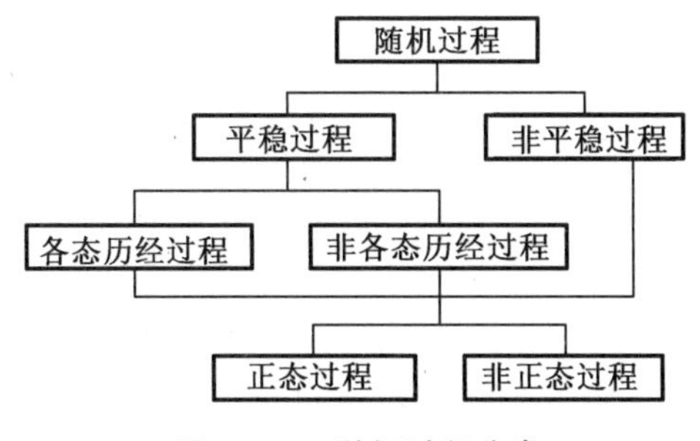

图 4.1.1 随机过程分类

4.1.2 幅域描述

随机过程是一个很复杂的过程,充斥着不确定性,因此只能通过统计学的量来描述该过程的总体趋势。一般可以从以下 3 个方面对随机过程进行数学描述:幅域描述、时域描述和频域描述。这里主要讨论随机过程的幅域描述,着重论述随机过程的幅域特征。

幅域描述就是幅值域的数学描述。这里的幅值不同于谐振动中的峰值或振幅,而是指任一瞬时振动量的瞬时值。如对于公式(4.1.1)所述的随机过程,其在第 t_0 时刻的幅值为 $A\sin(\omega t_0+\theta_i)$,但是由于 θ_i 为随机变量,其值并不确定,因此该随机过程在该时刻的幅值是不能被准确描述的。下面介绍几种描述随机幅域的物理量。

1. 集合平均值与时间平均值

随机过程的均值可分为集合平均值(ensemble average)与时间平均值(time average)。集合平均值是对大量样本而言的,取大量样本在同一时刻的平均值为

$$\mu_x = \lim_{n\to\infty}\sum_{i=1}^{n} x(t_1) \tag{4.1.2}$$

时间平均值是对单个样本而言的,随机变量 $x(t)$ 的时间平均值为

$$\mu_x = \overline{x(t)} = \lim_{T\to\infty}\frac{1}{T}\int_{-\frac{T}{2}}^{\frac{T}{2}} x(t)\,\mathrm{d}t \tag{4.1.3}$$

上面两式中,当处于理想的情况,即积分区间 $n\to\infty$、$T\to\infty$ 时,得到的 μ_x 为理论值(或真值);然而现实中的 n 和 T 是有限的,此时的 μ_x 称为估计值。

均值是统计特性的一个重要方面,它反映了随机变量的总的情况和中心趋势。集合平均值和时间平均值都能反映样本的均值情况,但是在真实情况下,样本数据很难重复获得,如地震载荷,因此在实际工程中常用的是随机变量的时间平均值,对一次随机过程数据进行分析,即取一段无穷长的时间,求出这段时间内随机变量 $x(t)$ 幅值的均值。下面着重在时间平均值方面进行分析。

2. 时间平均意义上的均方值

变量 $x(t)$ 的均方值 ψ_x^2 是 $x^2(t)$ 的时间平均值,表达式为

$$\psi^2(x) = \overline{x^2(t)} = \lim_{T\to\infty}\frac{1}{T}\int_{-\frac{T}{2}}^{\frac{T}{2}} x^2(t)\,\mathrm{d}t \tag{4.1.4}$$

从表达式(4.1.4)的形式中可以看出:均方值是一个非负的量,它反映了振动的能量或功率。若 $x(t)$ 代表振动的幅值,则其均方值反映了振动的变形能;若 $x(t)$ 表示振动速度,则其均方值反映了振动的动能;若 $x(t)$ 表示电流或电压,则其均方值反映了振动的电功率。

3. 时间平均意义上的方差

振动量 $x(t)$ 的方差为 $x(t)$ 与平均值的差的均方值,表达式为

$$\sigma_x^2 = \overline{[x(t)-\mu_x]^2} = \lim_{T\to\infty}\frac{1}{T}\int_{-\frac{T}{2}}^{\frac{T}{2}} [x(t)-\mu_x]^2\mathrm{d}t \tag{4.1.5}$$

方差反映了变量在均值附近的波动大小或与均值的偏离程度,它代表了振动的动态分量(或交流分量)的功率。

方差 σ_x^2 的平方根 σ_x 称为标准差。方差 σ_x^2 和均方值 ψ_x^2 的关系为

$$\sigma_x^2 = \psi_x^2 - \mu_x^2 \tag{4.1.6}$$

4.1.3 时域描述

1. 相关概念

相关系数是判断两个变量之间相关程度的参数，通常用ρ_{xy}来表示x与y之间的相关系数，其表达式为

$$\rho_{xy}=\frac{E[(x-\mu_x)(y-\mu_y)]}{\sigma_x\sigma_y} \tag{4.1.7}$$

式中，σ_x、σ_y分别为x、y的标准差；$E[(x-\mu_x)(y-\mu_y)]$为变量x、y的协方差，若$\mu_x=\mu_y=0$，则其协方差为

$$E[xy]=\frac{1}{n}\sum_{i=1}^{n}x_iy_i \tag{4.1.8}$$

相关系数ρ_{xy}的取值范围为[0,1]，其值越接近于0，表示两个变量的相关程度越低；其值越接近于1，表示两个变量的相关程度越高。

由相关系数ρ_{xy}的表达式可以看出：x与其自身的相关程度最高，即$\rho_{xx}=1$。证明如下：

$$\rho_{xx}=\frac{E[(x-\mu_x)(x-\mu_x)]}{\sigma_x\sigma_x}=\frac{E[(x-\mu_x)^2]}{\sigma_x^2}=\frac{\sigma_x^2}{\sigma_x^2}=1$$

2. 自相关函数

自相关函数可表示函数自身的相关性。设存在一随机过程$x(t)$，其自相关函数$R_x(\tau)$表示$x(t)$与其自身的延时$x(t+\tau)$的乘积的时间平均值，则$R_x(\tau)$的表达式为

$$R_x(\tau)=\lim_{T\to\infty}\frac{1}{T}\int_{-\frac{T}{2}}^{\frac{T}{2}}x(t)x(t+\tau)\mathrm{d}t \tag{4.1.9}$$

(1) 自相关函数的性质

①任意函数$x(t)$与没有延时的自身的相关函数始终非负，即$R_x(0)\geqslant 0$。证明如下：

$$R_x(0)=\lim_{T\to\infty}\frac{1}{T}\int_{-\frac{T}{2}}^{\frac{T}{2}}x^2(t)\mathrm{d}t=\psi_x^2\geqslant 0$$

②任意函数$x(t)$与没有延时的自身的相关性是最好的，即$|R_x(\tau)|\leqslant\leqslant R_x(0)$。证明如下：

因为

$$\lim_{T\to\infty}\frac{1}{T}\int_{-\frac{T}{2}}^{\frac{T}{2}}[x(t)\pm x(t+\tau)]^2\mathrm{d}t\geqslant 0$$

展开得

$$\begin{aligned}&\lim_{T\to\infty}\frac{1}{T}\int_{-\frac{T}{2}}^{\frac{T}{2}}[x^2(t)\pm 2x(t)x(t+\tau)+x^2(t+\tau)]\mathrm{d}t\\&=\lim_{T\to\infty}\frac{2}{T}\int_{-\frac{T}{2}}^{\frac{T}{2}}x^2(t)\mathrm{d}t\pm\lim_{T\to\infty}\frac{2}{T}\int_{-\frac{T}{2}}^{\frac{T}{2}}x(t)x(t+\tau)\mathrm{d}t\\&=2R_x(0)\pm 2R_x(\tau)\geqslant 0\end{aligned}$$

即

$$R_x(0)\geqslant|R_x(\tau)| \tag{4.1.10}$$

③自相关函数$R_x(\tau)$具有对称性，即$R_x(\tau)=R_x(-\tau)$。证明如下：

设$t+\tau=\xi$，则$t=\xi-\tau$，$\mathrm{d}t=\mathrm{d}\xi$，有

$$R_x(\tau)=\lim_{T\to\infty}\frac{1}{T}\int_{-\frac{T}{2}}^{\frac{T}{2}}x(t)x(t+\tau)\mathrm{d}t$$

$$=\lim_{T\to\infty}\frac{1}{T}\int_{-\frac{T}{2}}^{\frac{T}{2}}x(\xi)x(\xi-\tau)\mathrm{d}\xi$$

$$=R_x(-\tau)$$

(2)几种经典函数的自相关函数的图像

①正弦周期信号 $x=A\sin(\omega t)$

$$R_x(\tau)=\lim_{T\to\infty}\frac{1}{T}\int_{-\frac{T}{2}}^{\frac{T}{2}}A\sin(\omega t)\cdot A\sin[\omega(t+\tau)]\mathrm{d}t$$

$$=\frac{\omega}{2\pi}\int_{0}^{\frac{2\pi}{\omega}}A^2\sin(\omega t)\cdot\sin[\omega(t+\tau)]\mathrm{d}t$$

$$=\frac{A^2}{2}\cos(\omega\tau) \tag{4.1.11}$$

式(4.1.11)表示正弦波的相关函数为余弦函数,不随时间衰减,其图像如图 4.1.2 所示。

②窄带随机噪声

窄带随机噪声是指频谱很窄的随机振动,其自相关函数可以由信号分析仪得到。其自相关函数的图像如图 4.1.3 所示,它类似于衰减很慢的余弦函数。

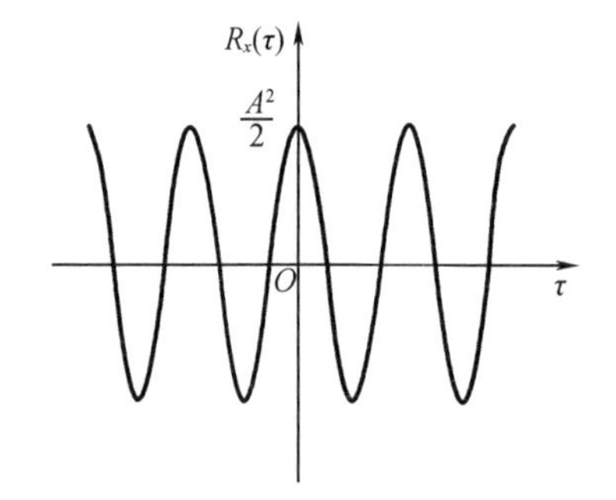

图 4.1.2 正弦波的 $R_x(\tau)$ 图像

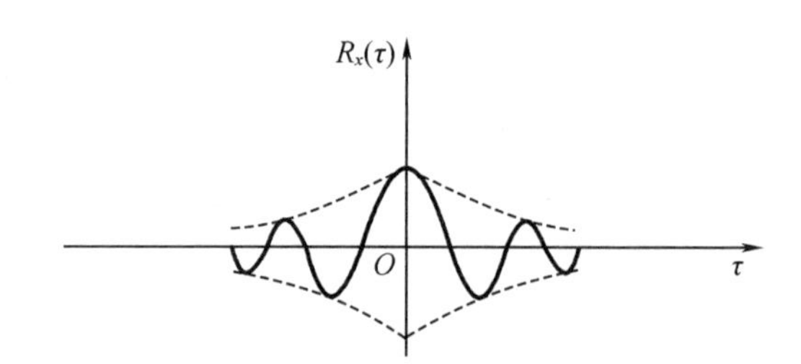

图 4.1.3 窄带随机噪声的 $R_x(\tau)$ 图像

③宽带随机噪声

宽带随机噪声是指频谱较宽的随机振动,其自相关函数的图像如图 4.1.4 所示,衰减很快。

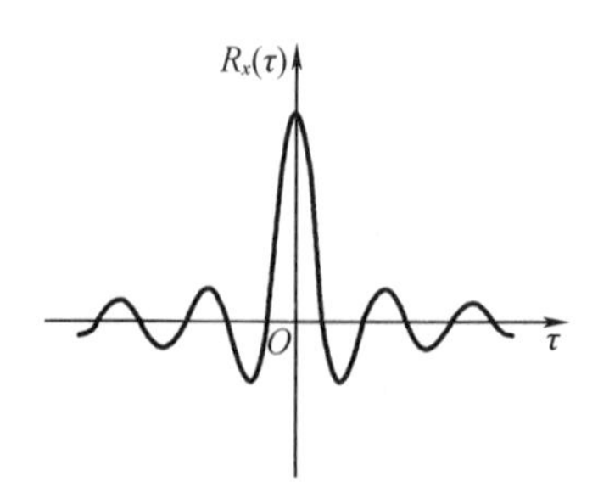

图 4.1.4 宽带随机噪声的 $R_x(\tau)$ 图像

(4)白噪声

白噪声是一种无限带宽的理想的随机振动。其自相关函数的图像如图 4.1.5 所示,为 δ 函数。

(5)正弦波叠加随机噪声

正弦波叠加随机噪声的自相关函数的图像如图 4.1.6 所示,相当于一个衰减的波叠加一个不衰减的余弦波,因此当时间 τ 足够长时,为一不衰减的余弦波。

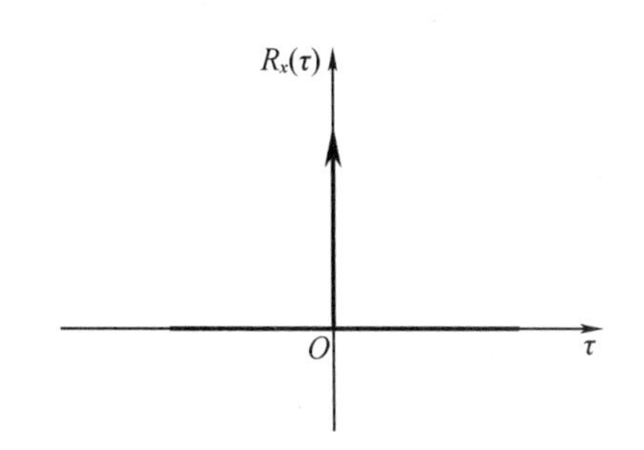

图 4.1.5　白噪声的 $R_x(\tau)$ 图像

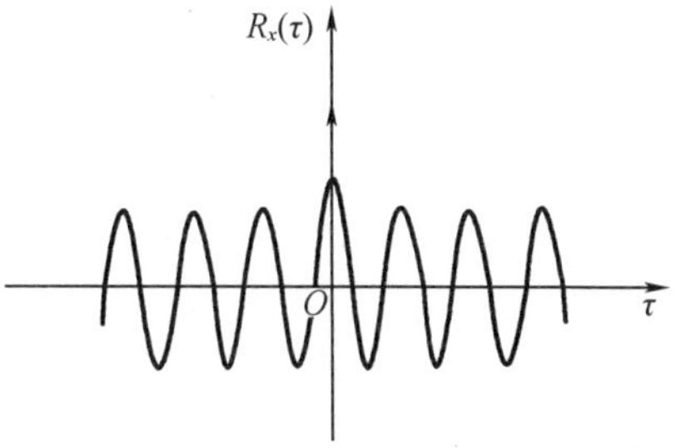

$R_x(\tau)$ O τ

图 4.1.6　正弦波叠加随机噪声的 $R_x(\tau)$ 图像

3. 互相关函数

互相关函数是表现两个随机变量之间的相关情况的函数。对于两个各态历经的随机过程 $x(t)$ 与 $y(t)$,其互相关函数 $R_{xy}(\tau)$ 的定义为 $x(t)$ 与 $y(t+\tau)$ 的乘积的时间平均值,即

$$R_{xy}(\tau)=\overline{x(t)y(t+\tau)}=\lim_{T\to\infty}\frac{1}{T}\int_{-\frac{T}{2}}^{\frac{T}{2}}x(t)y(t+\tau)\mathrm{d}t \tag{4.1.12}$$

在随机振动分析中,互相关函数可用于研究作用在一个结构上的两个随机载荷(输入)的相关情况,还可用于研究载荷与响应(输出)的相关情况等,从而分析被作用系统的一些性质。

互相关函数 $R_{xy}(\tau)$ 具有以下性质:

(1)互相关函数一般是不对称的,即 $R_{xy}(\tau)\neq R_{xy}(-\tau)$。

(2)互相关函数是镜像对称的,即 $R_{xy}(\tau)=R_{yx}(-\tau)$。证明如下:

设 $t+\tau=t'$,有

$$\begin{aligned}R_{xy}(\tau)&=\lim_{T\to\infty}\frac{1}{T}\int_{-\frac{T}{2}}^{\frac{T}{2}}x(t)y(t+\tau)\mathrm{d}t\\&=\lim_{T\to\infty}\frac{1}{T}\int_{-\frac{T}{2}+\tau}^{\frac{T}{2}+\tau}y(t')x(t'-\tau)\mathrm{d}t'\\&=R_{yx}(-\tau)\end{aligned} \tag{4.1.13}$$

4. 相关函数的应用

(1)自相关函数

自相关函数的一个用途就是可以检测混杂在随机信号中的周期信号。由图 4.1.2~图 4.1.6 可以看出:周期函数的自相关函数不衰减,然而宽频噪声和白噪声会迅速衰减,通过周期信号与噪声信号的这一性质,就可以将周期信号与噪声信号分开。具体证明如下:

设一随机信号 $x(t)=y(t)+r(t)$,其中 $y(t)$ 为周期信号,$r(t)$ 为噪声信号。那么随机信号 $x(t)$ 的自相关函数为

$$R_x(\tau)=\lim_{T\to\infty}\frac{1}{T}\int_{-\frac{T}{2}}^{\frac{T}{2}}[y(t)+r(t)][y(t+\tau)+r(t+\tau)]\mathrm{d}t$$

$$=\lim_{T\to\infty}\frac{1}{T}\int_{-\frac{T}{2}}^{\frac{T}{2}}[y(t)y(t+\tau)+r(t)y(t+\tau)+y(t)r(t+\tau)+r(t)r(t+\tau)]\mathrm{d}t$$

$$=R_y+R_{ry}+R_{yr}+R_r$$

由于 $y(t)$ 和 $r(t)$ 分别为周期信号和噪声信号，相关性很差，因此可认为 $R_{yr}=R_{ry}=0$。而在非零处，R_r 衰减很快，故可以认为在非零处 $R_x(\tau)\approx R_y(\tau)$，即分离出了噪声信号，仅保留了周期信号。

(2)互相关函数

互相关函数的用途很多，如测定隔声材料的隔声性能、定位振源、确定传递通道、确定汽车操纵灵敏度等。如测量隔声材料的隔声性能时，可以在隔声材料的输入端和输出端分别采集声音信号，分析两段声音信号的相关函数。若两段声音信号的互相关函数值高，那么此隔声材料的隔声性能就不好，反之就好；再如定位某一振动的振源时，可以在两个不同的地方分别测量振动信号 $x(t)$ 和 $y(t)$，然后求出其互相关函数 $R_{xy}(\tau)$，找到其最大值对应的时间 $\tau_{\max}$，再结合传播速度就可以推断出振源的位置。

4.1.4 频域描述

一般工程上所测得的信号多为时域信号。若要通过所测得的信号了解被观测对象的动态行为，则往往需要频域信息。这种将时域信号变换为频域信号并加以分析的方法称为频谱分析。频谱分析的目的是把复杂的时间历程波形经过傅里叶变换分解成若干单一的谐波分量来研究，从而获得信号的频率结构及各谐波的幅值和相位信息。

1. 傅里叶变换

在数学中，对于任意满足狄利克雷条件的周期 $T=2\pi/\omega_1$ 的函数 $x(t)$，可以通过傅里叶变换把它变成如下形式：

$$x(t)=\frac{a_0}{2}+\sum_{n=1}^{\infty}[a_n\cos(n\omega_1 t)+b_n\sin(n\omega_1 t)]=\frac{a_0}{2}+\sum_{n=1}^{\infty}A_n\sin[(n\omega_1 t)+\varphi_n] \tag{4.1.14}$$

式中，

$$a_0=\frac{2}{T}\int_{-\frac{T}{2}}^{\frac{T}{2}}x(t)\mathrm{d}t \tag{4.1.15}$$

$$a_n=\frac{2}{T}\int_{-\frac{T}{2}}^{\frac{T}{2}}x(t)\cos(n\omega_1 t)\mathrm{d}t \tag{4.1.16}$$

$$b_n=\frac{2}{T}\int_{-\frac{T}{2}}^{\frac{T}{2}}x(t)\sin(n\omega_1 t)\mathrm{d}t \tag{4.1.17}$$

$A_n=\sqrt{a_n^2+b_n^2}$，为幅值

$\varphi=\arctan\left(\frac{b_n}{a_n}\right)$，为相位

根据欧拉公式可得 $e^{jt}=\cos t+j\sin t$，其中 j 表示纯虚数，即 $j^2=-1$。

将欧拉公式代入式，将其化简为复数型的傅里叶级数，有

$$x(t)=\sum_{k=-\infty}^{\infty}c_k e^{jk\omega_1 t} \tag{4.1.18}$$

式中，

$$c_k=\frac{\omega_1}{2\pi}\int_{-\frac{T}{2}}^{\frac{T}{2}}x(t)e^{-jk\omega_1 t}dt \tag{4.1.19}$$

代入式(4.1.18)有

$$x(t)=\sum_{k=-\infty}^{\infty}\left[\frac{\omega_1}{2\pi}\int_{-\frac{T}{2}}^{\frac{T}{2}}x(t)e^{-jk\omega_1 t}dt\right]e^{jk\omega_1 t} \tag{4.1.20}$$

若 $x(t)$ 为非周期函数，可以看成周期为 ∞ 的函数，即 $T\to\infty$，此时 $\omega_1=d\omega\to 0$，而 $k\omega_1$ 随 k 变化，表示连续变量 ω，则式(4.1.20)变为

$$x(t)=\sum_{k=-\infty}^{\infty}\frac{d\omega}{2\pi}\left[\int_{-\infty}^{\infty}x(t)e^{-j\omega t}dt\right]e^{j\omega t} \tag{4.1.21}$$

令

$$X(\omega)=\int_{-\infty}^{\infty}x(t)e^{-j\omega t}dt \tag{4.1.22}$$

则

$$x(t)=\frac{1}{2\pi}\int_{-\infty}^{\infty}X(\omega)e^{j\omega t}d\omega \tag{4.1.23}$$

式(4.1.23)中，称 $X(\omega)$ 为 $x(t)$ 的傅里叶变换、$x(t)$ 为 $X(\omega)$ 的傅里叶逆变换(IFT)，或称 $x(t)$ 和 $X(\omega)$ 互为傅里叶变换，简记为

$$\begin{cases}X(\omega)=\mathcal{F}[x(t)]\\x(t)=\mathcal{F}^{-1}[X(\omega)]\\x(t)\Leftrightarrow X(\omega)\end{cases} \tag{4.1.24}$$

在上述变换中，$x(t)$ 为时域函数，$X(\omega)$ 为频域复函数，因此它们为时域与频域的变换，或称映射。

傅里叶变换还可写成下面的对称形式，将频率 $\omega=2\pi f$ 代入式(4.1.22)和式(4.1.23)得

$$X(f)=\int_{-\infty}^{\infty}x(t)e^{-j2\pi ft}dt \tag{4.1.25}$$

$$x(t)=\int_{-\infty}^{\infty}X(f)e^{j2\pi ft}df \tag{4.1.26}$$

表4.1.1中列出了傅里叶变换的几种性质及表达式。

表4.1.1 傅里叶变换的几种性质及表达式

序号	性质	表达式
1	线性性(叠加原理)	$ax(t)+by(t)\Leftrightarrow aX(f)+bY(f)$
2	对称性	$x(t)\Leftrightarrow X(f)$ $x(-t)\Leftrightarrow X(-f)$
3	平移性	时域：$x(t\pm t_0)\Leftrightarrow X(f)e^{\pm ift_0}$ 频域：$X(f\pm f_0)\Leftrightarrow x(t)e^{\mp if_0 t}$

表 4.1.1(续)

序号	性质	表达式
4	变标尺性	$x(kt)\Leftrightarrow\frac{1}{\lvert k\rvert}X\left(\frac{f}{k}\right)$ $X(kf)\Leftrightarrow\frac{1}{\lvert k\rvert}x\left(\frac{t}{k}\right)$
5	共轭性	$X^*(f)\Leftrightarrow X(-f)$
6	微分特性	$\dot{x}(f)\Leftrightarrow \mathrm{j}2\pi fX(-f)$ $\ddot{x}(t)\Leftrightarrow(2\pi f)^2X(f)$
7	乘积与卷积特性	$x_1(t)\cdot x_2(t)\Leftrightarrow X_1(f)*X_2(f)$ $X_1(f)\cdot X_2(f)\Leftrightarrow x_1(t)*x_2(t)$ (式中,*表示代表卷积)

注:$X^*(f)$表示$X(f)$的共轭,即$X^*(f)$与$X(f)$的实部相等,虚部互为相反数。

下面给出性质 7 的证明:

$$\begin{aligned}x_1(t)x_2(t)&=\int_{-\infty}^{\infty}X_1(f)\mathrm{e}^{\mathrm{j}2\pi ft}\mathrm{d}f\cdot\int_{-\infty}^{\infty}X_2(f')\mathrm{e}^{\mathrm{j}2\pi f't}\mathrm{d}f'\\&=\int_{-\infty}^{\infty}X_1(f)\mathrm{e}^{\mathrm{j}2\pi ft}\mathrm{d}f\int_{-\infty}^{\infty}\left[\int_{-\infty}^{\infty}x_2(t)\mathrm{e}^{-\mathrm{j}2\pi f't}\mathrm{d}t\right]\mathrm{e}^{\mathrm{j}2\pi f't}\mathrm{d}f'\\&=\int_{-\infty}^{\infty}\int_{\infty}^{\infty}X_1(f)\mathrm{e}^{\mathrm{j}2\pi f't}\mathrm{d}f\mathrm{d}f'\int_{-\infty}^{\infty}x_2(t)\mathrm{e}^{-\mathrm{j}2\pi(f'-f)t}\mathrm{d}t\\&=\int_{-\infty}^{\infty}\left[\int_{-\infty}^{\infty}X_1(f)X_2(f'-f)\mathrm{d}f\right]\mathrm{e}^{\mathrm{j}2\pi f't}\mathrm{d}f'\end{aligned}\tag{4.1.27}$$

式(4.1.27)即

$$x_1(t)x_2(t)\Leftrightarrow\int_{-\infty}^{\infty}X_1(f)X_2(f'-f)\mathrm{d}f\tag{4.1.28}$$

或

$$x_1(t)x_2(t)\Leftrightarrow X_1(f)*X_2(f)\tag{4.1.29}$$

式(4.1.29)表示在时域为乘积,变到频域为卷积;同理可证,在频域为乘积,在时域为卷积,即

$$X_1(f)x_2(f)\Leftrightarrow\int_{-\infty}^{\infty}x_1(\tau)x_2(t-\tau)\mathrm{d}\tau\tag{4.1.30}$$

或

$$X_1(f)X_2(f)\Leftrightarrow x_1(t)*x_2(t)\tag{4.1.31}$$

2. 自功率谱密度函数

(1)自功率谱密度函数的定义

定义 1 自功率谱密度函数是自相关函数的傅里叶变换,即

$$S_x(f)=\int_{-\infty}^{\infty}R_x(\tau)\mathrm{e}^{-\mathrm{j}2\pi f\tau}\mathrm{d}\tau\tag{4.1.32}$$

或

$$S_x(\omega)=\int_{-\infty}^{\infty}R_x(\tau)\mathrm{e}^{-\mathrm{j}\omega\tau}\mathrm{d}\tau\tag{4.1.33}$$

式(4.1.32)和式(4.1.33)是等价的,即 $S_x(\omega_0)=S_x(2\pi f_0)=S_x(f_0)$,其中 $\omega_0=2\pi f_0$。也可以说自相关函数是自功率谱密度的逆傅里叶变换,即

$$R_x(\tau)=\int_{-\infty}^{\infty}S_x(f)\mathrm{e}^{\mathrm{j}2\pi f\tau}\mathrm{d}f \tag{4.1.34}$$

或

$$R_x(\tau)=\frac{1}{2\pi}\int_{-\infty}^{\infty}S_x(\omega)\mathrm{e}^{\mathrm{j}\omega\tau}\mathrm{d}\omega \tag{4.1.35}$$

考虑一种特殊情况即 $\tau=0$,此时式(4.1.35)可写为

$$R_x(0)=\psi_x^2=\int_{-\infty}^{\infty}S_x(f)\mathrm{d}f \tag{4.1.36}$$

由式(4.1.36)可知,$x(t)$ 的自功率谱密度函数在整个频域内的积分等于它的均方值。由于物理意义上的均方值经常代表功率或能量,因此称 $S_x(f)$ 为自功率谱密度函数,简称为自谱密度函数。

定义2 由式可(4.1.36)知,$S_x(f)\mathrm{d}f$ 表示元功率,因此 $S_x(f)$ 可看作 $x(t)$ 在中心频率为 f 的极小带宽内,单位带宽所具有的功率(能量),有

$$S_x(f)=\lim_{\Delta f\to 0,T\to\infty}\frac{1}{\Delta f}\cdot\frac{1}{T}\int_{-\frac{T}{2}}^{\frac{T}{2}}x_f^2(t)\mathrm{d}t \tag{4.1.37}$$

式中,$x_f(t)$ 表示 $x(t)$ 通过中心频率为 f 的窄带滤波器后的输出变量,或说 $x(t)$ 在频带 $\left(f-\frac{\Delta f}{2},f+\frac{\Delta f}{2}\right)$ 上的分量。这一定义常用于模拟方法的功率谱分析仪。

定义3

$$S_x(f)=\lim_{T\to\infty}\frac{1}{T}|X(f)|^2 \tag{4.1.38}$$

式中,$X(f)$ 为 $x(t)$ 的傅里叶变换,即 $X(f)=\int_{-\infty}^{\infty}x(t)\mathrm{e}^{-\mathrm{j}2\pi ft}\mathrm{d}t$。

这一定义与定义1、定义2是等价的,证明如下:

$$\begin{aligned}
R_x(\tau)&=\lim_{T\to\infty}\frac{1}{T}\int_{-\frac{T}{2}}^{\frac{T}{2}}x(t)x(t+\tau)\mathrm{d}\tau\\
&=\lim_{T\to\infty}\frac{1}{T}\int_{-\frac{T}{2}}^{\frac{T}{2}}x(t)\left[\int_{-\infty}^{\infty}X(f)\mathrm{e}^{\mathrm{j}2\pi f(t+\tau)}\mathrm{d}f\right]\mathrm{d}t\\
&=\lim_{T\to\infty}\frac{1}{T}\int_{-\infty}^{\infty}X(f)\left[\int_{-\frac{T}{2}}^{\frac{T}{2}}x(t)\mathrm{e}^{\mathrm{j}2\pi ft}\mathrm{d}t\right]\mathrm{e}^{\mathrm{j}2\pi f\tau}\mathrm{d}f\\
&=\int_{-\infty}^{\infty}\lim_{T\to\infty}\frac{1}{T}X(f)X(-f)\mathrm{e}^{\mathrm{j}2\pi f\tau}\mathrm{d}f\\
&=\int_{-\infty}^{\infty}\lim_{T\to\infty}\frac{1}{T}X(f)X^*(f)\mathrm{e}^{\mathrm{j}2\pi f\tau}\mathrm{d}f
\end{aligned}$$

得

$$R_x(\tau)=\int_{-\infty}^{\infty}\lim_{T\to\infty}|X(f)|^2\mathrm{e}^{\mathrm{j}2\pi f\tau}\mathrm{d}f$$

令 $\tau=0$,得

$$R_x(0)=\int_{-\infty}^{\infty}\lim_{T\to\infty}\frac{1}{T}|X(f)|^2\mathrm{d}f \tag{4.1.39}$$

又因式(4.1.36)有

$$R_x(0)=\int_{-\infty}^{\infty} S_x(f)\,\mathrm{d}f \tag{4.1.40}$$

因为对于任意的随机函数 $x(t)$,式(4.1.39)和式(4.1.40)都成立,所以比较两式中的被积函数,应有

$$S_x(f)=\lim_{T\to\infty}\frac{1}{T}|X(f)|^2 \tag{4.1.41}$$

(2)自功率谱密度函数的性质

①自功率谱密度函数曲线下的面积等于均方值(总功率),即

$$\int_{-\infty}^{\infty} S_x(f)\,\mathrm{d}f=\int_{-\infty}^{\infty} S_x(\omega)\,\mathrm{d}\omega=\psi_x^2 \tag{4.1.42}$$

②自功率谱密度函数为实偶函数。证明如下:

$$S_x(\omega)=\int_{-\infty}^{\infty} R_x(\tau)\mathrm{e}^{-\mathrm{j}\omega\tau}\mathrm{d}\tau=\int_{-\infty}^{\infty} R_x(\tau)[\cos(\omega\tau)-\mathrm{j}\sin(\omega\tau)]\mathrm{d}\tau \tag{4.1.43}$$

因为 $R_x(t)$ 与 $\cos(\omega\tau)$ 为偶函数,而 $\sin(\omega\tau)$ 为奇函数,奇函数在区间 $(-\infty,\infty)$ 内积分为 0,所以式(4.1.43)变为

$$S_x(\omega)=\int_{-\infty}^{\infty} R_x(\tau)\cos(\omega\tau)\,\mathrm{d}\tau \tag{4.1.44}$$

因为乘积 $R_x(\tau)\cos(\omega\tau)\mathrm{d}\tau$ 为实偶函数,所以 $S_x(\omega)$ 为实偶函数。

(3)单边自功率谱密度函数

前面所讨论的自功率谱密度函数的定义域是从 $-\infty$ 到 ∞,但是实际应用中,负频率没有意义,因此引入单边自功率谱密度函数($G_x(f)$)的概念,其只在非负的频域有定义,且值的大小为双边自功率谱($S_x(f)$)值的 2 倍。单边自功率谱密度函数的定义为

$$G_x(f)=2S_x(f)\quad (f\geqslant 0) \tag{4.1.45}$$

或

$$G_x(\omega)=2\int_{-\infty}^{\infty} R_x(\tau)\cos(\omega\tau)\,\mathrm{d}\tau=4\int_{0}^{\infty} R_x(\tau)\cos(\omega\tau)\,\mathrm{d}\tau \tag{4.1.46}$$

或

$$G_x(f)=2\lim_{T\to\infty}\frac{1}{T}|X(f)|^2=2S_x(f)\quad (f\geqslant 0) \tag{4.1.47}$$

单边自功率谱与双边自功率谱的曲线如图 4.1.7 所示。

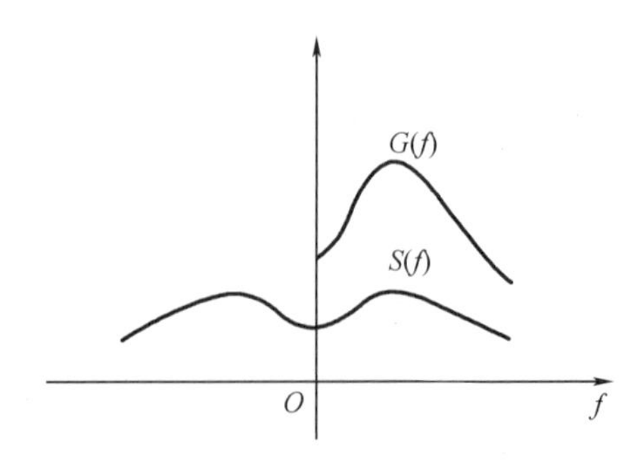

图 4.1.7　单边自功率谱与双边自功率谱的曲线

由图 4.1.7 可知,均方值等于单边自功率谱曲线下的面积,即

$$\psi_x^2 = \int_0^{\infty} G_x(f)\,\mathrm{d}f \tag{4.1.48}$$

(4)几种典型的自功率谱密度函数曲线

①正弦信号 $x(t)=A\sin(2\pi f_1 t)$

正弦信号 $x(t)=A\sin(2\pi f_1 t)$ 的自功率谱密度函数曲线为$\frac{A^2}{2}\delta(f-f_1)$，表示在 f_1 处 δ 的函数，其曲线如图 4.1.8(a)所示，

②周期信号 $x(t)=\sum_{i=1}^{n} A_i\sin(2\pi f_i t)$

周期信号 $x(t)=\sum_{i=1}^{n} A_i\sin(2\pi f_i t)$ 的自功率谱密度函数曲线为图 4.1.8(b)所示的离散谱。

③窄带随机信号

窄带随机信号的自功率谱密度函数曲线如图 4.1.8(c)所示，且所有的随机信号都是连续谱，即自功率谱密度函数为连续函数，但窄带随机信号的自功率谱密度函数只在一较窄的频率范围内有值。

④宽带随机信号

宽带随机信号的自功率谱密度函数曲线如图 4.1.8(d)所示。宽带随机信号的自功率谱密度函数在较宽的频率范围内有值。

⑤白噪声

白噪声是一种理想的宽带随机信号，其自功率谱密度函数曲线如图 4.1.8(e)所示。白噪声的自功率谱密度函数为常数，有

$$S_x(\omega)=S_0=\text{const}(常数) \tag{4.1.49}$$

因为常数的傅里叶变换为 δ 函数，所以有

$$R_x(\tau)=\frac{1}{2\pi}\int_{-\infty}^{\infty} S_x(f)\,\mathrm{e}^{\mathrm{j}2\pi f\tau}\mathrm{d}f = S_0\delta(\tau) \tag{4.1.50}$$

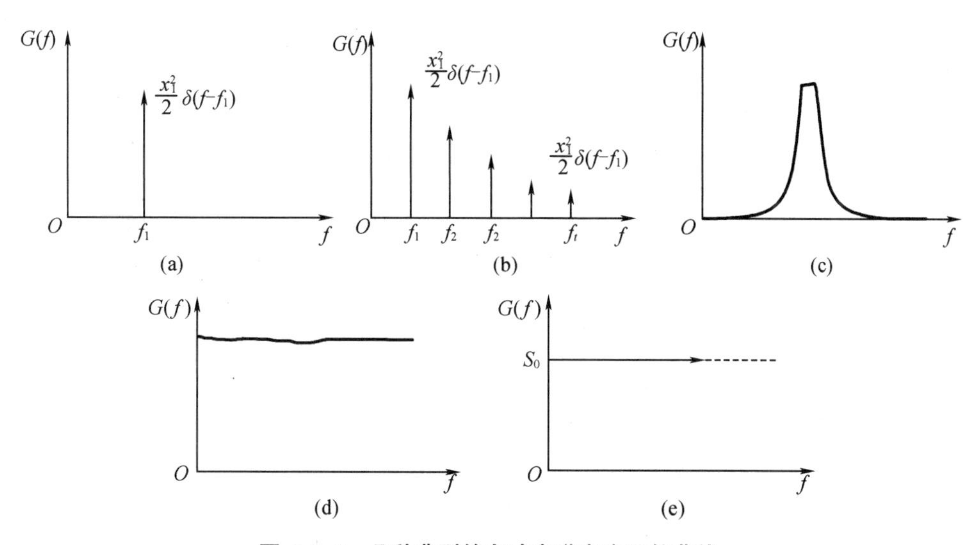

图 4.1.8 几种典型的自功率谱密度函数曲线

3. 互功率谱密度函数

(1) 互功率谱密度函数的定义

平稳随机过程 $x(t)$ 和 $y(t)$ 的互功率谱密度函数与它们的互相关函数 $R_{xy}(\tau)$ 互为傅里叶变换，即

$$S_{xy}(\omega)=\int_{-\infty}^{\infty}R_{xy}(\tau)\mathrm{e}^{-\mathrm{j}\omega\tau}\mathrm{d}\tau \tag{4.1.51}$$

或

$$S_{xy}(\omega)=\int_{-\infty}^{\infty}R_{xy}(\tau)\mathrm{e}^{-\mathrm{j}2\pi f\tau}\mathrm{d}\tau \tag{4.1.52}$$

类比自功率谱密度函数的定义 3 的证明过程，可以写出互功率谱密度函数的定义为

$$S_{xy}(f)=\lim_{T\to\infty}\frac{1}{T}X^*(f)Y(f) \tag{4.1.53}$$

(2) 互功率谱密度函数的性质

①因为 $R_{xy}(\tau)$ 不是偶函数，所以 $S_{xy}(\omega)$ 一般是复数且不对称。

② $S_{xy}(\omega)=S_{xy}^*(\omega)$。

证明如下：

$$S_{xy}(\omega)=\int_{-\infty}^{\infty}R_{xy}(\tau)\mathrm{e}^{-\mathrm{j}\omega\tau}\mathrm{d}\tau \tag{4.1.54}$$

设 $\tau'=-\tau$，得

$$S_{xy}(\omega)=\int_{-\infty}^{\infty}R_{xy}(\tau')\mathrm{e}^{-\mathrm{j}(-\omega)\tau'}\mathrm{d}\tau'=S_{yx}(-\omega)=S_{yx}^*(\omega) \tag{4.1.55}$$

4. 相干函数

由前述内容可知，两个平稳随机过程 $x(t)$ 和 $y(t)$ 的相关程度可用相关系数来表示。在频域内中，通常用相干函数 $\gamma_{xy}^2(f)$ 来表示两个随机过程 $X(f)$ 和 $Y(f)$ 的相关程度，其定义为

$$\gamma_{xy}^2(f)=\frac{|S_{xy}(f)|^2}{S_x(f)S_y(f)} \tag{4.1.56}$$

与相关系数类似，相干函数的值域也是[0,1]，即

$$0\leqslant\gamma_{xy}^2(f)\leqslant 1 \tag{4.1.57}$$

5. 谱密度函数的应用

自功率谱密度函数、互功率谱密度函数和相干函数在振动测试中有很重要的应用，具体应用场景如下：

(1) 自功率谱密度函数能反映信号的频率结构或波形信息。

(2) 自功率谱密度函数能提供振动的能量信息，这是重要的振动环境数据。

(3) 线性系统输出信号的自功率谱密度函数能反映振源的信息。

(4) 利用输入输出的互功率谱密度函数可以得到系统的传递函数(或频响函数)。

(5) 利用相干函数可以判断振动试验的质量，能反映噪声干扰的大小。一般振动试验要求输入、输出的相干函数 $\gamma_{xy}^2(f)\geqslant 0.9$。

(6) 谱密度函数可作为故障诊断的特征信号。

4.2 线性单自由度系统的随机振动

本节研究线性单自由度系统的随机输入与随机输出之间的关系。在随机振动中,通常使用频响函数和脉冲响应函数(简称“脉响函数”)来表示系统特性。

4.2.1 频响函数和脉响函数

由第1章内容可知,单自由度系统的频响函数 $H(w)$ 为正弦激励时的复响应与复激励之比,即

$$H(\omega)=\frac{A\mathrm{e}^{\mathrm{j}(\omega t+\varphi)}}{F_0\mathrm{e}^{\mathrm{j}\omega t}}=\frac{1}{k-\omega^2 m+\mathrm{j}\omega c} \tag{4.2.1}$$

在本节中也可以这样定义,即系统的频响函数等于输出傅里叶变换与输入傅里叶变换之比,即

$$H(\omega)=\frac{X(\omega)}{F(\omega)}=\frac{1}{k-\omega^2 m+\mathrm{j}\omega c} \tag{4.2.2}$$

因为单自由度系统的振动微分方程为

$$m\ddot{x}+c\dot{x}+kx=f(t) \tag{4.2.3}$$

对式(4.2.3)等号两端进行傅里叶变换,得

$$-\omega^2 mX(\omega)+\mathrm{j}\omega cX(\omega)+kX(\omega)=F(\omega) \tag{4.2.4}$$

整理(4.2.4)式即可得到式(4.2.2)。式(4.2.2)所描述的频响函数的定义也可推广到多自由度系统中。

单自由度系统的脉响函数的表达式为

$$h(t)=\begin{cases}\dfrac{1}{m\omega_\mathrm{d}}\mathrm{e}^{\xi\omega_n t}\sin(\omega_\mathrm{d}t) & (t\geqslant 0)\\ 0 \quad (t<0)\end{cases} \tag{4.2.5}$$

时域内的脉响函数 $h(t)$ 与频域内的频响函数互为傅里叶变换,即

$$H(\omega)=\int_{-\infty}^{\infty}h(t)\mathrm{e}^{\mathrm{j}\omega t}\mathrm{d}t \tag{4.2.6}$$

$$h(t)=\frac{1}{2\pi}\int_{-\infty}^{\infty}H(\omega)\mathrm{e}^{\mathrm{j}\omega t}\mathrm{d}\omega \tag{4.2.7}$$

或

$$H(\omega)\Leftrightarrow h(\omega)$$

4.2.2 输入输出的均值

一个单自由度系统的输入输出关系用微分方程表示为

$$m\ddot{x}+c\dot{x}+kx=f(t) \tag{4.2.9}$$

考虑随机过程,即如果方程(4.2.9)等号右端的输入 $f(t)$ 为随机变量,那么输出 $x(t)$ 也是随机变量。随机变量是不确定变量,不能用一个确定的函数表示,只能用统计量来表示,如均值、均方值、相关函数、谱密度函数概率分布等。如果方程(4.2.9)为随机微分方程,那

么求它的解就是由等号右端项 $f(t)$ 的统计量求变量 $x(t)$ 的统计量。最基本的统计量是均值，下面推导由 $f(t)$ 的均值求 $x(t)$ 的均值的公式。

由杜哈梅积分公式可得方程(4.2.9)的解为

$$x(t)=\int_{-\infty}^{\infty}f(t-\tau)h(\tau)\mathrm{d}\tau \tag{4.2.10}$$

式(4.2.10)等号两边同取平均值为

$$\overline{x(t)}=\int_{-\infty}^{\infty}\overline{f(t-\tau)}h(\tau)\mathrm{d}\tau=\mu_f\int_{-\infty}^{\infty}h(\tau)\mathrm{e}^{-\mathrm{j}0t}\mathrm{d}\tau=\mu_f H(0) \tag{4.2.11}$$

得

$$\mu_x=\mu_f H(0) \tag{4.2.12}$$

由上述公式可得：输出的均值等于输入的均值乘以频响函数在 0 点的值(静柔度)。对于单自由度系统，静柔度为 $1/k$，所以有

$$\mu_x=\frac{\mu_f}{k} \tag{4.2.13}$$

4.2.3 输入输出的相关函数

$$\begin{aligned}R_x(\tau)&=\overline{x(t)x(t+\tau)}\\&=\overline{\int_{-\infty}^{\infty}f(t-\tau_1)h(\tau_1)\mathrm{d}\tau_1\int_{-\infty}^{\infty}f(t+\tau-\tau_2)h(\tau_2)\mathrm{d}\tau_2}\\&=\int_{-\infty}^{\infty}\int_{-\infty}^{\infty}\overline{f(t-\tau_1)f(t+\tau-\tau_2)}h(\tau_1)h(\tau_2)\mathrm{d}\tau_1\mathrm{d}\tau_2\\&=\int_{-\infty}^{\infty}\int_{-\infty}^{\infty}\overline{f(t-\tau_1)f(t-\tau_1+\tau+\tau_1-\tau_2)}h(\tau_1)h(\tau_2)\mathrm{d}\tau_1\mathrm{d}\tau_2\\&=\int_{-\infty}^{\infty}\int_{-\infty}^{\infty}R_f(\tau_1+\tau-\tau_2)h(\tau_1)h(\tau_2)\mathrm{d}\tau_1\mathrm{d}\tau_2\end{aligned}$$

最后得

$$R_x(\tau)=\int_{-\infty}^{\infty}h(\tau_1)\mathrm{d}\tau_1\int_{-\infty}^{\infty}R_f(\tau_1+\tau-\tau_2)h(\tau_2)\mathrm{d}\tau_2 \tag{4.2.14}$$

由上述公式可得：输出的自相关函数等于输入的自相关函数与脉响函数的两次卷积，可记为

$$R_x(\tau)=[R_f(\tau)*h(\tau)]*h(-\tau) \tag{4.2.15}$$

又可将上述两次卷积分开写成两个公式，有

$$\begin{aligned}R_x(\tau)&=\overline{x(t)x(t+\tau)}\\&=\overline{\int_{-\infty}^{\infty}f(t-\tau_1)h(\tau_1)\mathrm{d}\tau_1 x(t+\tau)}\\&=\int_{-\infty}^{\infty}\overline{f(t-\tau_1)x(t+\tau)}h(\tau_1)\mathrm{d}\tau_1\\&=\int_{-\infty}^{\infty}\overline{f(t-\tau_1)x(t-\tau_1+\tau+\tau_1)}h(\tau_1)\mathrm{d}\tau_1\end{aligned}$$

最后得

$$R_x(\tau)=\int_{-\infty}^{\infty}[R_{fx}(\tau_1+\tau)h(\tau_1)]\mathrm{d}\tau_1 \tag{4.2.16}$$

或简写为

$$R_x(\tau)=R_{fx}(-\tau)*h(\tau) \tag{4.2.17}$$

由上述公式可得：输出的自相关函数等于输入输出的互相关函数与脉响函数的卷积。

输入输出的互相关函数为

$$\begin{aligned}R_{fx}(\tau)&=\overline{f(t)x(t+\tau)}\\&=\overline{f(t)\int_{-\infty}^{\infty}f(t+\tau-\tau_2)h(\tau_2)\mathrm{d}\tau_2}\\&=\int_{-\infty}^{\infty}\overline{f(t)f(t+\tau-\tau_2)}h(\tau_2)\mathrm{d}\tau_2\end{aligned}$$

最后得

$$R_{fx}(\tau)=\int_{-\infty}^{\infty}R_f(\tau-\tau_2)h(\tau_2)\mathrm{d}\tau_2 \tag{4.2.18}$$

或简写为

$$R_{fx}=R_f(\tau)*h(\tau) \tag{4.2.19}$$

由上述公式可得：输入输出的互相关函数等于输入的自相关函数与脉响函数的卷积。

4.2.4 输入输出的谱密度函数

谱密度函数可通过相关函数的傅里叶变换来表示，因此可以通过前文中公式来导出输入输出的谱密度函数。

$$\begin{aligned}S_x(f)&=\int_{-\infty}^{\infty}R_x(\tau)\mathrm{e}^{-\mathrm{j}2\pi f\tau}\mathrm{d}\tau\\&=\int_{-\infty}^{\infty}\int_{-\infty}^{\infty}h(\tau_1)\mathrm{d}\tau_1\int_{-\infty}^{\infty}h(\tau_2)R_f(\tau+\tau_1-\tau_2)\mathrm{d}\tau_2\mathrm{e}^{-\mathrm{j}2\pi f\tau}\mathrm{d}\tau\\&=\int_{-\infty}^{\infty}h(\tau_1)\mathrm{d}\tau_1\int_{-\infty}^{\infty}h(\tau_2)\mathrm{d}\tau_2\int_{-\infty}^{\infty}R_f(\tau+\tau_1-\tau_2)\mathrm{e}^{-\mathrm{j}2\pi f\tau}\mathrm{d}\tau\end{aligned} \tag{4.2.20}$$

令 $\tau_3=\tau+\tau_1-\tau_2$，则 $\tau=\tau_3-\tau_1+\tau_2$，式(4.2.20)可写为

$$\begin{aligned}S_x(f)&=\int_{-\infty}^{\infty}h(\tau_1)\mathrm{e}^{-\mathrm{j}2\pi f\tau_1}\mathrm{d}\tau_1\int_{-\infty}^{\infty}h(\tau_2)\mathrm{e}^{-\mathrm{j}2\pi f\tau_2}\mathrm{d}\tau_2\int_{-\infty}^{\infty}R_f\mathrm{e}^{-\mathrm{j}2\pi f\tau_3}\mathrm{d}\tau_3\\&=H(-f)H(f)S_f(f)\\&=H^*(f)H(f)S_f(f)\end{aligned}$$

最后得

$$S_x(f)=|H(f)|^2S_f(f) \tag{4.2.21}$$

或

$$S_x(\omega)=|H(\omega)|^2S_f(\omega) \tag{4.2.22}$$

由上述公式可得：输出的自功率谱密度函数等于频响函数模的平方与输入的自功率谱密度函数的乘积。

同理可将式(4.2.16)和式(4.2.18)通过傅里叶变换得到在频域内的谱密度函数公式，有

$$\begin{cases}S_x(f)=H^*(f)S_{fx}(f)\\S_x(\omega)=H^*(\omega)S_{fx}(\omega)\end{cases} \tag{4.2.23}$$

和

$$\begin{cases} S_x(f) = H(f)S_{fx}(f) \\ S_x(\omega) = H(\omega)S_{fx}(\omega) \end{cases} \tag{4.2.24}$$

由式(4.2.23)和式(4.2.24)很容易导出式(4.2.21)和式(4.2.22)。

由式(4.2.21)和式(4.2.22)很容易得到均方值公式,有

$$\psi_x^2 = \int_{-\infty}^{\infty} S_x(f)\,\mathrm{d}f = \int_{-\infty}^{\infty} |H(f)|^2 S_f(f)\,\mathrm{d}f \tag{4.2.25}$$

4.3 线性多自由度系统的随机振动

4.3.1 单输入情况分析

对于多自由度系统,如果只有一个输入,则称为单输入情形;如果只研究一个自由度的响应,则称为单输出情形。

很容易证明:对于单输入、单输出情形,4.2 节中关于线性单自由度系统的随机响应公式都可以适用于线性多自由度系统。但应注意:公式中的脉响函数 $h(t)$ 与频响函数 $H(\omega)$ 应改为多自由度系统中输入输出之间的脉响函数 $h_{ij}(t)$ 和频响函数 $H_{ij}(\omega)$,其中下标 i 表示输出点,j 表示输入点。下面列出单输入、单输出响应公式。

1. 均值

$$\mu_x = H_{ij}(0)\mu_f \tag{4.3.1}$$

2. 相关函数

$$R_x(\tau) = \int_{-\infty}^{\infty} h_{ij}(\tau_1)\,\mathrm{d}\tau_1 \int_{-\infty}^{\infty} h_{ij}(\tau_2) R_f(\tau + \tau_1 - \tau_2)\,\mathrm{d}\tau_2 \tag{4.3.2}$$

3. 谱密度函数

$$S_x(\omega) = |H_{ij}(\omega)|^2 S_f(\omega) \tag{4.3.3}$$

$$S_{fx}(\omega) = H_{ij}(\omega) S_f(\omega) \tag{4.3.4}$$

对于比例阻尼情形,脉响函数为

$$h_{ij}(t) = \sum_{l=1}^{n} \frac{\varphi_{li}\varphi_{lj}}{m_l\omega_{dl}} \mathrm{e}^{\xi\omega l}\sin(\omega_{dl}t) \tag{4.3.5}$$

频响函数

$$H_{ij}(\omega) = \sum_{l=1}^{n} \frac{\varphi_{li}\varphi_{lj}}{k_l - \omega^2 m_l + \mathrm{j}\omega c_l} \tag{4.3.6}$$

4.3.2 多输入情况分析

多输入的随机响应问题远比单输入的随机响应问题复杂,下面针对两个随机输入问题研究其响应的相关函数及谱密度函数,然后推广到任意多输入情形。

1. 输出的自相关函数

设两个随机输入为 $f_1(t)$ 和 $f_2(t)$,根据线性系统的迭加原理,得输出的自相关函数为

$$\begin{aligned} R_{x_i}(\tau) &= \overline{x_i(t)x_i(t+\tau)} \\ &= \overline{\int_{-\infty}^{\infty} [h_{i1}(\tau_1)f_1(t-\tau_1) + h_{i2}(\tau_1)f_2(t-\tau_1)]\,\mathrm{d}\tau_1} \cdot \end{aligned}$$

$$\overline{\int_{-\infty}^{\infty}[h_{i1}(\tau_2)f_1(t+\tau-\tau_2)+h_{i2}(\tau_2)f_2(t+\tau-\tau_2)]\mathrm{d}\tau_2}$$

$$=\overline{\int_{-\infty}^{\infty}h_{i1}(\tau_1)f_1(t-\tau_1)\mathrm{d}\tau_1\int_{-\infty}^{\infty}h_{i1}(\tau_2)f_1(t-\tau_2+\tau)\mathrm{d}\tau_2}+$$

$$\overline{\int_{-\infty}^{\infty}h_{i1}(\tau_1)f_1(t-\tau_1)\mathrm{d}\tau_1\int_{-\infty}^{\infty}h_{i2}(\tau_2)f_2(t-\tau_2+\tau)\mathrm{d}\tau_2}+$$

$$\overline{\int_{-\infty}^{\infty}h_{i2}(\tau_1)f_2(t-\tau_1)\mathrm{d}\tau_1\int_{-\infty}^{\infty}h_{i1}(\tau_2)f_1(t-\tau_2+\tau)\mathrm{d}\tau_2}+$$

$$\overline{\int_{-\infty}^{\infty}h_{i2}(\tau_1)f_2(t-\tau_1)\mathrm{d}\tau_1\int_{-\infty}^{\infty}h_{i2}(\tau_2)f_2(t-\tau_2+\tau)\mathrm{d}\tau_2} \tag{4.3.7}$$

令 $t_1=t-\tau_1$，则有 $t=t_1+\tau_1$，代入式(4.3.7)得

$$R_{x_i}(\tau)=\int_{-\infty}^{\infty}h_{i1}(\tau_1)\left[\int_{-\infty}^{\infty}h_{i1}(\tau_2)\overline{f_1(t_1)f_1(t_1+\tau_1-\tau_2+\tau)}\mathrm{d}\tau_2\right]\mathrm{d}\tau_1+$$

$$\int_{-\infty}^{\infty}h_{i1}(\tau_1)\left[\int_{-\infty}^{\infty}h_{i2}(\tau_2)\overline{f_1(t_1)f_2(t_1+\tau_1-\tau_2+\tau)}\mathrm{d}\tau_2\right]\mathrm{d}\tau_1+$$

$$\int_{-\infty}^{\infty}h_{i2}(\tau_1)\left[\int_{-\infty}^{\infty}h_{i1}(\tau_2)\overline{f_2(t_1)f_1(t_1+\tau_1-\tau_2+\tau)}\mathrm{d}\tau_2\right]\mathrm{d}\tau_1+$$

$$\int_{-\infty}^{\infty}h_{i2}(\tau_1)\left[\int_{-\infty}^{\infty}h_{i2}(\tau_2)\overline{f_2(t_1)f_2(t_1+\tau_1-\tau_2+\tau)}\mathrm{d}\tau_2\right]\mathrm{d}\tau_1 \tag{4.3.8}$$

将式(4.3.8)时间积分中的 f_1 与 f_2 的时间平均部分写成输入的相关函数，有

$$R_{x_i}=\int_{-\infty}^{\infty}h_{i1}(\tau_1)\mathrm{d}\tau_1\int_{-\infty}^{\infty}h_{i1}(\tau_2)R_{f_1}(\tau+\tau_1-\tau_2)\mathrm{d}\tau_2+$$

$$\int_{-\infty}^{\infty}h_{i1}(\tau_1)\mathrm{d}\tau_1\int_{-\infty}^{\infty}h_{i2}(\tau_2)R_{f_1f_2}(\tau+\tau_1-\tau_2)\mathrm{d}\tau_2+$$

$$\int_{-\infty}^{\infty}h_{i2}(\tau_1)\mathrm{d}\tau_1\int_{-\infty}^{\infty}h_{i1}(\tau_2)R_{f_2f_1}(\tau+\tau_1-\tau_2)\mathrm{d}\tau_2+$$

$$\int_{-\infty}^{\infty}h_{i2}(\tau_1)\mathrm{d}\tau_1\int_{-\infty}^{\infty}h_{i2}(\tau_2)R_{f_2}(\tau+\tau_1-\tau_2)\mathrm{d}\tau_2 \tag{4.3.9a}$$

或简记为

$$R_{x_i}(\tau)=R_{f_1}(\tau)*h_{i1}(\tau)*h_{i1}(-\tau)+R_{f_1f_2}(\tau)*h_{i1}(-\tau)*h_{i2}(\tau)+R_{f_2f_1}(\tau)*$$
$$h_{i1}(-\tau)*h_{i2}(-\tau)+R_{f_2}(\tau)*h_{i2}(\tau)*h_{i2}(-\tau) \tag{4.3.9b}$$

式(4.3.9)表明：两个随机输入 $f_1(t)$ 和 $f_2(t)$ 的输出的自相关函数等于两个随机输入与各自的脉响函数的两次卷积之和，再加上两个随机输入的互相关函数与各自的脉响函数的两次卷积之和。这说明输出的自相关函数不仅与输入的自相关函数有关，还与输入的互相关函数有关。

如果 $f_1(t)$ 和 $f_2(t)$ 为相互独立的输入，则有 $R_{f_1f_2}(\tau)=R_{f_2f_1}(\tau)=0$，则式(4.3.9)中的第二、三项为0，此时输出的自相关函数只与输入的自相关函数有关。

2. 输出的自功率谱密度函数

若对式(4.3.9b)等号两边做傅里叶变换，则得

$$S_{x_i}=H_{i1}^*(\omega)S_{f_1}(\omega)H_{i1}(\omega)+H_{i1}^*(\omega)S_{f_1f_2}(\omega)H_{i2}(\omega)+H_{i2}^*(\omega)S_{f_2f_1}(\omega)H_{i1}(\omega)+$$
$$H_{i2}^*(\omega)S_{f_2}(\omega)H_{i2}(\omega) \tag{4.3.10}$$

写成矩阵形式为

$$S_{x_i}=[H_{i1}^* \quad H_{i2}^*]\begin{bmatrix} S_{f_1} & S_{f_1f_2} \\ S_{f_2f_1} & S_{f_1} \end{bmatrix}\begin{bmatrix} H_{i1} \\ H_{i2} \end{bmatrix} \tag{4.3.11}$$

由式(4.3.11)可得：输出的自功率谱密度不仅与输入的自功率谱密度有关，还与输入之间的互功率谱密度有关。

3. 输入输出的互相关函数

两个输入中，第一个输入 $f_1(t)$ 与输出 $x_i(t)$ 之间的互相关函数为

$$\begin{aligned} R_{f_1x_i}(\tau) &= \overline{f_1(t)x_i(t+\tau)} \\ &= \overline{f_1(t)\left[\int_{-\infty}^{\infty} h_{i1}(\tau_1)f_1(t+\tau-\tau_1)\mathrm{d}\tau_1 + \int_{-\infty}^{\infty} h_{i2}(\tau_1)f_2(t+\tau-\tau_1)\mathrm{d}\tau_1\right]} \\ &= \int_{-\infty}^{\infty} h_{i1}(\tau_1)\overline{f_1(t)f_1(t+\tau-\tau_1)}\mathrm{d}\tau_1 \\ &= \int_{-\infty}^{\infty} h_{i2}(\tau_1)\overline{f_1(t)f_2(t+\tau-\tau_1)}\mathrm{d}\tau_1 \end{aligned}$$

得

$$R_{f_1x_i} = \int_{-\infty}^{\infty} h_{i1}(\tau_1)R_{f_1}(\tau-\tau_1)\mathrm{d}\tau_1 + \int_{-\infty}^{\infty} h_{i2}(\tau_1)R_{f_1f_2}(\tau-\tau_1)\mathrm{d}\tau_1 \tag{4.3.12}$$

同理可得

$$R_{f_2x_i} = \int_{-\infty}^{\infty} h_{i1}(\tau_1)R_{f_2f_1}(\tau-\tau_1)\mathrm{d}\tau_1 + \int_{-\infty}^{\infty} h_{i2}(\tau_1)R_{f_2}(\tau-\tau_1)\mathrm{d}\tau_1 \tag{4.3.13}$$

4. 输入输出的互功率谱密度函数

对式(4.3.12)及式(4.3.13)等号两边做傅里叶变换，得

$$S_{f_1x_i}(\omega) = H_{i1}(\omega)S_{f_1}(\omega) + H_{i2}(\omega)S_{f_1f_2}(\omega) \tag{4.3.14}$$

$$S_{f_2x_i}(\omega) = H_{i2}(\omega)S_{f_2f_1}(\omega) + H_{i2}(\omega)S_{f_2}(\omega) \tag{4.3.15}$$

写成矩阵形式为

$$\begin{bmatrix} S_{f_1x_i} \\ S_{f_2x_i} \end{bmatrix} = \begin{bmatrix} S_{f_1} & S_{f_1f_2} \\ S_{f_2f_1} & S_{f_2} \end{bmatrix}\begin{bmatrix} H_{i1} \\ H_{i2} \end{bmatrix} \tag{4.3.16}$$

不难将上述两个输入、单个输出的情形推广到任意的多输入多输出的情形，考虑到时域公式比较复杂，下面列出频域公式。

图 4.3.1 所示为多输入、多输出（n 个输入、m 个输出）系统。

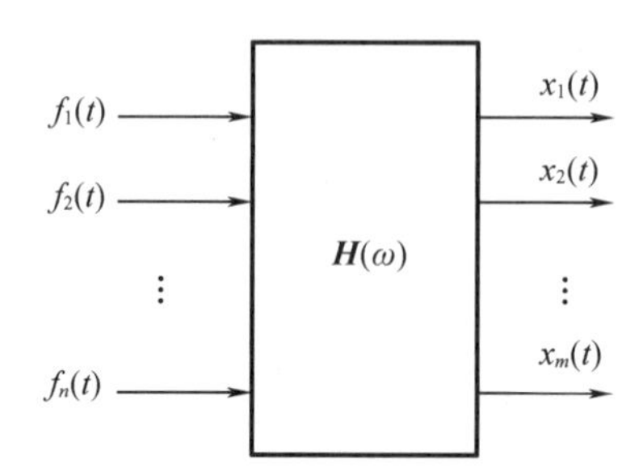

图 4.3.1　多输入、多输出系统

定义下述矩阵：

（1）输入矩阵

$$\boldsymbol{S}_f(\omega)=\begin{bmatrix} S_{f_1} & S_{f_1f_2} & \cdots & S_{f_1f_n} \\ S_{f_2f_1} & S_{f_2} & \cdots & S_{f_2f_n} \\ \vdots & \vdots & & \vdots \\ S_{f_nf_1} & S_{f_nf_2} & \cdots & S_{f_n} \end{bmatrix}_{n\times n} \tag{4.3.17}$$

（2）输出矩阵

$$\boldsymbol{S}_x(\omega)=\begin{bmatrix} S_{x_1} & S_{x_1x_2} & \cdots & S_{x_1x_m} \\ S_{x_2x_1} & S_{x_2} & \cdots & S_{x_2x_m} \\ \vdots & \vdots & & \vdots \\ S_{x_mx_1} & S_{x_mx_2} & \cdots & S_{x_m} \end{bmatrix}_{m\times m} \tag{4.3.18}$$

（3）特征矩阵

$$\boldsymbol{H}(\omega)=\begin{bmatrix} H_{11} & H_{12} & \cdots & H_{1m} \\ H_{21} & H_{22} & \cdots & H_{2m} \\ \vdots & \vdots & & \vdots \\ H_{n1} & H_{n2} & \cdots & H_{nm} \end{bmatrix}_{n\times m} \tag{4.3.19}$$

（4）输入输出互功率谱矩阵

$$\boldsymbol{S}_{fx}(\omega)=\begin{bmatrix} S_{fx}^{11} & S_{fx}^{12} & \cdots & S_{fx}^{1m} \\ S_{fx}^{21} & S_{fx}^{22} & \cdots & S_{fx}^{2m} \\ \vdots & \vdots & & \vdots \\ S_{fx}^{n1} & S_{fx}^{n1} & \cdots & S_{fx}^{nm} \end{bmatrix}_{n\times m} \tag{4.3.20}$$

输出的谱密度为

$$\boldsymbol{S}_x(\omega)=\boldsymbol{H}^*(\omega)^{\mathrm{T}}\boldsymbol{S}_f(\omega)\boldsymbol{H}(\omega) \tag{4.3.21}$$

输入输出的互功率谱密度为

$$\boldsymbol{S}_{fx}(\omega)=\boldsymbol{S}_f(\omega)\boldsymbol{H}(\omega) \tag{4.3.22}$$

式(4.3.21)和式(4.3.22)是线性多输入、多输出系统最重要的两个公式，经常用式(4.3.21)来解决已知输入和系统求输出的问题(正问题)，而用式(4.3.22)解决已知输入和输出求系统特性(系统识别)问题，即反问题。

4.4 土-结构相互作用的随机振动

自然界中的绝大多数载荷都是随机载荷，常见的如风载荷、波浪载荷、地震载荷等。下面以海上桩基受到波浪载荷作用为例，分析部分桩基插在土中时，独桩在波浪载荷作用下的响应。具体内容包括：用文克勒(Winkler)弹性地基梁模型来计算桩土间的相互作用；用莫里森(Morison)方程来计算流体(波浪)与桩的相互作用；用结构动力学相关知识来计算平台连续系统的动刚度及桩的波浪响应。

独桩平台在波浪荷载作用下的计算模型如图 4.4.1 所示。

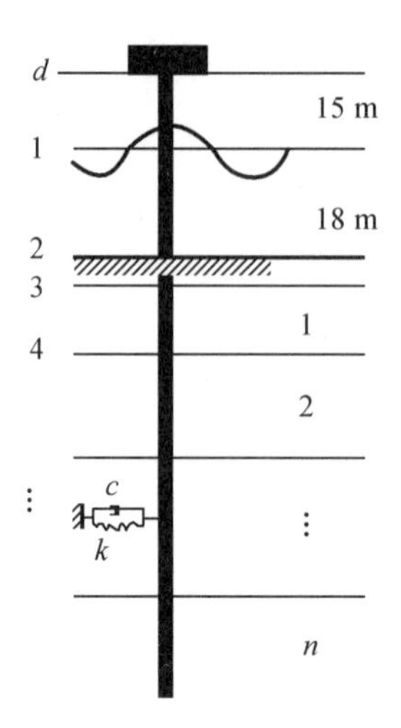

图 4.4.1　独桩平台在波浪荷载作用下的计算模型

4.4.1　桩土相互作用

下面采用 Winkler 弹性地基梁模型模拟桩土间的相互作用。假定各向同性的均质混凝土管桩埋置于 n 层土中，同一水平层内的土为均质土，不同层的土的性质可以不同。桩侧土对桩的动力作用可简化为连续分布的线性弹簧（刚度 k_{sk}）和线性阻尼器（阻尼系数为 c_{sk}）以并联的方式耦合，设 $k_{sk}=1.2E_{sk}$、$c_{sk}=\dfrac{2\beta_{sk}k_{sk}}{\omega}$，其中，$E_{sk}$、$\beta_{sk}$ 分别为土体的弹性模量、土体的材料阻尼比。

取第 k 层土中桩的微单元进行动力平衡分析，建立桩横向振动微分方程：

$$E_pI_p\frac{\partial^4u_k(z,t)}{\partial z^4}+(k_{sk}+\mathrm{i}\omega c_{sk})u_k(z,t)+m\frac{\partial^2u_k(z,t)}{\partial t^2}=0\quad(k=1,2,\cdots,n)\tag{4.4.1}$$

式中，m 为单位桩体的质量；E_pI_p 为桩的弯曲刚度；$u_k(z,t)$ 为桩身质点位移。

对式(4.4.1)等号两边做傅里叶变换，得

$$E_pI_p\frac{\mathrm{d}^4u_k(z)}{\mathrm{d}z^4}+(k_{sk}+\mathrm{i}\omega c_{sk}-m\omega^2)u_k(z)=0\tag{4.4.2}$$

式(4.4.2)的形式解为

$$u_k(z)=C_1\cos h\lambda_k\frac{z}{h_k}+C_2\sin h\lambda_k\frac{z}{h_k}+C_3\cos\lambda_k\frac{z}{h_k}+C_4\sin\lambda_k\frac{z}{h_k}\tag{4.4.3}$$

式中，$\lambda_k=h_k\dfrac{1}{E_p\tau_p}(m\omega^2-k_{sk}-\mathrm{i}\omega c_{sk})$，其中，$h_k$ 为第 k 层土层厚度；$C_1\sim C_4$ 为幅值系数。

结合桩单元两端力与位移的边界条件，得到桩单元节点力与节点位移的关系：

$$\begin{bmatrix}h_{k1}\\M_{k1}\\H_{k2}\\M_{k2}\end{bmatrix}=\boldsymbol{k}_{sdk}\begin{bmatrix}U_{k1}\\\Psi_{k2}\\U_{k2}\\\Psi_{k2}\end{bmatrix}\tag{4.4.4}$$

式中,U、Ψ 分别为节点处的位移和转角;H、M 分别为节点处的剪力和弯矩;k_{sdk} 为该桩单元的动刚度矩阵。

该桩单元的动刚度矩阵为

$$\boldsymbol{k}_{sdk}=\begin{bmatrix} \frac{F_6}{h_k^3} & \frac{F_4}{h_k^2} & \frac{F_5}{h_k^3} & \frac{-F_3}{h_k^2} \\ \frac{F_4}{h_k^2} & \frac{F_2}{h_k} & \frac{F_3}{h_k^2} & \frac{F_1}{h_k} \\ \frac{F_5}{h_k^3} & \frac{F_3}{h_k^2} & \frac{F_6}{h_k^3} & \frac{-F_4}{h_k^2} \\ \frac{-F_3}{h_k^2} & \frac{F_1}{h_k} & \frac{-F_4}{h_k^2} & \frac{F_2}{h_k} \end{bmatrix} \tag{4.4.5}$$

有

$$F_1=\frac{-\lambda_k}{\theta}(\mathrm{sh}\ \lambda_k-\sin\lambda_k)$$

$$F_2=\frac{-\lambda_k}{\theta}(\mathrm{ch}\ \lambda_k\sin\lambda_k-\mathrm{sh}\ \lambda_k\cos\lambda_k)$$

$$F_3=\frac{-\lambda_k^2}{\theta}(\mathrm{ch}\ \lambda_k-\cos\lambda_k)$$

$$F_4=\frac{-\lambda_k^2}{\theta}(\mathrm{sh}\ \lambda_k\sin\lambda_k)$$

$$F_5=\frac{-\lambda_k^2}{\theta}(\mathrm{sh}\ \lambda_k+\sin\lambda_k)$$

$$F_6=\frac{-\lambda_k^2}{\theta}(\mathrm{ch}\ \lambda_k\sin\lambda_k+\mathrm{sh}\ \lambda_k\cos\lambda_k)$$

$$\theta=\mathrm{ch}\ \lambda_k\cos\lambda_k-1$$

4.4.2 流体与桩相互作用

对于水中的桩单元,采用 Morison 方程并线性化其阻力项,得动力学方程为

$$E_pI_p\frac{\partial^4u_k(z,t)}{\partial z^4}+(m+pC_mA_1)\frac{\partial^2u_k(z,t)}{\partial t^2}=pC_mA_1\ddot{u}_\omega+\frac{D}{2}pC_d\dot{u}_{rms}\frac{\overline{8}}{\pi}\dot{u}_\omega=f(z,t) \tag{4.4.6}$$

式中,$\dot{u}_\omega$、$\ddot{u}_\omega$ 和 $\dot{u}_{rms}$ 分别为垂直于桩轴的水流的速度、加速度及速度的均方根(假定其为一常数);ρ 为水体密度;$A_1=\frac{\pi D^2}{4}$;D 为桩体直径;C_d、C_m 分别为附加质量系数和水流阻力系数。偏于保守地把波浪力集中在桩顶处,即将式(4.4.6)等号右端的作用力作为外力加在海面处,则式(4.4.6)变为

$$E_pI_p\frac{\partial^4u_k(z,t)}{\partial z^4}+(m+pC_mA_1)\frac{\partial^2u_k(z,t)}{\partial t^2}=0 \tag{4.4.7}$$

采用与求土中桩单元相同的方法可求得水中桩单元的动刚度矩阵 $\boldsymbol{k}_{\omega k_{(4\times4)}}$。

水面上桩单元的动力学方程为

$$E_pI_p\frac{\partial^4u_k(z,t)}{\partial z^4}+m\frac{\partial^2u_k(z,t)}{\partial t^2}=0 \tag{4.4.8}$$

同理可求得其桩单元的动刚度矩阵 $\boldsymbol{k}_{\omega k_{(4\times4)}}$。

4.4.3 平台连续系统的动刚度及桩的波浪响应

组合各段桩单元的动刚度矩阵,得到单桩动刚度矩阵 $\boldsymbol{K}_p$。各桩单元节点力与位移的关系如下:

$$\begin{bmatrix}H_d\\M_d\\H_1\\M_1\\\vdots\\H_n\\M_n\end{bmatrix}=\boldsymbol{K}_p\begin{bmatrix}U_d\\\boldsymbol{\Psi}_d\\U_1\\\vdots\\U_n\\\boldsymbol{\Psi}_n\end{bmatrix} \tag{4.4.9}$$

式中,$\boldsymbol{K}_p=\begin{bmatrix}k_{11}&k_{12}&&\\k_{21}&k_{22}&&\\&&\ddots&\\&&&k_m\end{bmatrix}$。桩顶上重物的动力学方程经傅里叶变换为

$$H_d=-M_d\omega^2U_d \tag{4.4.10}$$

式(4.4.10)与式(4.4.9)联立得到考虑桩土相互作用及桩顶质量的独桩平台连续系统的总刚度阵为

$$\boldsymbol{K}_d=\begin{bmatrix}k_{11}-M_d\omega^2&k_{12}&&\\k_{21}&k_{22}&&\\&&\ddots&\\&&&k_{nn}\end{bmatrix} \tag{4.4.11}$$

如果已知桩身节点载荷,可求得桩单元的节点位移为

$$\boldsymbol{U}=\boldsymbol{K}_d^{-1}\boldsymbol{F}=\boldsymbol{H}(\omega)\boldsymbol{F} \tag{4.4.12}$$

式中,$\boldsymbol{H}(\omega)$为平台系统的频率响应矩阵。

平台振动响应分析过程中主要关心的是海面波浪力作用下(点 1 处)桩顶处(点 d 处)的动力响应。从频率响应矩阵中提取元素 $H_{1d}(\omega)$,得到在波浪力作用下桩顶的频率响应函数。

如果已知设计波浪谱,可通过函数确定随机波浪力谱。从波面 η 到波浪力 f 的传递函数 $T_{f\eta}(\omega)$ 可表示为

$$[T_{f\eta}(\omega)^2]-\left[\rho C_mA_1\frac{gk}{\mathrm{sh}(kd)}\int_0^d\mathrm{ch}(kz)\,\mathrm{d}z\right]^2+\left[\frac{D}{2}\rho C_d\frac{gk}{\omega\mathrm{sh}(kd)}\int_0^d\frac{\bar{8}}{\pi}u_{\mathrm{rms}}\cos(kz)\,\mathrm{d}z\right]^2 \tag{4.4.13}$$

式中,z、T、H、k 分别为沿水深方向的坐标、随机波浪的平均周期、有效波高和波数。

波浪力的谱密度函数为

$$S_f(\omega)=|T_{f\eta}(\omega)|^2S_h(\omega) \tag{4.4.14}$$

平台位移响应谱和方差分别为

$$\begin{cases}S_{xx}(\mathrm{i}\omega)=|H_{1d}|^2S_f(\mathrm{i}\omega)\\ \overline{\sigma_x=\int_0^{\infty}S_{xx}(\mathrm{i}\omega)\mathrm{d}\omega}\end{cases} \tag{4.4.15}$$

4.5 例 题

例 4.1 已知 $x_1(t)$ 和 $x_2(t)$ 为平稳随机过程，求 $y(t)=a_1x_1(t)+a_2x_2(t)$ 的自相关函数，其中，a_1 和 a_2 为常数。

解

$$\begin{aligned}R_y&=\overline{y(t)y(t+\tau)}\\&=\overline{[a_1x_1(t)+a_2x_2(t)][a_1x_1(t+\tau)+a_2x_2(t+\tau)]}\\&=a_1^2\overline{x_1(t)x_1(t+\tau)}+a_1a_2\overline{x_1(t)x_2(t+\tau)}+a_1a_2\overline{x_2(t)x_1(t+\tau)}+a_2^2\overline{x_2(t)x_2(t+\tau)}\\&=a_1^2R_1(\tau)+a_1a_2[R_{12}(\tau)+R_{21}(\tau)]+a_2^2R_2(\tau)\end{aligned}$$

例 4.2 图 4.5.1 所示为声波探伤示意图。设裂纹 K 漏油时发出的声音在管道中传播速度为 v，已知在 x_1 和 x_2 处有传感器可以接收到声音信号，分别为 $x_1(t)$ 和 $x_2(t)$，试求出裂纹所在位置。

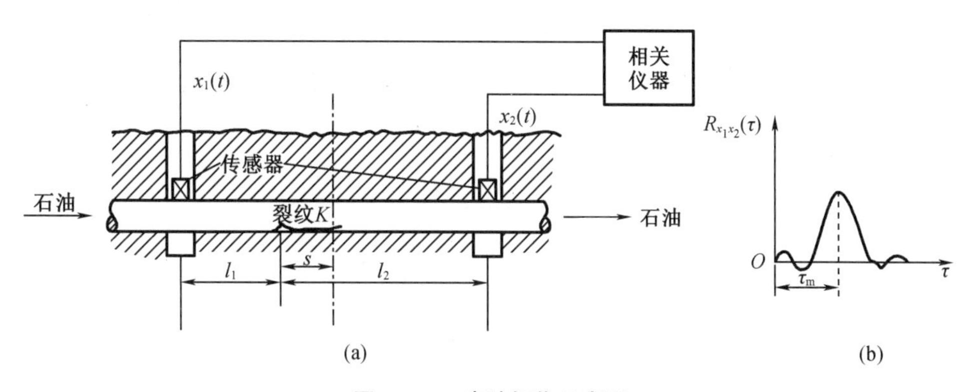

图 4.5.1 声波探伤示意图

解 因为 $x_1(t)$ 和 $x_2(t)$ 本质上是同一声音信号间隔不同的相位，不妨设裂纹在靠近 x_1 侧，则有

$$x_2(t)=x_1(t+\Delta t)$$

$$R_{x_1x_2}(\tau)=\overline{x_2(t)x_1(t+\tau)}=\overline{x_1(t+\Delta t)x_1(t+\tau)}$$

由自相关函数的性质可知，一个函数与其自身相关性最好，即当 $\tau_{\mathrm{m}}=\Delta t$ 时，$R_{x_1x_2}(\tau)$ 取最大值，由此可以将 Δt 求出来。

$$l_1=vt_1$$

$$l_2=vt_2$$

$$s=\frac{l_2-l_1}{2}=\frac{v(t_2-t_1)}{2}=\frac{v\tau_{\mathrm{m}}}{2}$$

例 4.3 设 $x(t)$ 为一矩形脉冲，其高度为 a，脉冲宽度为 $2T$，求 $x(t)$ 的傅里叶变换。

解

$$\begin{aligned}X(\omega)&=\int_{-\infty}^{\infty}x(t)\mathrm{e}^{-\mathrm{j}\omega t}\mathrm{d}t\\&=\int_{-T}^{T}a\mathrm{e}^{-\mathrm{j}\omega t}\mathrm{d}t\\&=\frac{a}{-\mathrm{j}\omega}\mathrm{e}^{-\mathrm{j}\omega t}\Big|_{-T}^{T}\\&=\frac{a}{\mathrm{j}\omega}(\mathrm{e}^{\mathrm{j}\omega T}-\mathrm{e}^{-\mathrm{j}\omega T})\\&=2aT\frac{\sin(\omega t)}{\omega t}\end{aligned}$$

例 4.4 试证明 $x(t)$ 在时域内的能量积分与在频域内的能量积分相等，即证明

$$\int_{-\infty}^{\infty}x^2(t)\mathrm{d}t=\int_{-\infty}^{\infty}X^2(f)\mathrm{d}f$$

证明

$$R_x(0)=\int_{-\infty}^{\infty}S_x(f)\mathrm{d}f$$

$$\lim_{T\to\infty}\frac{1}{T}\int_{-\infty}^{\infty}x^2(t)\mathrm{d}t=\int_{-\infty}^{\infty}\lim_{T\to\infty}\frac{1}{T}x\left|X(f)\right|^2\mathrm{d}f=\lim_{T\to\infty}\frac{1}{T}\int_{-\infty}^{\infty}\left|X(f)\right|^2\mathrm{d}f$$

所以有

$$\int_{-\infty}^{\infty}x^2(t)\mathrm{d}t=\int_{-\infty}^{\infty}\left|X(f)\right|^2\mathrm{d}f$$

例 4.5 图 4.5.2 所示为一单自由度振动系统，假设它的输入 $f(t)$ 为白噪声随机过程，其自功率谱密度函数 $S_\gamma(\omega)=S_0$（常数），试求输出位移 $x(t)$ 的自功率谱密度函数和均方值。

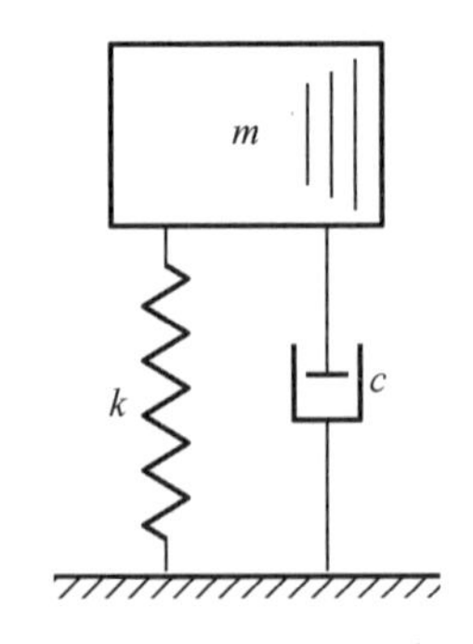

图 4.5.2 单自由度振动系统

解 系统的频响函数为

$$H(\omega)=\frac{1}{k-\omega^2m+\mathrm{j}\omega c}$$

$$\left|H(\omega)\right|^2=\frac{1}{(k-\omega^2m)^2+\omega^2c^2}$$

$$S_x(\omega)=|H(\omega)|^2S_f(\omega)=\frac{S_0}{(k-\omega^2m)^2+\omega^2c^2}$$

$$\varphi_x^2=\int_{-\infty}^{\infty}S_x(\omega)\mathrm{d}\omega=\int_{-\infty}^{\infty}\frac{S_0}{(k-\omega^2m)^2+\omega^2c^2}\mathrm{d}\omega=\frac{\pi mS_0}{c\omega_0}$$

例 4.6 求例 4.5 中输出 $x(t)$ 的自相关函数。

解 系统的脉冲响应函数为

$$h(t)=\frac{1}{m\omega_n\sqrt{1-\xi^2}}\mathrm{e}^{-\xi\omega_nt}\sin\omega_n\sqrt{1-\xi^2}\,t$$

输入的自相关函数为

$$R_f(\tau)=\int_{-\infty}^{\infty}S_0\mathrm{e}^{\mathrm{j}2\pi f t}\mathrm{d}f=S_0\delta(\tau)$$

$$\begin{aligned}R_x(\tau)&=\int_{-\infty}^{\infty}h(\tau_1)\mathrm{d}\tau_1\int_{-\infty}^{\infty}h(\tau_2)R_f(\tau+\tau_1-\tau_2)\mathrm{d}\tau_2\\&=\int_{-\infty}^{\infty}h(\tau_1)\mathrm{d}\tau_1\int_{-\infty}^{\infty}h(\tau_2)S_0\delta(\tau+\tau_1-\tau_2)\mathrm{d}\tau_2\\&=\int_{-\infty}^{\infty}h(\tau_1)\mathrm{d}\tau_1S_0h(\tau+\tau_1)\\&=S_0\int_{-\infty}^{\infty}h(\tau_1)h(\tau+\tau_1)\mathrm{d}\tau_1\end{aligned}\tag{1}$$

将 $h(\tau)$ 的表达式代入式(1)中,积分后得

$$R_x(\tau)=\frac{\pi S_0}{2\xi\omega_0^2}\mathrm{e}^{-\xi\omega_n|\tau|}\left[\cos(\sqrt{1-\xi^2}\,\omega_n\tau)+\frac{\xi}{\sqrt{1-\xi^2}}\sin(\sqrt{1-\xi^2}\,\omega_nt)\right]\tag{2}$$

对于小阻尼情况有 $\xi\ll1$,式(2)简化为

$$R_x(\tau)=\frac{\pi S_0}{2\xi\omega_0^2}\mathrm{e}^{-\xi\omega_n|\tau|}\cos(\omega_n\tau)$$

输出的均方值为

$$\varphi_x^2=R_x(0)=\frac{\pi S_0}{2\xi\omega_n^2}$$

例 4.7 图 4.5.3 所示为两自由度振动系统,代表一汽车在路面上行驶的力学模型。若测得地面输入位移 u 的加速度的功率谱 $S_{\ddot{u}}(\omega)=S_0$,求质量 m_1 和 m_2 的输出功率谱。

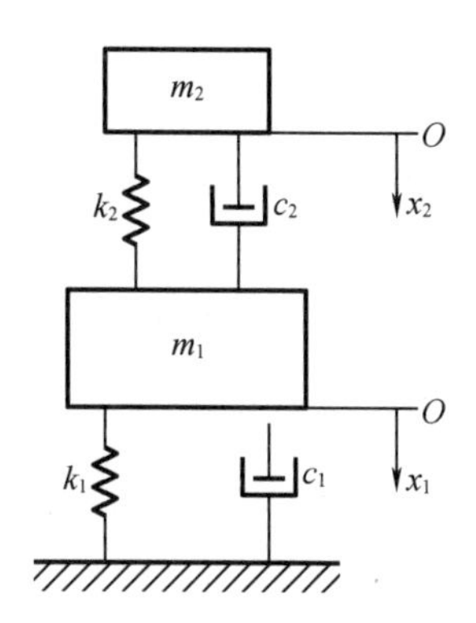

图 4.5.3 两自由度振动系统

解 系统的振动微分方程为

$$m_1\ddot{x}_1=-k_1(x_1-u)-c_1(\dot{x}_1-\dot{u})-k_2(x_1-x_2)+c_2(\dot{x}_2-\dot{x}_1)$$

$$m_2\ddot{x}_2=-k_2(x_2-x_1)-c_2(\dot{x}_2-\dot{x}_1)$$

设相对位移为

$$y_1=x_1-u,y_2=x_2-x_1$$

得相对位移方程为

$$\ddot{y}_1+2\xi_1\omega_1\dot{y}_1+\omega_1^2y_1-2\xi_2\omega_2\mu\dot{y}_2-\omega_2^2\mu y_2=-\ddot{u}$$

$$\ddot{y}_2+2\xi_2\omega_2\dot{y}_2+\omega_2^2y_2+\ddot{y}_1=-\ddot{u}$$

式中,

$$\omega_1=\sqrt{\frac{k_1}{m_1}},\omega_2=\sqrt{\frac{k_2}{m_2}}$$

$$\xi_1=\frac{c_1}{2\sqrt{m_1k_1}},\xi_2=\frac{c_2}{2\sqrt{m_2k_2}}$$

$$\mu=\frac{m_2}{m_1}$$

对相对位移方程做傅里叶变换,得

$$-\omega^2Y_1+\mathrm{j}2\xi_1\omega_1\omega Y_1+\omega_1^2Y_1-2\xi_2\omega_2\omega\mu Y_2-\mu\omega_2^2Y_2=-U_{\ddot{u}} \tag{1}$$

$$-\omega^2Y_2+\mathrm{j}2\xi_2\omega_2\omega Y_2+\omega_2^2Y_2-\omega^2Y_1=-U_{\ddot{u}} \tag{2}$$

由式(1)和式(2)得频响函数:

$$H_{y_1\ddot{u}}(\omega)=\frac{Y_1(\omega)}{U_{\ddot{u}}(\omega)}=\frac{1}{\Delta}[\omega^2-(1+\mu)\omega_2^2-\mathrm{j}\omega(1+\mu)2\xi_2\omega_2] \tag{3}$$

$$H_{y_2\ddot{u}}(\omega)=\frac{Y_2(\omega)}{U_{\ddot{u}}(\omega)}=\frac{1}{\Delta}[-\omega_1^2-2\mathrm{j}\omega\xi_1\omega_1] \tag{4}$$

式中,

$$\Delta=\omega^4-\mathrm{j}\omega^3[2\xi_1\omega_1-2(1+\mu)\xi_2\omega_2]-\omega^2[\omega_1^2+(1+\mu)\omega_2^2+4\xi_1\xi_2\omega_1\omega_2]+\mathrm{j}\omega(2\xi_1\omega_1\omega_2^2+2\xi_2\omega_2\omega_1^2)+\omega_1^2\omega_2^2$$

由于绝对加速度为

$$\ddot{x}_1=\ddot{y}_1+\ddot{u}$$

$$\ddot{x}_2=\ddot{y}_2+\ddot{x}_1$$

因此有

$$H_{\ddot{x}_1\ddot{u}}(\omega)=\frac{-\omega^2Y_1+U_{\ddot{u}}}{U_{\ddot{u}}}=-\omega^2H_{y_1\ddot{u}}(\omega)+1 \tag{5}$$

$$H_{\ddot{x}_2\ddot{u}}(\omega)=\frac{-\omega^2Y_2+X_1}{U_{\ddot{u}}}=-\omega^2H_{y_2\ddot{u}}(\omega)+H_{x_1\ddot{u}}(\omega) \tag{6}$$

将式(3)和式(4)分别代入式(5)和式(6)得

$$H_{\ddot{x}_1\ddot{u}}(\omega)=\frac{1}{\Delta}[-\mathrm{j}\omega^3 2\xi_1\omega_1-\omega^2(\omega_1^2-4\xi_1\xi_2\omega_1\omega_2)+\mathrm{j}\omega(2\xi_1\omega_1\omega_2^2+2\xi_2\omega_2\omega_1^2)+\omega_1^2\omega_2^2]$$

$$H_{\ddot{x}_2\ddot{u}}(\omega)=\frac{1}{\Delta}[-\omega^2 4\xi_1\xi_2\omega_1\omega_2+\mathrm{j}\omega(2\xi_1\omega_1\omega_2^2+2\xi_2\omega_2\omega_1^2)+\omega_1^2\omega_2^2]$$

最后可得输出的自功率谱密度函数为

$$S_{\ddot{x}_1x_1}(\omega)=|H_{\ddot{x}_1\ddot{u}}|^2S_0$$

$$S_{\ddot{x}_2x_2}(\omega)=|H_{\ddot{x}_2\ddot{u}}|^2S_0$$

例 4.8 图 4.5.4 所示为两自由度系统。求输出位移 $x_2(t)$ 与输出 $f_1(t)$ 之间的频响函数 $H_{21}(\omega)$。当 $f_1(t)$ 的自功率谱密度函数 $S_{f_i}(\omega)=S(0)$（常数）时，求质量 m_2 的平均动能。

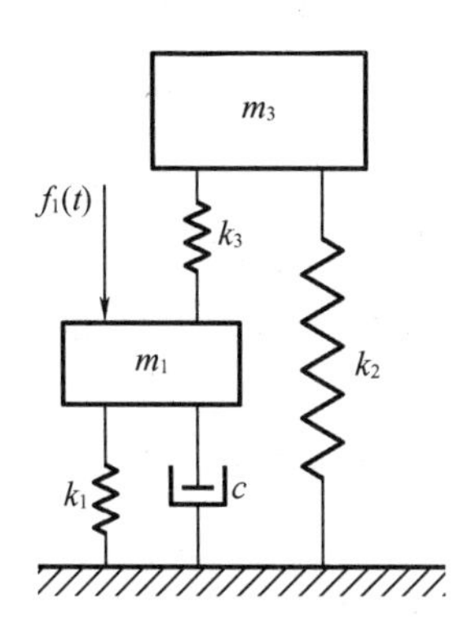

图 4.5.4 两自由度系统

解 m_1、m_2 的运动方程分别为

$$m_1\ddot{x}_1+k_1x_1+c\dot{x}_1+k_3(x_1-x_2)=f_1(t) \tag{1}$$

$$m_2\ddot{x}_2+k_2x_2+k_3(x_1-x_2)=0 \tag{2}$$

联立式(1)和式(2)，消去 x_1，可得

$$(m_1+c)m_2\ddot{x}_2+[m_1(k_2+k_3)+m_2(k_1+k_3)\ddot{x}_2+c(k_2+k_3)]\dot{x}_2+[(k_1+k_3)(k_2+k_3)-k_3^2]x_2=k_3f_1(t) \tag{3}$$

令 $f_1(t)=\mathrm{e}^{\mathrm{j}\omega t}$，则 $x_2=H_{21}(\omega)\mathrm{e}^{\mathrm{j}\omega t}$，代入式(3)中，可得

$$H_{21}(\omega)=\frac{k_3}{m_1m_2\omega^4+\mathrm{j}m_2c\omega^3-[m_1(k_2+k_3)+m_2(k_1+k_3)]\omega^2k_3+\mathrm{j}(k_2+k_3)\omega c+k_1k_2+k_3(k_1+k_2)}$$

因为

$$S_{\ddot{x}_2}(\omega)=\omega^2S_{x_2}(\omega)$$

$$\varphi_{\ddot{x}_2}(\omega)=\int_{-\infty}^{\infty}S_{\ddot{x}_2}(\omega)\mathrm{d}\omega$$

所以 $\dot{x}_2$ 的均方值为

$$\varphi_{\dot{x}_2}^2(\omega)=\int_{-\infty}^{\infty}\omega^2S_{x_2}(\omega)\mathrm{d}\omega=\int_{-\infty}^{\infty}\omega^2|H_{21}(\omega)|^2S_{f_1}(\omega)\mathrm{d}\omega=S_0\int_{-\infty}^{\infty}|\mathrm{j}\omega H_{21}(\omega)|^2\mathrm{d}\omega=\frac{\pi S_0}{m_2c}$$

m_2 的平均动能为

$$T_{\mathrm{m}}=\frac{1}{2}m_2\varphi_{\dot{x}_2}^2=\frac{\pi S_0}{2c}$$

4.6 习　　题

1. 已知一随机信号的自相关函数为 $R(\tau)=A^2(T-\tau)$，使用下列关系求解信号 $S(f)$。

$$S(f)=2\int_0^{\infty}R(\tau)\cos(2\pi f\tau)\,\mathrm{d}\tau$$

2. 考虑函数 $x(t)$，在 $-\dfrac{T}{2}<t<\dfrac{T}{2}$ 范围内，$x(t)=A\cos(at)$；在此范围外，$x(t)=0$。当(a) $T=\dfrac{\pi}{a}$、(b) $T=\dfrac{3\pi}{a}$、(c) $T=\dfrac{5\pi}{a}$、(d) $T\to\infty$ 时，分别求出并用简图绘制出傅里叶变换 $X(\overline{\omega})$。

3. 确定图 4.6.1 中锯齿波的傅里叶级数，并绘制其谱密度函数。

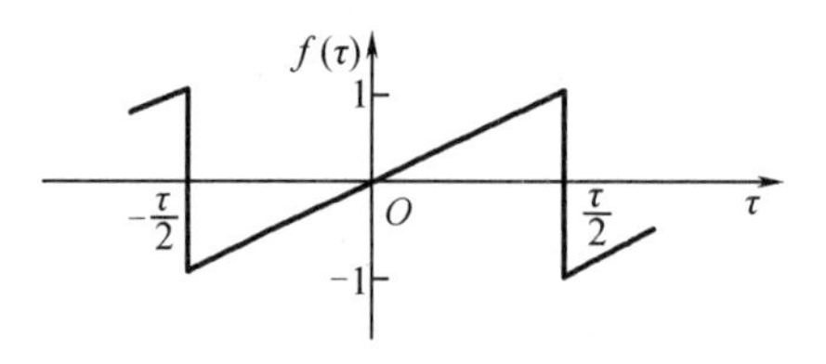

图 4.6.1　3 题图

4. 已知平稳随机过程 $x_r(t)=\sum\limits_{n=1}^{10}A_{nr}\cos(n\overline{\omega}_0+\theta_{nr})\,(r=1,2,3,\cdots)$，试求 $x(t)$ 的自相关函数。

5. 平稳随机过程 $x(t)$ 具有自相关函数 $R_x(\tau)=A\mathrm{e}^{-a|\tau|}$，其中，$A$ 和 a 为实常数。试求出此过程的功率谱密度函数。

6. 一个单自由度系统的固有频率为 ω_n，阻尼系数为 $\xi=0.10$，受到的外力载荷为

$$F(t)=F\cos(0.5\omega_n t-\theta_1)+F\cos(\omega_n t-\theta_2)+F\cos(2\omega_n t-\theta_3)$$

证明：该系统在此载荷作用下的均方响应为

$$\overline{y^2}=(1.74+25.0+0.110)\frac{1}{2}\left(\frac{F}{k}\right)^2=13.43\left(\frac{F}{k}\right)^2$$

第5章　振动测试

振动测试在机械设备和工程结构方面有着广泛的应用。它综合了传感器、电子学、信号分析及现代结构振动理论等多个领域的学术成果,形成了自身的理论、方法、实践技术和学科体系。特别是在20世纪60年代,快速傅里叶变换的应用和电子信息技术的飞速发展,对振动测量和试验分析起了相当大的推动作用。从这个意义上说,振动测试不仅是应用型学科,而且也属于与当代新技术紧密相关的高新技术学科。

5.1　振动测试概论

对于振动测试,从狭义上说,是指使用各类传感器及数据分析仪器来测量某一结构在受到外界激励(包括环境激励)或其自身在运行过程中其某些关键部位的位移、速度及加速度等运动量,从而了解其工作状态;从广义上说,是指为了解某一结构或机械设备的模态等动特性而对其进行运动量的测量,从而为工程结构或机械的动力设计服务。

5.1.1　振动测试内容

1. 对振动量和作用量的测量

某一点在某一方向上的位移、速度和加速度即为一般意义上的振动量。位移的导数即为速度,速度的导数即为加速度,因此通过微积分的方法可实现这3个量之间的相互转换。对它们的测量也比较简单,使用小型振动计即可完成。在某些情况下对振动量的测量还要考虑角运动量(角位移、角速度和角加速度)和加加速度(加速度的时间导数)。一般情况下,作用量包括力、力矩和压力。对这些作用量的测量一般使用各类力传感器即可完成。

2. 对系统动态特性参数的测量

能够唯一确定动态系统中输入(激励)与输出(响应)之间关系的参量叫作动态特性参数,其形式多种多样,其中物理参数最基本,模态参数最常见。对机械结构而言,由于其固有振动频率与所受载荷有关,因此必须同时测量其前几阶固有频率及相应振型;另外还需要测量各阶动应力、阻尼比及其分布曲线。从理论上看,各参数是完全等效的,但是由于测量方法及误差来源的不同,实测或转换过程中也会出现差别。

3. 环境模拟

为确保机电产品在运输和使用中能够经受由外界激励或本身运转引起的振动(自然环境)而不致被破坏、工作到预期寿命、性能符合指标或为在试制中找出强度、刚度的薄弱环节而进行的试验如疲劳试验、共振试验、耐振试验和运输包装试验等,都属于环境模拟试验。国外发达国家对这一领域的研究较早,并积累了丰富的经验。近年来,我国也开始重视这方面的研究和应用,并取得了一定成果。目前,国内外已有许多学者从事这方面的研究与开发。我国某些尖端工业部门已经应用了应力筛选试验、联合环境可靠度试验等高级手段,在激振的同时也能使温度和高度(真空度)等其他环境参数发生变化。

4. 载荷识别

载荷识别又称为环境预估,是指通过对系统已知动态特性及已测量的振动响应对系统的输入参数(包括激振力的时间历程或谱特性、振源位置等)进行预估。载荷识别中最重要的问题之一就是如何从大量的测试数据中有效地提取出有用的信息,消除由系统滤波效应造成的各种不利影响,提高未知载荷分量的信噪比。

5.1.2 振动测试方法

振动传感器就是把结构振动的机械量变换成测量系统能够处理的、与其成正比的机械量、电量、光学量及其他物理量的变换装置。它具有灵敏度高、量程大、抗干扰能力强和使用方便灵活等特点。根据传感器输出信号种类的不同,振动测试方法可分为机械法、光测法及电测法三类。

1. 机械法

机械法是指用杠杆传动或惯性原理来接收和记录振动。它具有精度高、速度快等优点,目前已广泛应用于各类工程领域。图 5.1.1 给出了两种机械式测振仪器。图 5.1.1(a)是手持式测振仪的测振示意图。手持式测振仪由一个平衡机构和两个不平衡装置组成。其中,平衡机构的一端安装于支架上,另一端固定于底架上,将弹簧悬挂在两底架之间。手持式测振仪的测振方式是:由预压顶杆把结构振动传递给比例杠杆并传至记录笔,最终把被测振动位移波形用匀速行进的纸带记录下来。手持测振仪的放大比例可调,使用频率区间为 0~330 Hz,可测量位移区间为 0.01~15.00 mm。图 5.1.1(b)是一个惯性式地震检波器。在测振时,把惯性式地震检波器的底座横向置于大地上,当大地水平振动时摆锤会因维持惯性而用记录笔在匀速行进纸带上记录地震波形。

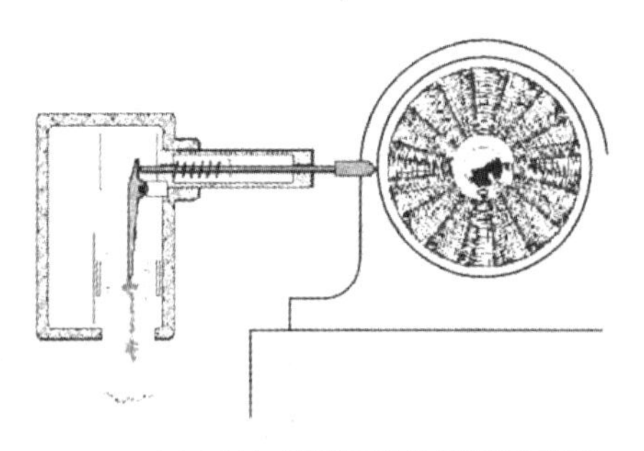

(a)手持式测振仪的测振示意图

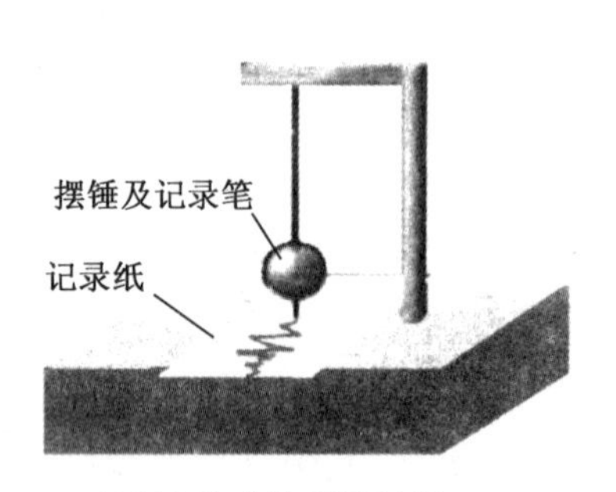

(b)惯性式地震检波器

图 5.1.1 机械法测振仪

机械式振动仪虽具有使用方便、无须电源与光源及免受电磁干扰的优点,但是它的体积较大,灵敏度较低,使用的频率范围较窄,零件易受到腐蚀且后续的数据处理难度较大,除了一些陈旧的发电厂及其他个别特定的场合以外,已经逐步被光测法与电测法代替。

2. 光测法

所谓光测法,就是把机械振动变成光信息的测量方法。由于它能在极短的时间内测得微小振动,因而被广泛用于精密测试领域。常用仪器有激光干涉仪、激光光纤传感器等,它们测振精度极高,一般对位移的最小量度在 1/4 波长范围内,可测得小于微米量级的振动。光测法适用于对小量级振动的精确测量,所以对测试环境有严格要求,对传感器的安装地点及振动也有较高要求。非接触式测量通常需要在安装点进行隔振,因此初期多局限于在试验室中应用。近年来,随着仪器隔振性能的提高及光纤技术的进步,光测法在实际工程测量中得到了广泛应用。光测法能够实现长距离非接触测量且对温度及环境腐蚀的要求不高,但是需要电源及光源激励且仪器设备体积大、价格昂贵。

3. 电测法

利用传感器测量系统把机械振动转换成电信号来测量的方法即为电测法,它是当前使用最广泛的测量机械振动与冲击的方法之一。电测法的测量范围大、频率范围宽、传感器的型号和规格较多且仪器设备尺寸较小、质量较轻,因此易于在现场测量中应用。电测法已成为现代机械测试中不可缺少的手段之一。随着电子工业的发展及对检测设备要求的提高,电测仪器也在不断改进。国内外有不少供应电测仪器的著名传感器制造商,如我国江苏联能电子技术有限公司、美国 Endevco 公司和 PCB 公司、丹麦 BK 公司、瑞士 Kistler 公司等。

5.1.3 振动测试的注意事项

当拟对某一参数进行测量时,首先必须明确被测参数的定义、确定测量要求、逐项列出应测量的数量、理清各数量间的关系、预先写出分析计算公式等。其次确定试验方法。选用何种试验方法取决于所测参数的特性。但是有时候要想达到相同的目的,可采用的试验方法不止一种,此时要结合实际情况,经过对比来选择一种合理的试验方法。最后,拟定具体测量方案,此时需要考虑多种因素。下面所列内容在拟定试验方案时须引起重视。

(1)谨慎设置测量点。在振动测试中,需要预先初步了解振动体的特性,有时甚至需要考虑被测振动体的力学行为在传感器质量负荷下的变化。

(2)选用传感器和适当配用仪器设备。选用传感器时,应考虑不同传感器对于所配电子设备的特殊需要。例如,对于加速度传感器而言,其对灵敏度和线性度都有严格的规定;而对于压电型传感器来而言,其需要满足一定的条件才能工作。因此,必须根据这些参数来进行选型。在选择仪器设备时,必须考虑其频率、相位特性、动态范围和是否便于操作等因素。

(3)画出仪器设备连接方框图并做好整个试验系统的协调配合。在仪器上标明类型和型号。

(4)从振动量级、频率范围、电气绝缘和避免对地回路的角度来考虑传感器的安装方式。

(5)确定每台仪器设备的灵敏系数并在需要时进行系统标定。

在传感器选型方面,除考虑其尺寸大小、质量、电气性能、运行环境和辅助设备等因素外,还要考虑被测振动体的振动特性。如果被测振动体不满足某些特殊要求的话,就需要进行适当的调整或重新设计测量方案。

下述情况对选择进行哪类测量很重要。

在以下情况下,可以优先选择进行位移测量:对位移影响尤为显著的部位进行测量时;需通过位移测量判断应力所在时;低频振动且测点处速度或加速度过小时。

在以下情况下,可以优先选择进行速度测量:中频振动,因位移幅值过小而不便测量时;由于一般情况下声压与速度成正比,因此在进行和声相关的测量时。

在以下情况下,可以优先选择进行加速度测量:高频振动,从而产生较高加速度输出时;由于加速度与动载荷相关,因此需分析力、动载荷及应力时;由于空间有限,或者结构自身体积、质量都不大,因此需要考虑使用质量很小的加速度计进行测量时。

5.2 振动测试信号采集

5.2.1 振动信号分类

当前常用的分析方法可把信号划分为平稳信号与非平稳信号两大类(图5.2.1)。平稳信号的统计特性不随时间变化,既具有确定性又具有随机性。人们对平稳随机信号进行了严格的界定,并以此为应用目的,将平稳随机信号视为其平均特性不因时间而改变,从而能够由任何样本记录确定的随机信号。因此,在讨论平稳随机时就不存在什么困难了。然而,对于非平稳随机信号的定义则要复杂得多。通常意义上的平稳,不论是对确定性信号还是随机性信号都适用。但是对随机信号而言,平稳并不意味着不同记录样本的结果必须完全相同,而仅仅意味着它们是等价的。

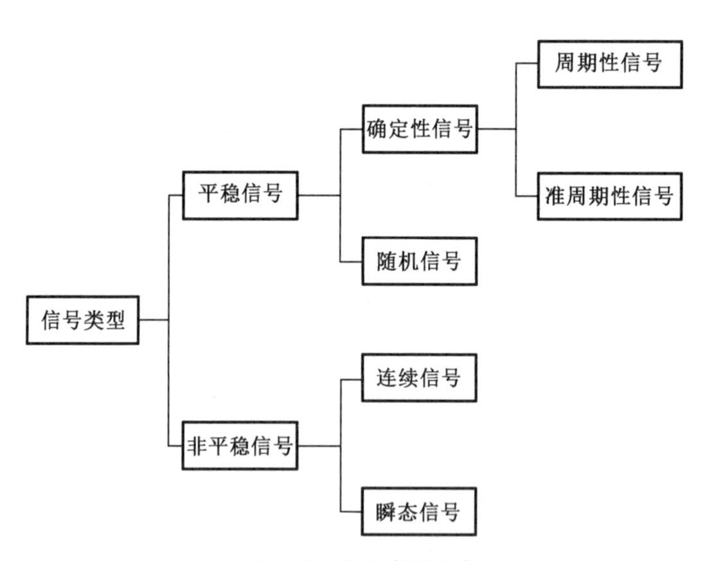

图5.2.1 信号类型分类

对于平稳确定性信号,在任何确定时刻都能预测其信号值,并且在一定条件下,其平均值、方差等统计特性可以预知,但无法确定其准确的信号值。平稳确定性信号是由完全具有离散频率成分的正弦信号组成的信号。周期信号及准周期信号均属于平稳确定性信号。其中,周期信号的各个离散频率成分的频率都与某个基频成某种倍数关系。对于准周期信号而言,各频率成分之间均不存在谐和关系;极端地讲,其中至少两种频率成分的比例是像$\sqrt{2}$这种无理数。在实际应用中,准周期信号的典型表现为相互独立的两组或两组以上谐和信号的复合,如有两个独立传动轴的飞机涡轮机输出的合成信号可视为准周期信号。

非平稳信号大致可分为瞬态信号和连续性非平稳信号(典型实例如语言信号),也可以定义为从0开始、于0结束的信号。事实上,连语言信号等都是从0开始并最后终于0的。瞬态信号和连续性非平稳信号最根本的差别为:瞬态信号能被作为一个整体进行处理,语音信号等连续性非平稳信号通常能被划分为多个短时信号段进行处理,其中每个短时信号段往往都能视为准平稳信号。

5.2.2 信号采集系统

信号采集系统所含仪器设备类型较多,大体可划分为专用与通用(如示波器、动态应变仪),单功能与多功能,整体式(自成体系)与组合式、主动(带人工振源)与被动(只测响应),等等。

按作用不同,信号采集系统还可以进一步划分为如下几类。

(1)传感器,是根据被测系统的需要而产生各种物理或化学效应并将其转化为电信号输出的装置。根据所测运动量的不同,传感器又可以分为位移计、速度计、加速度计和加加速度计等。传感器可把待测振动力学量按照某种规律变换为后继仪器所能测量的物理量。

(2)多路信号的采集、发送、解调(在信号发送之前先进行调制)滤波及微积分的装置。

(3)信号读数、波形显示、绘图、数据打印等设备。

(4)信号记录仪,包括磁带记录仪、瞬态波形记录仪、电平记录仪和 XY 记录仪等。

(5)激振设备中,测力锤最为简单;电动式激振器或振动台最为常见,可以产生任何波形的激励力或运动。

(6)信号分析仪。其中,功能最为先进和完善的当属数字信号分析仪,即快速傅里叶分析仪。它可以分析振动信号及任何可转化为电压的动态信号。最新的信号分析仪也可在省去耦合器和前置放大器的同时直接接入一些加速度计或传声器。此外,信号分析仪还具有解调、数字滤波、数学运算、存储记录等许多功能。一台数字信号分析仪可以代替五六台单功能的仪器。

5.2.3 振动传感器的原理及分类

1. 振动传感器的原理

振动传感器先经过机械接收环节把结构的实际振动机械量 X_c 换算成中间振动机械量 X_r;再经过中间转换环节进行转换,把中间振动机械量 X_r 转换成电量、光学量等输出量 E。若输出量 E 的信号过小,不足以带动测量系统工作,应对其进行测量放大以获得信号记录 U。伺服式传感器的机械接收环节与中间转换环节之间还设有一个反馈环节。图 5.2.1 是振动电测传感器的原理框图,其中间转换环节是机电变换。

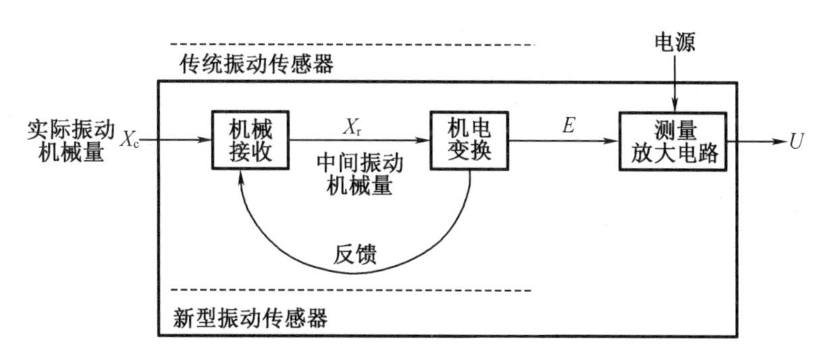

图 5.2.2 振动电测传感器的原理框图

传统振动传感器含有机械接收环节与中间变换环节。伺服式传感器还含有反馈环节,这种传感器必须和匹配的放大器共同使用,如压电式传感器配有电荷放大器或电压放大器,电涡流传感器配有前置放大器等。随着电子技术尤其是集成电路技术的发展,测量放大电路日趋集成化,推动了内装放大电路的新型振动传感器的出现。与传统振动传感器相比,新型振动传感器具有体积小、质量小、功耗小、性能可靠等优点。目前这种新型振动传感器已广泛用于航空、航天等领域。由于免去了外置放大器的笨重,因此这类传感器特别便携,适于现场测量,其中具有代表性的有集成电路压电(ICP)加速度计等。

2. 振动传感器的分类

振动传感器的多种分类依据有多种,表 5.2.1 给出了振动传感器的 4 种分类依据。

表 5.2.1　振动传感器的分类

<table>
<tr><th>分类依据</th><th>类型</th><th>细分类型</th></tr>
<tr><td rowspan="2">机械接收原理</td><td>相对式</td><td>顶杆式、非接触式</td></tr>
<tr><td>惯性式</td><td></td></tr>
<tr><td rowspan="2">机电变换原理</td><td>发电型</td><td>电动式、压电式</td></tr>
<tr><td>参量型</td><td>电阻式、电容式、电感式、
压阻式、电涡流式</td></tr>
<tr><td>机械接收环节与机电变换
环节之间有无反馈环节</td><td>非伺服式、伺服式</td><td></td></tr>
<tr><td>测量的机械量</td><td>位移计、速度计、
加速度计、应变计</td><td></td></tr>
</table>

传感器按机械接收原理可分为相对式和惯性式两种。前者又可细分为顶杆式和非接触式。相对式机械接收振动传感器测得的结果是被测设备相对于基准面的振动,就像高速公路上的测速雷达一样,测得的结果是汽车相对于静止公路的绝对速度。如果不方便或无法找到静止参考点,就不能用相对式机械接收振动传感器测量振动,如对地震时地面和大楼的摆动、行驶中的汽车的转向抖动、车身振动的测量等,这时就必须采用惯性式机械接收振动传感器。惯性式机械接收振动传感器通过内部由惯性质量、弹簧和阻尼构成的单自由度振动系统接收被测振动。被测机械量与中间机械量通过二阶微分方程相关联,故该系统称为二阶系统。惯性式机械接收振动传感器测得的结果是相对于惯性坐标系的绝对振动,因此也称其为绝对式振动传感器。

根据机电变换原理,传感器可分为发电型与参量型两种。前者经过变换输出电动势、电荷及其他带有电能的电量,分为电动式与压电式两种;后者把机械量的变化转换成电参量(如电阻、电容或电感)的变化,包括电阻式、电容式、电感式、压阻式、电涡流式。

传感器根据机械接收环节与机电变换环节之间有无反馈环节分为非伺服式传感器与伺服式传感器。伺服式传感器即为采用伺服原理,将被测变化转换为可用输出电信号的传感器,其机电变换环节会对机械接收环节产生影响,目的是改善接收特性。

传感器还可按测量的机械量分类,并以所测量的物理量来命名,如位移计、速度计、加速度计、应变计等。

5.3 振动测试信号分析

信号处理和信号分析的目的是从测试信号中尽可能多地提取适于应用的信息。常用的处理手段有傅里叶变换(FT)、抗混滤波和加窗等。

5.3.1 傅里叶变换

傅里叶变换是可以实现信号在时域和频域之间往复转换的常规手段,也是信号处理的主要手段,在工程实践中有着广泛的应用。20 世纪 60 年代后出现的快速傅立叶分析方法,结合了现代电子计算机快速数字运算,成为如今信号分析的有力工具。傅里叶级数是分析周期信号频率成分的方法,设周期信号为

$$x(t)=x(t+nT) \tag{5.3.1}$$

式中,T 为信号的周期,即信号经过 T 时间后,在下一个 T 时间内将重复前一个 T 时间中的变化过程。那么这一任意时间(时域)的函数,一般可表示为级数的形式,即

$$x(t)=a_0+\sum_{k=1}^{\infty}[a_k\cos(\omega_k t)+b_k\sin(\omega_k t)] \tag{5.3.2}$$

式中,$a_0=\frac{1}{T}\int_{-\frac{T}{2}}^{\frac{T}{2}}x(t)\mathrm{d}t$、$a_k=\frac{2}{T}\int_{-\frac{T}{2}}^{\frac{T}{2}}x(t)\cos(\omega_k t)\mathrm{d}t$、$a_0=\frac{1}{T}\int_{-\frac{T}{2}}^{\frac{T}{2}}x(t)\mathrm{d}t$、$\omega_k=k\frac{2\pi}{T}=k\omega_0$。其中,$a_k$、$b_k$ 为傅里叶级数的第 k 阶分量;ω_k 为第 k 阶圆频率,$\omega_0=\frac{2\pi}{T}$称为基频或第 1 阶圆频率,$\omega_1=1\cdot\omega_0$。

运用欧拉公式有

$$\cos(\omega_k t)=\frac{1}{2}(\mathrm{e}^{-\mathrm{j}\omega_k t}+\mathrm{e}^{\mathrm{j}\omega_k t}) \tag{5.3.3}$$

$$\sin(\omega_k t)=\frac{\mathrm{j}}{2}(\mathrm{e}^{-\mathrm{j}\omega_k t}-\mathrm{e}^{\mathrm{j}\omega_k t})\quad(\mathrm{j}=\sqrt{-1}) \tag{5.3.4}$$

令 $c_0=a_0$、$c_k=\frac{1}{2}(a_k-\mathrm{j}b_k)$、$c_{-k}=\frac{1}{2}(a_k+\mathrm{j}b_k)$,便可得傅里叶级数的复指数函数形式为

正变换:

$$\begin{cases} c_k=\frac{1}{T}\int_{-\frac{T}{2}}^{\frac{T}{2}}x(t)\mathrm{e}^{-\mathrm{j}k\omega_0 t}\mathrm{d}t \\ c_{-k}=\frac{1}{T}\int_{-\frac{T}{2}}^{\frac{T}{2}}x(t)\mathrm{e}^{-\mathrm{j}(-k)\omega_0 t}\mathrm{d}t \end{cases}\quad(k=0,\ \pm1,\ \pm2) \tag{5.3.5}$$

逆变换:

$$x(t)=\sum_{k=-\infty}^{\infty}c_k\mathrm{e}^{\mathrm{j}k_{\omega_0}t} \tag{5.3.6}$$

将式(5.3.5)综合为一个公式,则傅里叶级数的复指数函数形式可进一步综合为

正变换:

$$c_k=\frac{1}{T}\int_{-\frac{T}{2}}^{\frac{T}{2}}x(t)\mathrm{e}^{\mathrm{j}k\omega_0 t}\mathrm{d}t \tag{5.3.7}$$

逆变换仍为 $x(t)=\sum_{k=-\infty}^{\infty}c_k e^{jk_{\omega_0}t}$。

傅里叶积分是傅里叶级数的推广，使其可用于周期为无限长的情况。式(5.3.5)中，$\omega_0=\dfrac{2\pi}{T}$，因为此处为离散级数，基频 ω_0 是两个相邻分量的频率差 $\Delta\omega$，即

$$\Delta\omega=\frac{2\pi}{T}=\omega_0 \tag{5.3.8}$$

当 $T\to\infty$、$\Delta\omega\to \mathrm{d}\omega$、$\dfrac{1}{T}=\dfrac{\mathrm{d}\omega}{2\pi}$、$k\Delta\omega\to\omega$、$\int_{-\frac{T}{2}}^{\frac{T}{2}}\to\int_{-\infty}^{\infty}$ 时，有

$$\begin{aligned}a_k&=\frac{2}{T}\int_{-\frac{T}{2}}^{\frac{T}{2}}x(t)\cos(k\omega_0 t)\,\mathrm{d}t\\&=2\frac{\mathrm{d}\omega}{2\pi}\int_{-\infty}^{\infty}x(t)\cos(\omega t)\,\mathrm{d}t\\&=2\left[\frac{1}{2\pi}\int_{-\infty}^{\infty}x(t)\cos(\omega t)\,\mathrm{d}t\right]\mathrm{d}\omega\\&=2A(\omega)\,\mathrm{d}\omega\end{aligned} \tag{5.3.9}$$

同理可得

$$b_k=2\left[\frac{1}{2\pi}\right]\left[\int_{-\infty}^{\infty}x(t)\sin(\omega t)\,\mathrm{d}t\right]\mathrm{d}\omega=2B(\omega)\,\mathrm{d}\omega \tag{5.3.10}$$

于是可得傅里叶积分的正变换为

$$\begin{cases}A(\omega)=\dfrac{1}{2\pi}\displaystyle\int_{-\infty}^{\infty}x(t)\cos(\omega t)\,\mathrm{d}t\\[2ex]B(\omega)=\dfrac{1}{2\pi}\displaystyle\int_{-\infty}^{\infty}x(t)\sin(\omega t)\,\mathrm{d}t\end{cases} \tag{5.3.11}$$

将式(5.3.11)代入式(5.3.2)，暂不考虑 a_0，并注意到当 $T\to\infty$ 时，$\sum_{k=1}^{\infty}\to\int_0^{\infty}$、$a_k=2A(\omega)\,\mathrm{d}\omega$、$b_k=2B(\omega)\,\mathrm{d}\omega$，则有

$$x(t)=2\int_0^{\infty}A(\omega)\cos(\omega t)\,\mathrm{d}\omega+2B(\omega)\sin(\omega t)\,\mathrm{d}\omega \tag{5.3.12}$$

式(5.3.12)等号右端第一项的积分核为两个偶函数相乘，第二项的积分核则为两个奇函数相乘，因此这两个积分核均为偶函数，于是式(5.3.12)可改写为

$$x(t)=\int_{-\infty}^{\infty}A(\omega)\cos(\omega t)\,\mathrm{d}\omega+\int_{-\infty}^{\infty}B(\omega)\sin(\omega t)\,\mathrm{d}\omega \tag{5.3.13}$$

人们通常所说的傅里叶变换是傅里叶积分的复数形式，这一形式也可视为傅里叶级数的复数形式的推广。注意，当 $T\to\infty$ 时，$\omega=\dfrac{2\pi}{T}\to\mathrm{d}\omega$、$k\omega_0\to\omega$、$\dfrac{1}{T}=\dfrac{\mathrm{d}\omega}{2\pi}$，并有 $\sum_{-\infty}^{\infty}\to\int_{-\infty}^{\infty}$，于是

$$c_k=\frac{\mathrm{d}\omega}{2\pi}\int_{-\infty}^{\infty}x(t)e^{-j\omega t}\,\mathrm{d}t=\left[\frac{1}{2\pi}\int_{-\infty}^{\infty}x(t)e^{-j\omega t}\mathrm{d}t\right]\mathrm{d}\omega=X(\omega)\,\mathrm{d}\omega \tag{5.3.14}$$

由此便得到下列傅里叶变换对：

正变换：

$$X(\omega)=\frac{1}{2\pi}\int_{-\infty}^{\infty}x(t)e^{-j\omega t}\mathrm{d}t \tag{5.3.15}$$

逆变换：

$$x(t)=\int_{-\infty}^{\infty}X(\omega)\mathrm{e}^{\mathrm{j}\omega t}\mathrm{d}\omega \tag{5.3.16}$$

式中，$X(\omega)$与$A(\omega)$、$B(\omega)$的关系为

$$X(\omega)=A(\omega)-\mathrm{j}B(\omega) \tag{5.3.17}$$

在有些著作或应用中，人们习惯采用频率f而不是圆频率ω，根据$\omega=2\pi f$、$\mathrm{d}\omega=2\pi\mathrm{d}f$可得

$$c_k=\left[\frac{1}{2\pi}\int_{-\infty}^{\infty}x(t)\mathrm{e}^{-\mathrm{j}2\pi ft}\mathrm{d}t\right]2\pi\mathrm{d}f=\left[\int_{-\infty}^{\infty}x(t)\mathrm{e}^{-\mathrm{j}2\pi ft}\mathrm{d}t\right]\mathrm{d}f \tag{5.3.18}$$

因此傅里叶变换对变为

正变换：

$$X(f)=F[x(t)]=\int_{-\infty}^{\infty}x(t)^{-\mathrm{j}2\pi ft}\mathrm{d}t \tag{5.3.19}$$

逆变换：

$$x(t)=F^{-1}[X(f)]=\int_{-\infty}^{\infty}X(f)\mathrm{e}^{\mathrm{j}2\pi ft}\mathrm{d}f \tag{5.3.20}$$

式中，$F[\cdot]$和$F^{-1}[\cdot]$分别为傅里叶正变换、傅里叶逆变换的运算符。

表5.3.1给出了傅里叶变换的主要性质，读者不难根据傅里叶变换的基本定义自行推导得到表中所列的各项性质。现仅对其中的卷积变换做简单说明。

表5.3.1 傅里叶变换的主要性质

性质	时域	频域
基本关系	$x(t)$	$X(f)$
线性叠加	$ax(t)+by(t)$	$aX(f)+bY(f)$
对称	$X(t)$	$x(-f)$
尺度改变	$x(kt)$	$\frac{1}{k}X\left(\frac{f}{k}\right)$
时移	$x(t-t_0)$	$X(f)\mathrm{e}^{-\mathrm{j}2\pi ft_0}$
频移	$x(t)\mathrm{e}^{\mp\mathrm{j}2\pi f_0t}$	$X(f\pm f_0)$
翻转	$x(-t)$	$X(-f)$
时域卷积	$x_1(t)*x_2(t)$	$X_1(f)X_2(f)$
频域卷积	$x_1(t)x_2(t)$	$X_1(f)*X_2(f)$
时域微分	$\frac{\mathrm{d}^n}{\mathrm{d}t^n}x(t)$	$(\mathrm{j}2\pi f)^nX(f)$
频域微分	$(-\mathrm{j}2\pi f)^nx(t)$	$\frac{\mathrm{d}^n}{\mathrm{d}f^n}X(f)$

将两个函数$x_1(t)$和$x_2(t)$的卷积记作$x_1(t)*x_2(t)$，定义为

$$x_1(t)*x_2(t)=\int_{-\infty}^{\infty}x_1(\tau)*x_2(t-\tau)\mathrm{d}\tau \tag{5.3.21}$$

根据傅里叶变换的基本定义，有

$$\begin{aligned}\int_{-\infty}^{\infty} x_1(t) * x_2(t)\mathrm{e}^{-\mathrm{j}2\pi ft}\mathrm{d}t &= \int_{-\infty}^{\infty}\left[\int_{-\infty}^{\infty} x_1(\tau)x_2(t-\tau)\mathrm{d}\tau\right]\mathrm{e}^{-\mathrm{j}2\pi ft}\mathrm{d}t \\ &= \int_{-\infty}^{\infty} x_1(\tau)\left[\int_{-\infty}^{\infty} x_2(t-\tau)\mathrm{e}^{-\mathrm{j}2\pi f(t-\tau)}\mathrm{d}(t-\tau)\right]\mathrm{e}^{-\mathrm{j}2\pi f\tau}\mathrm{d}\tau \\ &= \int_{-\infty}^{\infty} x_1(\tau)X_2(f)\mathrm{e}^{-\mathrm{j}2\pi f\tau}\mathrm{d}\tau \\ &= X_1(f)X_2(f)\end{aligned}$$

所谓的快速傅里叶变换并不是一种新的变换，而是离散傅里叶变换（DFT）的一种新算法。这种算法可以大大节省计算时间。下面给出了离散傅里叶变换对：

$$X_k = \frac{1}{N}\sum_{r=0}^{N-1} x_r \mathrm{e}^{-\mathrm{j}2\pi kr/N} \tag{5.3.22}$$

$$x_r = \sum_{k=0}^{N-1} X_k \mathrm{e}^{\mathrm{j}2\pi kr/N} \tag{5.3.23}$$

式（5.3.23）可改写成

$$x_r = N\left(\frac{1}{N}\sum_{k=0}^{N} X_k^* \mathrm{e}^{-\mathrm{j}2\pi kr/N}\right)^* \tag{5.3.24}$$

可见，傅里叶正变换和傅里叶逆变换可以采用相同的程序，只是在逆变换中多了求共轭的步骤和乘以因子 N。令

$$W = \mathrm{e}^{-\mathrm{j}2\pi/N} \tag{5.3.25}$$

则 $\mathrm{e}^{-\mathrm{j}2\pi kr/N} = W^{kr}$。为简单说明问题，设 $N=4$，于是式（5.3.22）可写成矩阵形式：

$$\begin{Bmatrix} X_0 \\ X_1 \\ X_2 \\ X_3 \end{Bmatrix} = \frac{1}{4}\begin{bmatrix} W^0 & W^0 & W^0 & W^0 \\ W^0 & W^1 & W^2 & W^3 \\ W^0 & W^2 & W^4 & W^6 \\ W^0 & W^3 & W^6 & W^9 \end{bmatrix}\begin{Bmatrix} x_0 \\ x_1 \\ x_2 \\ x_3 \end{Bmatrix} \tag{5.3.26}$$

对式（5.3.26）进行运算时，需进行 $N^2=4^2=16$ 次复数乘和 $N(N-1)=12$ 次复数加。但是可以发现 W^{kr} 有以下特性：

（1）周期性，$W^{kr}=W^{\mathrm{mod}\left(\frac{kr}{N}\right)}$。此处 $\mathrm{mod}\left(\frac{kr}{N}\right)$ 表示用 N 除 kr 之后的余数，即有 $W^4=W^0$、$W^6=W^2$、$W^9=W^1$。

（2）对称性，$W^{kr+\frac{N}{2}}=-W^{kr}$。在 $N=4$ 时，有 $W^0=1$、$W^2=W^{0+\frac{N}{2}}=-W^0$、$W^3=-W^1$。

根据以上性质，可将式（5.3.26）改写成

$$\begin{Bmatrix} X_0 \\ X_1 \\ X_2 \\ X_3 \end{Bmatrix} = \begin{bmatrix} 1 & 1 & 1 & 1 \\ 1 & W^1 & W^2 & W^3 \\ 1 & W^2 & W^0 & W^2 \\ 1 & W^3 & W^2 & W^1 \end{bmatrix}\begin{Bmatrix} x_0 \\ x_1 \\ x_2 \\ x_3 \end{Bmatrix} \tag{5.3.27}$$

变动 X_1 和 X_2 的位置可得

$$\begin{Bmatrix} X_0 \\ X_2 \\ X_1 \\ X_3 \end{Bmatrix} = \begin{Bmatrix} 1 & 1 & 1 & 1 \\ 1 & W^2 & 1 & W^2 \\ 1 & W^1 & W^2 & W^3 \\ 1 & W^3 & W^2 & W^1 \end{Bmatrix} \begin{Bmatrix} x_0 \\ x_1 \\ x_2 \\ x_3 \end{Bmatrix} = \begin{bmatrix} 1 & W^0 & 0 & 0 \\ 1 & W^2 & 0 & 0 \\ 0 & 0 & 1 & W^1 \\ 0 & 0 & 1 & W^3 \end{bmatrix} \begin{bmatrix} 1 & 0 & W^0 & 0 \\ 0 & 1 & 0 & W^0 \\ 1 & 0 & W^2 & 0 \\ 0 & 1 & 0 & W^2 \end{bmatrix} \begin{Bmatrix} x_0 \\ x_1 \\ x_2 \\ x_3 \end{Bmatrix} \tag{5.3.28}$$

简写成

$$\boldsymbol{X}_k = \boldsymbol{BCx}_r \tag{5.3.29}$$

做了上述矩阵分解后,可以统计其计算量:计算 $\boldsymbol{Cx}_r$ 需做 2 次乘法、4 次加法;然后进行 $\boldsymbol{BCx}_r$ 计算时也需做 2 次乘法、4 次加法。因此,按式(5.3.28)计算仅需做 $\frac{N}{2}\log_2 N = 2\times2 = 4$ 次复数乘和 $N\log_2 N = 4\times2 = 8$ 次复数加。由于加法运算比乘法运算时间短,因此这里仅以乘法来比较两种算法的时间。

$$\frac{\text{DFT 直接算法的时间}}{\text{FFT 算法的时间}} = \frac{N^2}{\frac{N}{2}\log_2 N} = \frac{2N}{\log_2 N} \tag{5.3.30}$$

若 $N = 1\,024 = 2^{10}$,则 $\frac{2N}{\log_2 N} = \frac{2\times1\,024}{10} \approx 200$。可见,在 $N = 1\,024$ 时,快速傅里叶变换所用的时间仅为离散傅里叶变换的 $\frac{1}{200}$。

快速傅里叶变换计算需要对矩阵进行分解和对矩阵行号进行调整,所以需要对计算流程进行巧妙布置。关于这方面的知识,读者可以查阅专门的著作。

5.3.2 抗混滤波

由于离散傅里叶变换中连续信号的离散采样将使计算得到的低频分量中存在高频分量的贡献,因此,尽管傅里叶逆变换能够还原出采样点处原函数的值,但是无法恢复其波形。图 5.3.1 通过图解说明了频混导造成恢复信号失真的情况。图 5.3.1(a)表示采样频率 f_s 与信号频率 f 相等($f_s = f$);图 5.3.1(b)表示恢复信号的频率为 0,波形严重失真;图 5.3.1(c)表示原信号频率为 $f = \frac{10}{9}f_s$;图 5.3.1(d)表示恢复信号的频率为 $\frac{1}{9}f_s$,波形失真。

香农(Shannon)定理表明,若信号中的最高频率为 f_{max},为了不产生频混,则须保证采样频率 f_s 大于 f_{max} 的 2 倍,即要求

$$f_s > 2f_{max} \tag{5.3.31}$$

除满足 Shannon 定理(式(5.3.31))外,采样时间 T、采样间隔 Δt、采样量 N 及采样频率 f_s 和频率分辨率 Δf 之间存在以下关系:

$$\begin{cases} f_s = \dfrac{1}{\Delta t} \\ \Delta f = \dfrac{1}{T} \\ T = N\Delta t = \dfrac{N}{f_s} \end{cases} \tag{5.3.32a}$$

当 N 及 $f_{\max}$ 选定后，若 $f_s=2f_{\max}$，则有

$$T>\frac{N}{2f_{\max}} \tag{5.3.32b}$$

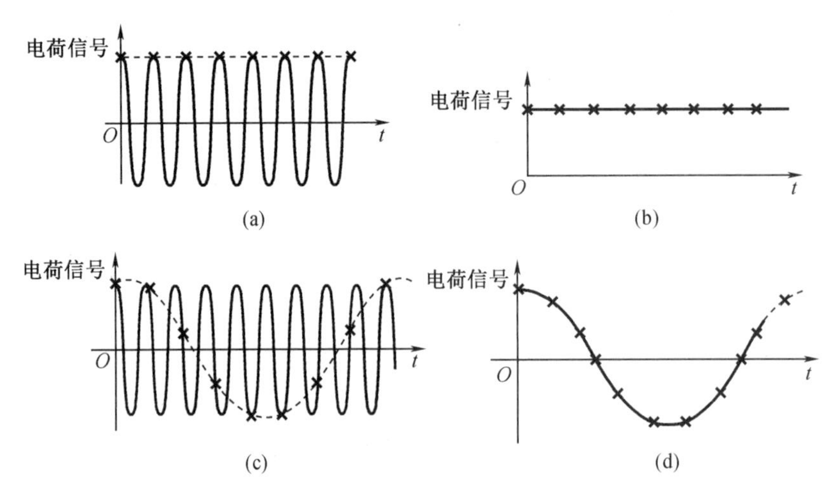

图 5.3.1　频混造成恢复信号的失真

由此可确定信号的最短记录长度。由式(5.3.32)可见，由于 N 是一定的，因此若为避免频混而提高采样频率 f_s(即减小采样间隔 Δt)，则会使采样时间减少，从而造成频率分辨率 Δf 增大。解决这一问题的办法是：如图 5.3.2 所示，先使信号通过一个低通滤波器，使滤波后的信号中的最高频率成为 $f_{\max}$，然后根据采样定理来确定采样频率 f_s。通常 f_s 是 $f_{\max}$ 的 3~4 倍。如某频率分析仪的采样量为 $N=1\ 024$，则取 $f_s=4f_{\max}$，那么该仪器的显示谱线仅为 256(1 024/4)线。图 5.3.2 中 ADC 为模数转换器。

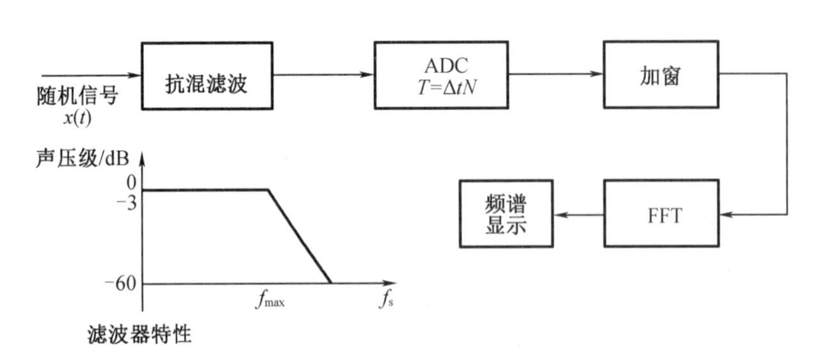

图 5.3.2　离散傅里叶分析过程

5.3.3　泄漏与加窗

泄漏问题是由信号的截断引起的。信号 $x(t)$ 经简单截取后的样本 $\hat{x}(t)$ 相当于原信号 $x(t)$ 与矩形窗函数 $\omega(t)$ 的乘积，即

$$x(t)=\omega(t)x(t) \tag{5.3.33a}$$

按照傅里叶变换的卷积定理，有

$$\hat{X}(f)=W(f)*X(f) \tag{5.3.33b}$$

为了说明所谓的“泄漏”现象,设 $x(t)=A\cos 2\pi f_0 t$,则 $X(f)$ 是集中在 $-f_0$ 及 f_0 处的抽样函数(两条谱线),即

$$x(f)=\frac{A}{2}[\delta(f+f_0)+\delta(f-f_0)] \tag{5.3.34}$$

$\omega(t)$ 的表达式为

$$\omega(t)=\begin{cases}1 & \left(|t|\leqslant\dfrac{\tau}{2}\right)\\ 0 & \left(|t|>\dfrac{\tau}{2}\right)\end{cases} \tag{5.3.35}$$

式(5.3.35)的傅里叶变换为

$$W(f)=\tau\frac{\sin(\pi f\tau)}{\pi f\tau} \tag{5.3.36}$$

经过卷积后的 $\hat{X}(f)$ 不再是两条谱线而是两段连续谱。它表明,原来的信号被截断后,其频谱产生了畸变,原来集中在 f_0 处的能量被分散到两个较宽的频带中去了,这种现象称为泄漏,上述过程如图 5.3.4 所示。显然,导致泄漏的原因是窗函数的频谱是一个连续谱,它包括一个主瓣和无数的旁瓣,原来应集中在主瓣的能量被泄漏到旁瓣中去了。

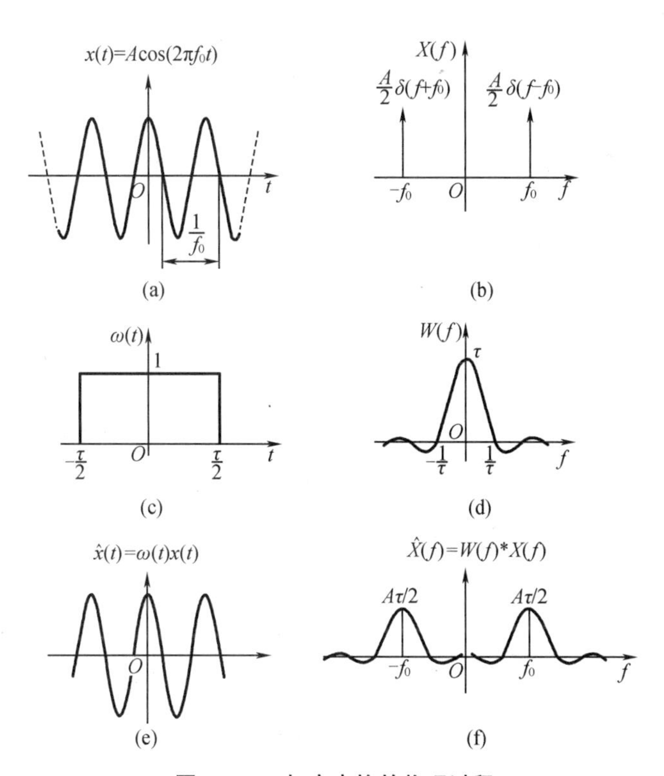

图 5.3.4 加窗变换的物理过程

离散傅里叶变换采用离散的采样数据。对余弦函数等连续函数而言,当满足采样定理时,如果在窗函数 $\omega(t)$ 的时间段 τ 内,截获函数 $x(t)$ 为某个确定的 n 个整周期时,则卷积之后的 $\hat{X}(f)$ 在经过采样后就会得到谱线所在处为 nf_0 的离散傅里叶谱,除此之外,其他情况均位于图 5.3.3 中连续谱的 O 点上,从而可以确保逆变换之后的原波形得到精确的还原,

可视为没有发生泄漏。所以可认为，确保窗长 τ 与被截函数周期 T 的整数倍相等($\tau=nT$)即为避免泄漏的方法。

图 5.3.5 说明了 $\tau\neq T\left(\frac{1}{\tau'}>f_0\right)$ 的情况，图中，$\tau'<T$，卷积后的频谱在取样之后不仅有谱线存在于 f_0 处，还有谱线存在于 $\pm2f_0$ 和 $f=0$ 处，这表示卷积之后出现了侧漏。

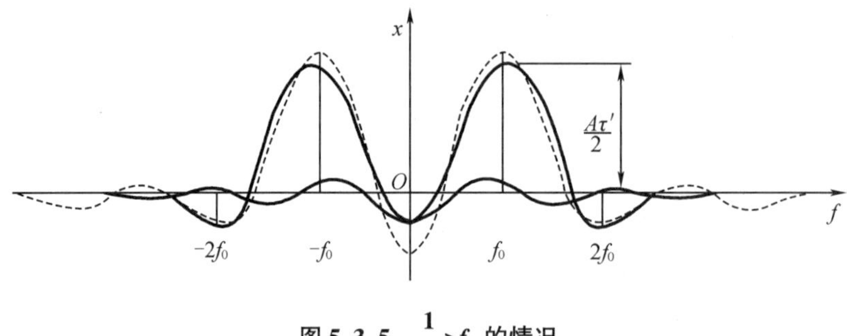

图 5.3.5 $\frac{1}{\tau'}>f_0$ 的情况

随机振动信号通常属于非周期函数，无法确保窗长与其整周期相等，也无法将窗长取得很长。在这种情况下，控制泄漏的方法是采用特定形式的窗函数，以达到抑制旁瓣的效果，从而减少在远邻频带上的泄漏。

所谓的三角形窗、汉宁(Hanning)窗、汉明(Hamming)窗、高斯(Gauss)3σ 窗、凯塞-贝塞尔(Kaiser-Bessel)及平顶窗等也是常用的窗函数。这些窗函数的旁瓣高度被减小而主瓣宽度被加大。主瓣加宽等效为滤波器带宽增加，这导致频率分辨率减小。因此在实际应用中，必须根据具体情况选择合适的窗函数。图 5.3.6 及图 5.3.7 分别给出了 4 种常用窗函数的时间历程及对应频谱。表 5.3.2 给出了常用窗函数的频谱参数。

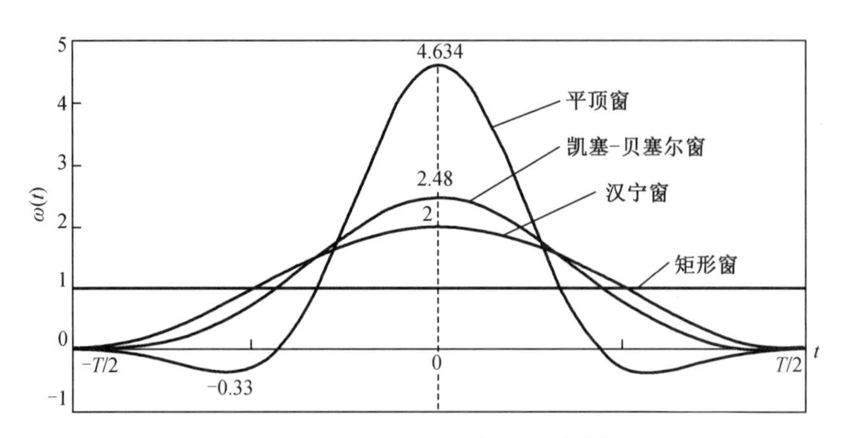

图 5.3.6 4 种常用窗函数的时间历程

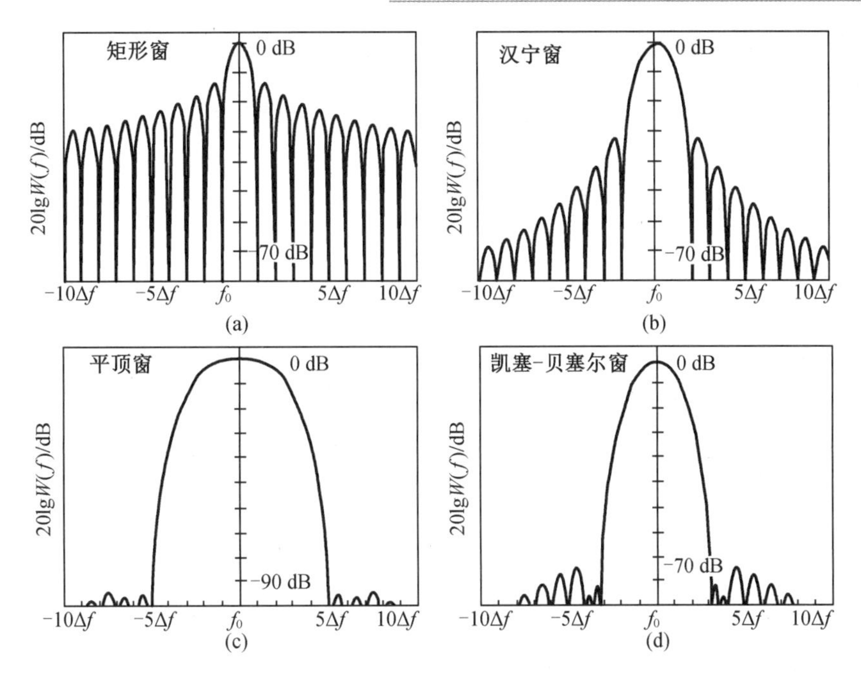

图 5.3.7　4 种常用窗函数的频谱

表 5.3.2　常用窗函数的频谱参数

窗函数 $\omega(t)=\begin{cases}0 & \left(\lvert t\rvert>\dfrac{T}{2}\right)\\ \text{取下列表达式} & \left(\lvert t\rvert\leqslant\dfrac{T}{2}\right)\end{cases}$	主瓣等效噪声带宽/Hz	旁瓣最大值/dB
矩形窗：$\omega(t)=1$	$\dfrac{1}{T}$	-13.3
三角形窗：$\omega(t)=2\left(1-2\dfrac{\lvert t\rvert}{T}\right)$	$\dfrac{1.35}{T}$	-26.0
汉宁窗：$\omega(t)=1+\cos\dfrac{2\pi t}{T}$	$\dfrac{1.5}{T}$	-31.5
海明窗：$\omega(t)=1.08+0.92\cos\dfrac{2\pi t}{T}$	$\dfrac{1.36}{T}$	-42.0
高斯 3σ 窗：$\omega(t)=2\times10^{-72t^2/T^2}$	$\dfrac{1.6}{T}$	<-50.0
凯塞-贝塞尔窗：$\omega(t)=1+2.4\cos\dfrac{2\pi t}{T}+0.244\cos\dfrac{4\pi t}{T}+0.003\,05\cos\dfrac{6\pi t}{T}$	$\dfrac{1.8}{T}$	-66.6
平顶窗：$\omega(t)=1+1.93\cos\dfrac{2\pi t}{T}+1.29\cos\dfrac{4\pi t}{T}+0.388\cos\dfrac{6\pi t}{T}+0.032\,2\cos\dfrac{8\pi t}{T}$	$\dfrac{3.77}{T}$	-93.6

在采用脉冲激振法来测量传递函数时，测得的响应为

$$x(t)=\sum_{k=1}^{n}|r_k|e^{-\sigma_k t}\sin(\omega_k t+\alpha_k) \tag{5.3.37}$$

式(5.3.37)说明响应值在初期较大，后期则逐渐衰减，这不可避免地降低了信噪比。如果使用矩形窗函数势必会引入很大的误差或使数据处理结果不够平滑，因此在这种情况下，指数窗函数是优选的，即

$$\omega(t)=e^{-qt} \tag{5.3.38}$$

于是

$$\hat{x}(t)=\sum_{k=1}^{n}|r_k|e^{-(\sigma_k+q)t}\sin(\omega_k t+\alpha_k) \tag{5.3.39}$$

式(5.3.39)说明乘以指数窗函数实际上相当于给各分量加上阻尼，所加相对阻尼的比值对于第 k 阶分量来说为 q/ω_k。因此在振动模态分析中，应该将该阻尼从所得模态阻尼中去除，这样得到的才是实际模态阻尼。

除表 5.3.2 中列出的窗函数以外，读者还可以从相关数据中找到很多其他窗函数。对狭带随机信号的处理建议采用汉宁窗函数，对脉冲响应信号的处理建议采用指数窗函数，对脉冲信号的分析则建议采用矩形窗函数。

5.3.4 栅栏效应

由于窗函数的频谱和信号频谱在卷积后要再乘以频域抽样脉冲序列，因此就频域而言，窗函数的频谱等价于每条离散谱线中的带通滤波器，它的中心频率和一个等距频率抽样点 $k\Delta f$($k=0,1,2,\cdots,N-1$，$\Delta f=1/T$，其中 T 为窗长)相对应。若信号中的频率分量 f_i 正好等于 $k\Delta f$，也就是 f_i 正好和等区间离散频率抽样完全一致时，可准确地估计出此频率的幅值；否则，若 f_i 和等区间离散频率抽样不符，在幅值估计就会偏小，这一偏差和所选窗函数有一定的关系，最大偏差出现在两个连续频率抽样的中点，即 $\left(k+\frac{1}{2}\right)\Delta f$ 处，这种现象称为栅栏效应。

图 5.3.8 为 4 种常用窗函数的栅栏效应，给出了相关示意图和最大栅栏效应。由图 5.3.8 可知：矩形窗的幅值栅栏效应偏差最大，达−3.92 dB(−36.3%)，但其频率分辨率最大，主瓣的等效噪声带宽仅为 Δf；随机信号常用的汉宁窗的最大栅栏效应偏差为−1.42 dB(−15.1%)；平顶窗的幅值栅栏效应偏差最小，仅偏小 0.01 dB，即 0.1%的幅值估计偏差，但它的主瓣的等效噪声带宽高达 3.77Δf，频率分辨率差，对频率间隔小于 5Δf 的多个频率分量难以分辨。

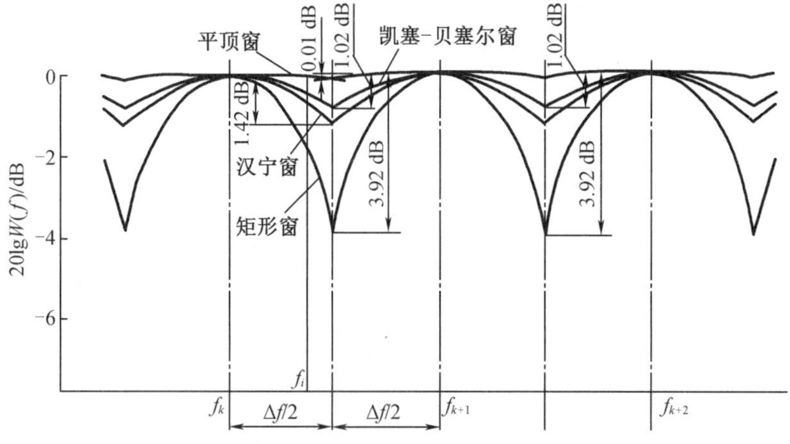

图 5.3.8 4种常用窗函数的栅栏效应

5.4 振动测试案例

5.4.1 案例一:梁式结构的振动测试

梁式结构是指承受垂直于其纵轴方向载荷的直线形构件,其截面尺寸小于其长度跨度,以受弯曲、剪切载荷为主。

1. 试验目的

通过对悬臂梁的振动试验,熟悉模态分析原理并掌握悬臂梁的模态测试过程。

2. 试验仪器及试验测试系统

对悬臂梁进行振动测试所需的试验仪器有振动测试试验台、力锤、加速度传感器、数据采集仪、计算机。其中,力锤在敲击矩形板以提供激励力的同时,其带有的力传感器可记录激励力的大小;加速度传感器实时记录矩形板在被敲击后所具有的加速度;数据采集仪则采集激励力信号和加速度信号;计算机装有信号分析系统,可自动对采集到的信号进行分析并得到结构的模态参数。

3. 试验过程

悬臂梁的振动测试对象为固定在振动台上的悬臂梁模型,其一端完全固定。将加速度传感器布置于悬臂梁模型上某点,用带有力传感器的力锤敲击模型,由加速度传感器输出模型响应后经信号分析系统分析得到结构的模态参数。图 5.4.1 为悬臂梁振动试验模型图。

这里选用的悬臂梁模型的尺寸为 230 mm×40 mm×3 mm(长×宽×厚)。将悬臂梁模型沿长方向十等分,在宽和厚方向上不划分。由于模型的宽、厚与其长相差较大,因此可将其简化为杆件,故只需在长度方向上顺序布置若干测点即可。试验采用多点移步敲击、单点响应方法,敲击点的数目视要得到的模态的阶数而定,注意:敲击点的数目要多于所要求的阶数,这样得出的高阶模态结果才可信。本次试验可布置 11 个测点,但只求解了前四阶的模态,因此敲击点足够。在试验过程中,在每个测点用力锤敲击 3 次并取平均值。敲击时锤头垂直于模型，保证锤击的质量及有效性，并且要随时查看相关曲线，保证多次激励的有效性和一致性。悬臂梁振动试验装置如图 5.4.2 所示。

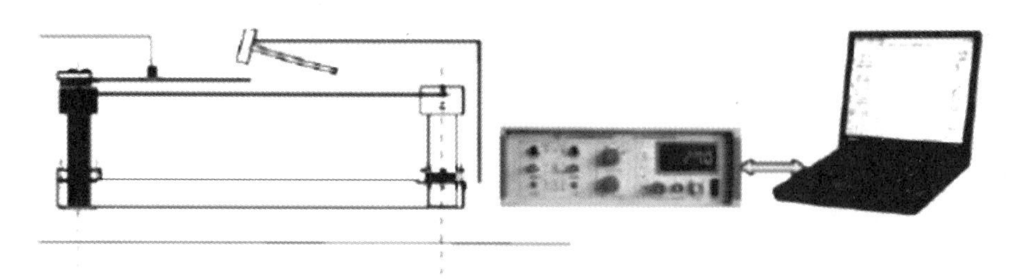

图 5.4.1　悬臂梁振动试验模型图

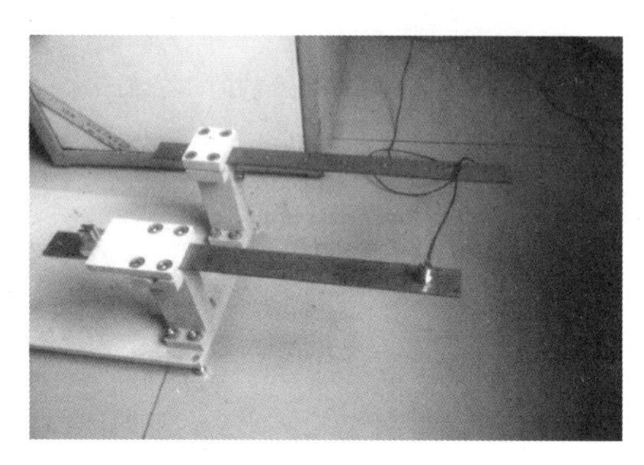

图 5.4.2　悬臂梁振动试验装置

4. 试验结果

通过信号分析系统的处理，可直接得到悬臂梁前四阶固有频率，与有限元软件 ABAQUS 的计算结果进行对比，结果如表 5.4.1 所示，振型如图 5.4.3 所示，可供后续研究分析使用。

表 5.4.1　悬臂梁前四阶固有频率

模态阶数	试验	有限元	误差
1	5.02	4.94	1.62%
2	33.43	30.94	8.05%
3	92.87	86.61	7.22%
4	143.5	135.88	5.61%

5.4.2　案例二：板式结构振动测试

板式结构是指承受垂直于其中面方向的载荷的平面构件，其厚度远小于其他方向的尺寸。

1. 试验目的

通过对矩形板进行振动测试，得到其在自由振动下的结构固有频率。

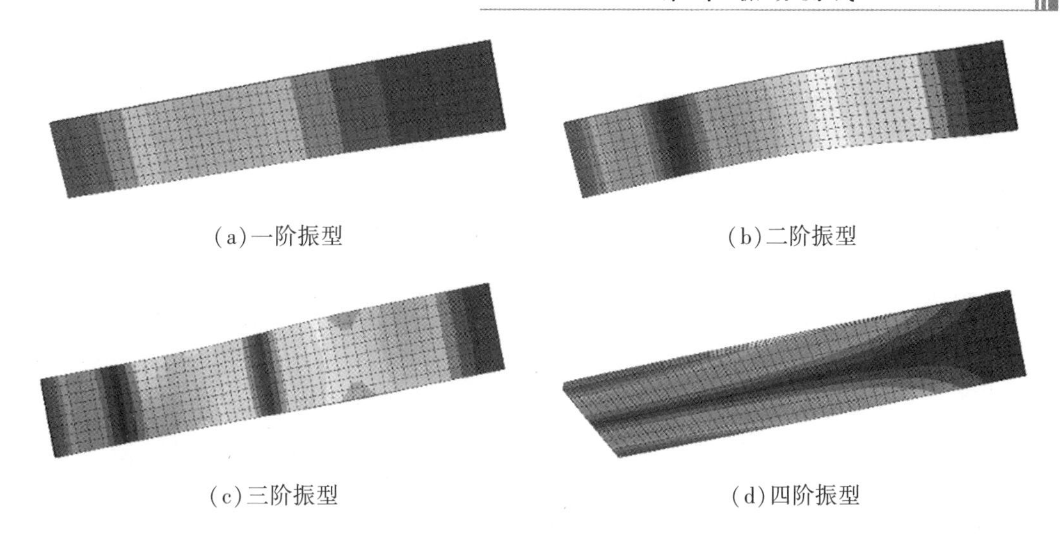

(a)一阶振型　(b)二阶振型

(c)三阶振型　(d)四阶振型

图 5.4.3　悬臂梁前四阶振型

2. 试验测试系统

矩形板的振动试验所需的试验仪器有力锤、加速度传感器、数据采集仪、计算机。其中,力锤在敲击矩形板以提供激励力的同时,其带有的力传感器可记录激励力的大小;加速度传感器实时记录矩形板在被敲击后所具有的加速度;数据采集仪采集激励力信号和加速度信号;计算机装有信号分析系统,可自动对采集到的信号进行分析并得到结构的模态参数。

3. 试验过程

对矩形板进行振动测试时,将矩形板用柔性绳悬挂以模拟自由条件。试验中,用自带力传感器的力锤敲击模型,在加速度传感器输出模型响应后通过频响函数分析得到模型的模态参数。板式结构振动试验模型图如图 5.4.4 所示。

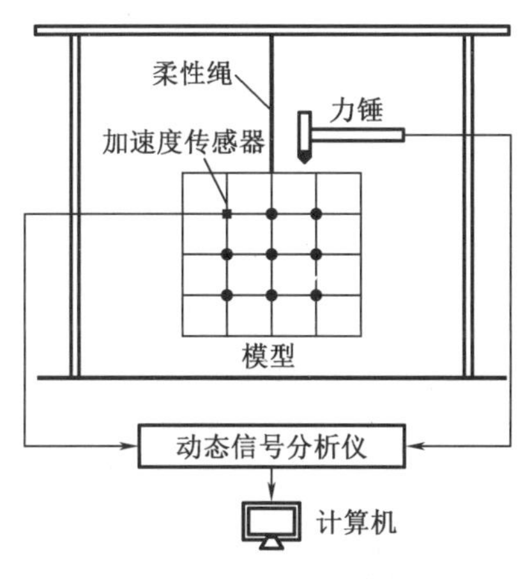

图 5.4.4　板式结构振动试验模型图

这里选用的矩形板的尺寸为 410 mm×410 mm×2.58 mm(长×宽×厚)。为完整得到结构的各阶模态振型,需在模型上均匀布置测点,在每个测点处均用胶水固定小螺母以用于布置加速度传感器。本试验共设置 81 个测试点,呈 9×9 排列,如图 5.4.5(a)所示。本试验模型尺寸较小、质量偏小；选用的加速度传感器的质量为 1.8 g，相较于模型自重传感器，其质量可忽略不计。试验采用软绳悬挂来模拟自由边界条件，采用多点激励、单点拾振的模态识别方法，通过力锤敲击试件 3 次并取平均值。敲击时锤头垂直于模型，保证锤击的质量及有效性，并且要随时查看相关曲线，保证多次激励的有效性和一致性。在一组测点的数据采集完成后要及时移动加速度传感器以测量下一组测点。试验装置如图 5.4.5(b)所示。

1	10	19	28	37	46	55	64 73
2	11	20	29	38	47	56	65 74
3	12	21	30	39	48	57	66 75
4	13	22	31	40	49	58	67 76
5	14	23	32	41	50	59	68 77
6	15	24	33	42	51	60	69 78
7	16	25	34	43	52	61	70 79
8 9	17 18	26 27	35 36	44 45	53 54	62 63	71 80 72 81

(a)测点布置图

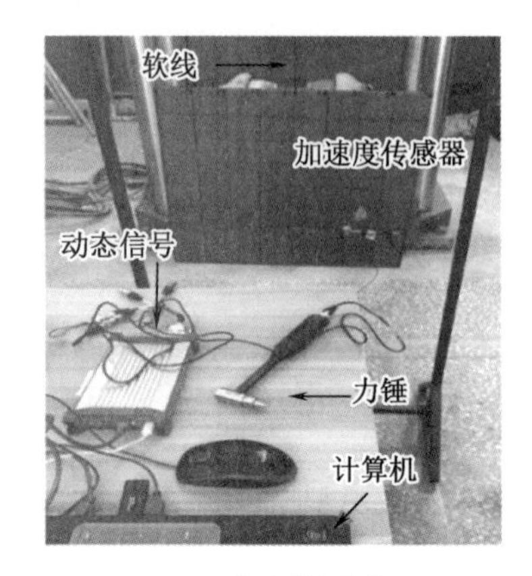

(b)试验装置图

图 5.4.5　测点布置和试验装置图

4. 试验结果

通过信号分析系统的处理，可直接得到矩形板前四阶固有频率，与有限元软件 ABAQUS 的计算结果进行对比，结果如表 5.4.2 所示，振型如图 5.4.6 所示，可供后续研究分析使用。

表 5.4.2　矩形板前四阶固有频率

模态阶数	试验	有限元	误差
1	54.15	52.49	3.06%
2	99.75	98.84	0.91%
3	157.08	162.31	3.33%
4	274.89	272.76	0.77%

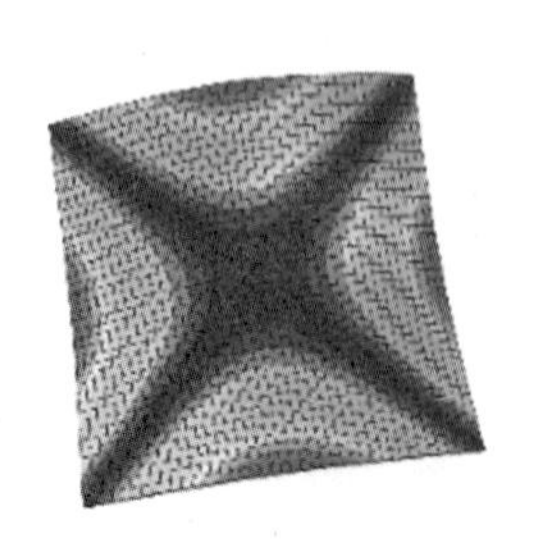

(a)一阶振型

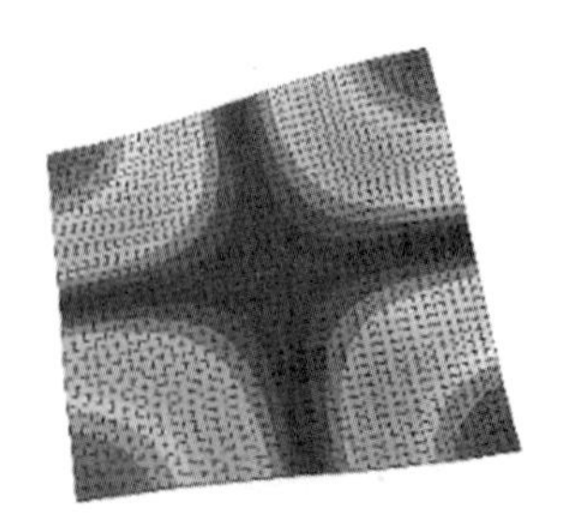

(b)二阶振型

图 5.4.6　矩形板前四阶振型

(c)三阶振型

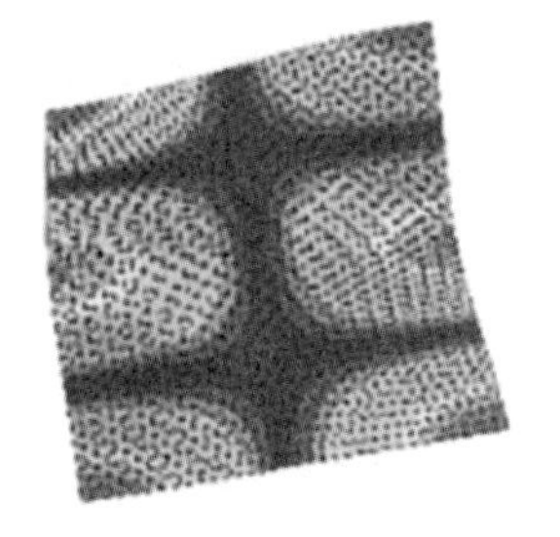

(d)四阶振型

图 5.4.6(续)

5.4.3 案例三:壳结构振动测试

壳结构是由空间曲面形板或加边缘构建组成的空间曲面结构,其厚度远小于其他尺寸。其受力特点是外力作用在结构体的表面上,相关实例如摩托车头盔、贝壳等。

1. 试验目的

通过对圆柱壳进行振动测试得到其在自由振动下的结构固有频率,同时掌握对圆柱壳结构进行模态分析的基本流程。

2. 试验仪器及试验测试系统

圆柱壳振动试验所需的试验仪器有力锤、加速度传感器、数据采集仪、计算机。其中,力锤在敲击圆柱壳以提供激励力的同时,其带有的力传感器可记录激励力的大小;加速度传感器实时记录圆柱壳在受到激励后所具有的加速度;数据采集仪采集激励力信号和加速度信号;计算机装有信号分析系统,可自动对采集到的信号进行分析并得到结构的模态参数。

3. 试验过程

对圆柱壳进行振动试验,试验模型用柔性绳悬挂以模拟自由条件,将加速度传感器布置在圆柱壳的测点上,并与数据采集系统相连。通过自带力传感器的力锤敲击模型,得到其振动响应,并在系统的后处理模块中进行分析,可得到结构的固有频率及模态。圆柱壳结构振动试验模型图如图 5.4.7 所示。

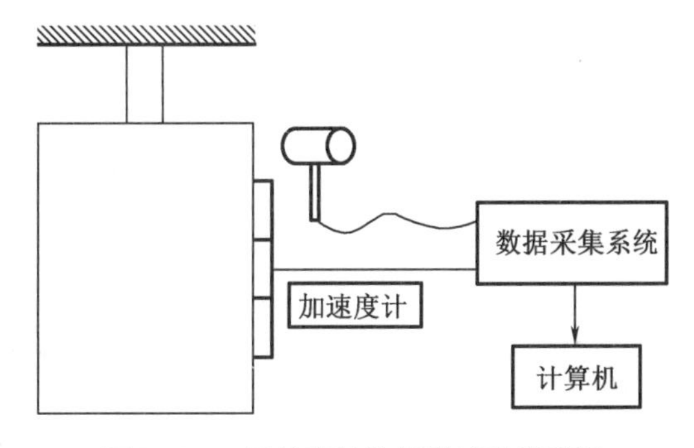

图 5.4.7 圆柱壳结构振动试验模型图

这里选用的圆柱壳模型的尺寸为长(L)800 mm、半径(R)300 mm、厚(t)4 mm,为钢制模型。由于圆柱壳为轴对称结构,因此本试验将圆柱壳沿周向 16 等分,沿轴向 8 等分,在轴向和周向均匀布置测点,每个测点均用胶水固定小螺母以用于布置加速度传感器,如图 5.4.8(a)所示。本试验模型的尺寸较大、质量较大,加速度传感器的质量可忽略不计。试验采用软绳悬挂来模拟自由边界条件,采用多点激励、单点拾振的模态识别方法,通过力锤敲击试件 3 次并取平均值。敲击时锤头垂直于模型,保证锤击的质量及有效性,并且要随时查看相关曲线,保证多次激励的有效性和一致性。在一组测点的数据采集完成后要及时移动加速度传感器以测量下一组测点。试验装置如图 5.4.8(b)所示。

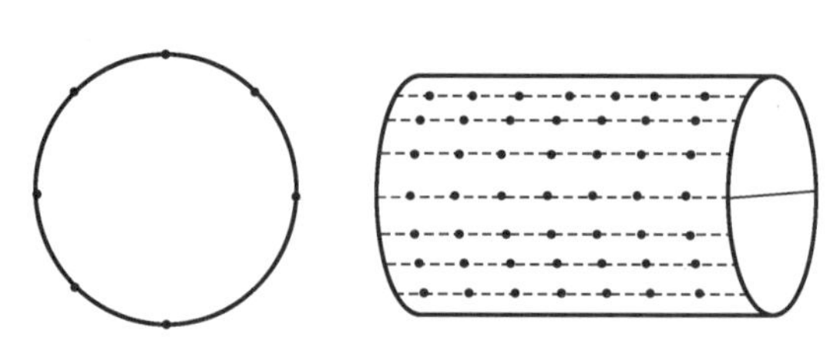

(a)圆柱壳测点布置图

(b)试验装置

图 5.4.8 测点布置和试验装置图

4. 试验结果

通过信号分析系统的处理,可直接得到圆柱壳前四阶固有频率,与有限元软件 ABAQUS 的计算结果进行对比,结果如表 5.4.3 所示,振型如图 5.4.9 所示,振型及阻尼因子等可供后续研究分析使用。

表 5.4.3 圆柱壳前四阶固有频率

模态阶数	试验	有限元	误差
1	321	317	1.3%
2	357	344	3.7%
3	803	773	3.9%
4	1 223	1 318	7.2%

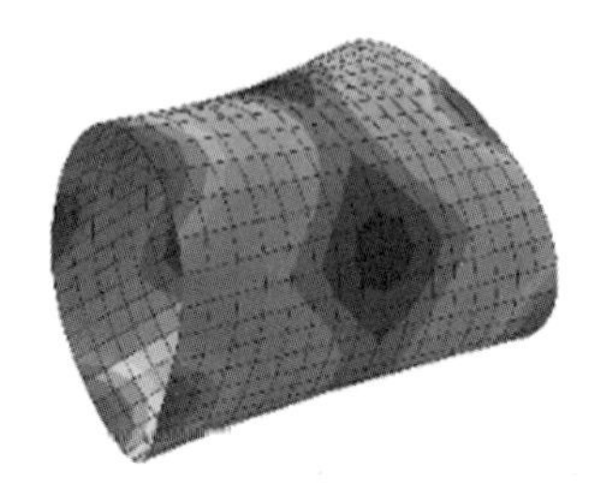

(a)一阶振型

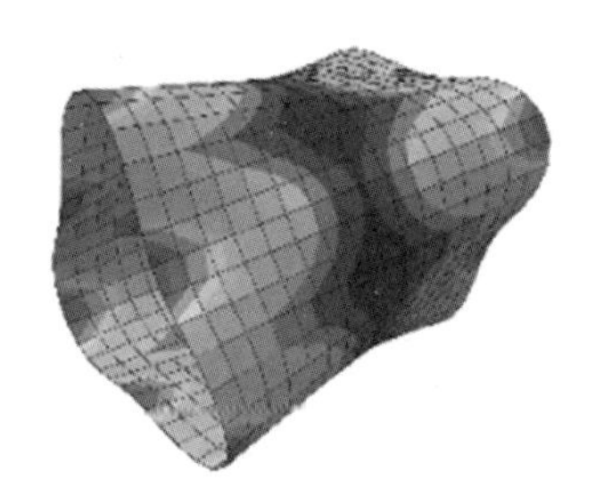

(b)二阶振型

图 5.4.9 圆柱壳前四阶振型

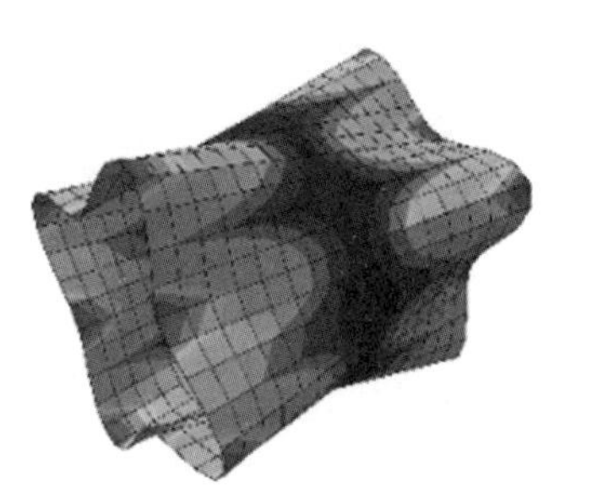
(c)三阶振型

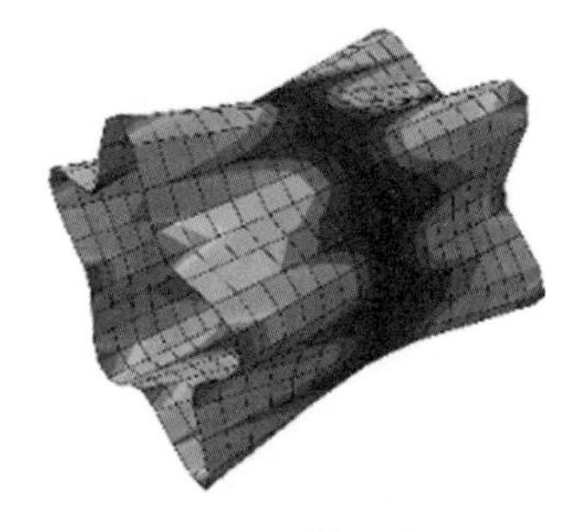
(d)四阶振型

图5.4.9(续)

参 考 文 献

[1] 于开平,邹经湘. 结构动力学[M]. 3 版. 哈尔滨:哈尔滨工业大学出版社,2015.

[2] 包世华. 结构动力学[M]. 武汉:武汉理工大学出版社,2005.

[3] 姚熊亮. 船体振动[M]. 哈尔滨:哈尔滨工程大学出版社,2004.

[4] 克拉夫,彭津. 结构动力学[M]. 2 版. 王光远,等译. 北京:高等教育出版社,2006.

[5] 徐赵东,马乐为. 结构动力学[M]. 北京:科学出版社,2007.

[6] 刘晶波,杜修力. 结构动力学[M]. 2 版. 北京:机械工业出版社,2021.

[7] 张子明,杜成斌,江泉. 结构动力学[M]. 南京:河海大学出版社,2001.

[8] 李东旭. 高等结构动力学[M]. 2 版. 北京:科学出版社,2010.

[9] 白旭,王珂,霍发力. 高等结构动力学在船舶与海洋工程中的应用[M]. 哈尔滨:哈尔滨工业大学出版社,2022.

[10] 徐超,鱼则行. 结构波传播分析的时域谱单元方法及应用[M]. 北京:科学出版社,2020.

[11] 王腾,董胜,李华军. 考虑桩土作用独桩海洋平台横向振动特性研究[J]. 中国海洋大学学报(自然科学版),2004,34(2):318-324.

[12] 方同. 工程随机振动[M]. 北京:国防工业出版社,1995.

[13] 郑绍濂. 平稳广义随机过程的相关理论:Ⅰ[J]. 复旦学报(自然科学),1958(1):70-79.

[14] 王宏禹. 非平稳随机信号分析与处理[M]. 北京:国防工业出版社,1999.

[15] 赵淑清,郑薇. 随机信号分析[M]. 哈尔滨:哈尔滨工业大学出版社,1999.

[16] 陆秋海,李德葆. 工程振动试验分析[M]. 2 版. 北京:清华大学出版社,2015.

[17] 邓小青. 实验力学基础[M]. 北京:高等教育出版社,2013.

[18] 王献忠,左营营,陈哲,等. 碳玻混杂纤维层合板的声振特性试验研究[J]. 中国造船,2020,61(2):125-135.

[19] 王献忠,陈立,喻敏,等. 含内部子结构的圆柱壳振动特性研究[J]. 华中科技大学学报(自然科学版),2022,50(3):101-107.